本书由江苏高校品牌专业建设工程项目（PPZY2015A029）、
基于固液两相流的潜水搅拌机理研究（BK20160521）、江苏政府留学奖学金资助出版

能源与动力工程控制基础

田　飞　徐伟幸　编著

镇　江

图书在版编目(CIP)数据

能源与动力工程控制基础 / 田飞，徐伟幸编著. —
镇江 ：江苏大学出版社，2018.5(2024.8 重印)
ISBN 978-7-5684-0819-6

Ⅰ. ①能… Ⅱ. ①田… ②徐… Ⅲ. ①能源－控制系统 ②动力工程－控制系统 Ⅳ. ①TK

中国版本图书馆 CIP 数据核字(2018)第 093883 号

能源与动力工程控制基础
Nengyuan Yu Dongli Gongcheng Kongzhi Jichu

编　　著/田　飞　徐伟幸
责任编辑/郑晨晖
出版发行/江苏大学出版社
地　　址/江苏省镇江市京口区学府路 301 号(邮编：212013)
电　　话/0511-84446464(传真)
网　　址/http://press. ujs. edu. cn
印　　刷/广东虎彩云印刷有限公司
开　　本/787 mm×1 092 mm　1/16
印　　张/13
字　　数/322 千字
版　　次/2018 年 5 月第 1 版
印　　次/2024 年 8 月第 4 次印刷
书　　号/ISBN 978-7-5684-0819-6
定　　价/39. 00 元

前　　言

自动控制技术已广泛应用于制造业、农业、交通、航空及航天等众多产业部门，极大地提高了社会劳动生产率，改善了人们的劳动条件，提高了人们的生活水平。为了满足能源与动力工程专业的需求，我们根据自动控制原理编写了本书。

本书结合分析软件 MATLAB，较为系统地讲解了能源与动力工程控制基础的理论知识，并配以大量例题讲解，深入浅出，易于读者学习。全书共分为 7 章，其中：第 1 章介绍自动控制理论的发展与基本概念；第 2 章讨论线性连续系统数学模型的求解方法；第 3 章讲解控制系统的时域指标与分析方法；第 4 章讲解控制系统的根轨迹绘制及分析，介绍了利用软件 MATLAB 绘制根轨迹并分析系统稳定性的方法；第 5 章讲解控制系统的频率特性及频域分析法；第 6 章介绍控制系统的频率法校正，简单讲述了 MATLAB 分析校正系统的方法；第 7 章介绍能源与动力控制系统在工业上的应用。

本书第 1，3，5 章由徐伟幸副教授编写，第 2，4，6，7 章由田飞副教授编写。在编写的过程中，参考和吸收了兄弟院校教材的部分内容，得到了江苏大学教务处、能源与动力工程学院、流体机械及工程系等单位的鼓励和支持，衷心感谢王谦教授、陈汇龙教授、康灿教授、何秀华教授等给予的支持和帮助。本书获得江苏高校品牌专业建设工程项目（PPZY2015A029）、基于固液两相流的潜水搅拌机理研究（BK20160521）、江苏政府留学奖学金等资助，在此表示感谢。

由于编者的水平有限，特别是编写时间仓促，书中可能存在不妥之处，恳请广大读者、专家和学者给予批评指正。

编　者

2018 年 5 月

目　录

第1章 控制系统导论

1.1 引言

在现代科学技术飞速发展的今天，自动控制技术和理论起着越来越重要的作用。所谓自动控制，是指在没有人直接参与的情况下，利用外加的设备或装置(称控制装置或控制器)，使机器、设备或生产过程(统称被控对象)的某个工作状态或参数(即被控量，如温度、压力、pH 值等)自动地按照预定的规律运行或变化。由自动控制装置与被控对象以一定结构组成的、能完成某种控制任务的有机整体称为自动控制系统。例如，矿井提升机速度控制系统、水泥回转窑湿度控制系统、造纸厂纸浆浓度控制系统、轧钢厂加热炉温度控制系统等。

自动控制技术及理论已经广泛地应用于机械、冶金、石油、化工、造纸、电子、电力、航空、航海、航天、核工业等各个学科领域。近年来，控制学科的应用范围还扩展到交通管理、生物医学、生态环境、经济管理、社会科学和其他许多社会生活领域，并对各学科之间的相互渗透起到了促进作用。自动控制技术的应用不仅使生产过程实现自动化，从而提高了劳动生产率和产品质量，降低了生产成本，提高了经济效益，改善了劳动条件，使人们从繁重的体力劳动和单调重复的脑力劳动中解放出来；而且在人类征服大自然、探索新能源、发展空间技术和创造人类社会文明等方面都具有十分重要的意义。

自动控制理论是研究关于自动控制系统组成、分析和综合的一般性理论，是研究自动控制共同规律的技术科学。学习和研究自动控制理论是为了探索自动控制系统中变量的变化规律和改变这种变化规律的可能性和途径，为建立高性能的自动控制系统提供必要的理论根据。作为现代的工程技术人员和科学工作者，都必须具备一定的自动控制理论基础知识。

1.2 自动控制理论发展概述

自动控制理论是在人类征服自然的生产实践活动中孕育、产生，并随着社会生产和科学技术的进步而不断发展、完善起来的。早在古代，劳动人民就凭借生产实践中积累的丰富经验和对反馈概念的直观认识，发明了许多闪烁控制理论智慧火花的杰作。例如，公元前 14 世纪至公元前 11 世纪，中国和巴比伦出现了自动计时装置——刻漏，为人类研制和使用自动装置之始。公元 1 世纪，古埃及和希腊的发明家创造了教堂庙门自动开启装置、铜祭司自动洒圣水等自动装置。公元 120 年，中国东汉天文学家张衡创造了世界上最早的以水为动力的观测天象的机械计时器——漏水转运浑天仪，实现天体运行的自动仿真。132 年，张衡创造了候风地动仪，实现了地震的自动监测。220 年，由马钧以及南齐的祖冲之创造了指南车。1088 年，北宋苏颂和韩公廉等利用天衡装置制成水运仪象台，实现计报时等自动监测。1642 年，法国物理学家帕斯卡采用与钟表类似的齿轮传动装置，发明了第一台机械式十进制加法器。1681 年，法国人丹尼斯帕潘发明了用作安全调节装置的锅炉压力调节器。1745 年，英国机械师 E. 李发明了带风向控制的风磨。1765 年，俄国机械师普尔佐诺夫发明了蒸汽锅炉水位保持恒定用的浮子式阀门水位控制器。

1788 年，英国人瓦特在他发明的蒸汽机上使用了离心调速器，解决了蒸汽机的速度控制问题，引起了人们对控制技术的重视。之后，人们曾经试图改善调速器的准确性，却常常导致系统产生振荡。1868 年，法国工程师法尔科发明了反馈调节器操纵蒸汽船的舵。实践中出现的问题，促使科学家们从理论上进行探索研究。1898 年，英国物理学家麦克斯韦尔用微分方程描述并证明了蒸汽机转速发生振荡的原因，总结了调节器理论。1877 年英国数学家劳斯、1895 年德国数学家赫尔维茨各自独立地建立了直接根据代数方程的系数判别系统稳定性的准则，提出代数稳定判据。1892 年，俄国数学家李雅普诺夫提出了稳定性理论。这些方法奠定了经典控制理论中时域分析法的基础。

1927 年，美国电气工程师布莱克在解决电子管放大器失真问题时引入了反馈概念，此后，在拉普拉斯变换的基础上，引入了传递函数的概念。1932 年，美国电气工程师奈奎斯特运用复变函数理论建立了以频率特性为基础的稳定性判据，奠定了频率响应法的基础，并提出了著名的频率稳定判据。1938 年，原苏联电气工程师米哈伊格夫提出了根据闭环系统频率特性判定稳定性的判据。随后，伯德和尼柯尔斯在 20 世纪 30 年代末和 40 年代初进一步将频率响应法加以发展，形成了经典控制理论的频域分析法，为工程技术人员提供了一个设计反馈控制系统的有效工具。

第二次世界大战期间，为了解决防空火力控制系统和飞机自动导航系统等军事技术问题，各国科学家设计出了各种精密的自动调节装置。1945 年，美国数学家维纳把反馈概念推广到生物等一切控制系统。1948 年，美国数学家伊文斯提出了根轨迹法，为分析系统性能随系统参数变化的规律性提供了有力工具，被广泛应用于反馈控制系统的分析、设计。1954 年，中国科学家钱学森出版了《工程控制论》。

以传递函数作为描述系统的数学模型，以时域分析法、根轨迹法和频域分析法为主要分析设计工具，构成了经典控制理论的基本框架。经典控制理论研究的对象基本上是以线性定常系统为主的单输入-单输出系统，还不能解决如时变参数问题，多变量、强耦合等复杂的控制问题。

第二次世界大战后工业迅速发展，随着高速飞行器、核反应堆、大电力网和大化工厂等的出现提出了新的控制问题，如非线性系统、时滞系统、脉冲及采样控制系统、时变系统、分布参数系统及有随机信号输入的系统控制等问题，通过对这些问题的深入研究，经典控制理论在 20 世纪 50 年代有了新的发展。1956 年，苏联科学家庞特里亚金提出极大值原理。同年，美国数学家贝尔曼创立了动态规划。极大值原理和动态规划为解决最优控制问题提供了理论工具。1959 年，美国数学家卡尔曼提出了著名的卡尔曼滤波算法，1960 年，卡尔曼又提出系统的能控性和能观性问题，并引入了状态空间法。到

20 世纪 60 年代初，一套以状态方程作为描述系统的数学模型，以最优控制和卡尔曼滤波为核心的控制系统分析设计的新原理和方法基本确定，现代控制理论应运而生。

现代控制理论主要利用计算机作为系统建模分析、设计乃至控制的手段，适用于多变量、非线性、时变系统。为了解决现代控制理论在工业生产过程应用中所遇到的被控对象精确状态空间模型不易建立、合适的最优性能指标难以构造、所得最优控制器往往过于复杂等问题，科学家们不懈努力，近几十年不断提出一些新的控制方法和理论，例如，自适应控制、预测控制、容诺控制、鲁棒控制、非线性控制和大系统、复杂系统控制等，极大地扩展了控制理论的研究范围。

控制理论目前还在不断向更深、更广的领域发展。以控制论、信息论和仿生学为基础的智能控制理论，开拓了更广泛的研究领域，在信息与控制学科研究中注入了蓬勃的生命力。无论在数学工具、理论基础，还是在研究方法上，控制理论都产生了实质性的飞跃，启发并扩展了人的思维方式，引导人们去探讨自然界更为深刻的运动机理。

1.3　自动控制的基本原理

1.3.1　人工控制与自动控制

在许多工业生产过程或生产设备运行中，为了保证正常的工作条件，往往需要对某些物理量(温度、压力、流量、液位、电压、位移、转速等)进行控制，使其尽量维持在某个数值附近，或使其按一定规律变化。要满足这种需要，就应该对生产机械或设备进行及时的操作，以抵消外界干扰的影响。这种操作通常称为控制，由人工操作完成称为人工控制，由自动装置完成称为自动控制。

以图 1-1a 所示人工控制液位恒定供水系统为例，说明人工控制的基本原理。操作人员的任务是：一方面要维持水经过出水管道源源不断地供给用户，另一方面要保持一定的水压确保供水质量。这一任务决定了控制目标就是要保持水池(被控对象)的液位(被控量)在指定的位置尽可能恒定不变，即在保持不间断供水的同时也确保供水的质量(水压恒定)。人工控制的操作过程如下：

① 操作人员将期望的液位值(即水位高度)记在大脑中；

② 操作人员读取水池内的实际液位值；

③ 操作人员将液位期望值与实际值进行比较得出偏差值；

④ 操作人员根据偏差的大小和性质(正负性)，决定如何通过用手打开或关闭阀门的方式来调节经过阀门的水量大小，以达到维持液位恒定的控制目标。

只要水位偏离了期望值，上述液位控制过程就不断重复，每一步均由操作人员完成，故为人工控制。

若采用自动控制装置代替上述人工操作，就实现了人工不直接参与的情况下的自动控制。图 1-1b 所示为一个简单的水池液位自动控制系统。对照人工控制系统，其工作原理如下：

① 用连杆的长度代替人的大脑记下期望的液位值；

② 用浮子作为传感器代替人的眼睛测量实际液位值；

③ 用浮子和连杆组合代替人的大脑计算出液位期望值与实际值之间的偏差值；

④ 用杠杆机构的一端代替人的大脑对偏差的大小和性质进行判断，并据此决定由其另一端带动的进水阀如何动作（打开或关闭阀门）去调节水量的大小。

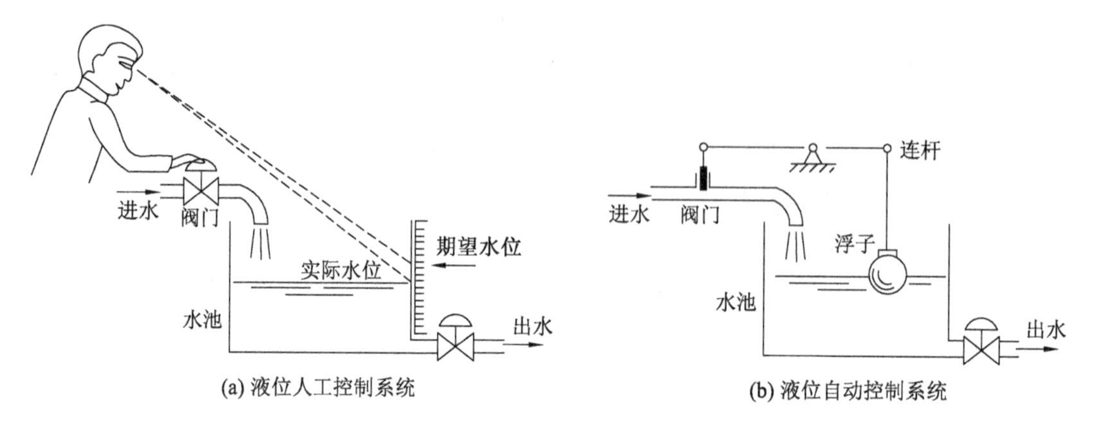

(a) 液位人工控制系统

(b) 液位自动控制系统

图 1-1　液位控制系统

由此可知，自动控制与人工控制的工作原理十分相似，自动控制把与人的器官对应的、能完成相应功能的元件有机地组合起来，以代替人的职能，模仿人工控制。在上述简单的液位自动控制系统中，这些元件有：① 能根据液位期望值来调节连杆长度的环节（称为给定元件）代替人的大脑记下液位期望值；② 浮子作为传感器（称为测量元件）代替人的眼睛测取实际液位值；③ 浮子和连杆组合代替人的大脑计算出液位偏差值（称为比较元件）；④ 杠杆机构代替人的大脑对偏差的大小和性质做出判断（作为决策机构做出如何校正的决定，称为校正元件），从而带动进水阀（称为执行元件）代替人手打开或关闭阀门调节经过阀门的水量大小。可见，组成自动控制装置的元件一般应包括：给定元件、测量元件、比较元件、校正元件和执行元件，而上述液位自动控制系统就是由这些元件和被控对象（水池）组成的有机整体。

进一步分析可以发现，图 1-1b 所示的系统由于结构简陋而存在缺陷，还不能完全代替人工控制，主要表现在被控制的液位高度将随着出水量的变化而变化。出水量越多，水位就越低，偏离期望值就越远，误差越大。控制结果总存在着一定范围的误差值。当用户用水量增加时，导致水池液位下降。为了保持液位在原来的期望值，操作人员会开大阀门使进水量大于出水量以便水位升回到期望值；当液位回到期望值时，操作人员再关小阀门使进水量与新的出水量相等，从而维持水位在期望值不变。因此，图 1-1b 所示的简单液位自动控制系统尽管能够代替人工实现自动控制，但却无法代替人工实现尽可能缩小液位误差的控制。究其原因是，简单液位自动控制系统中的给定元件、测量元件、比较元件和执行元件都较好地替代了操作人员的工作，然而维持新的进水量需要液位低于期望值，即作为校正元件的杠杆机构无法替代操作人员的不断重复操作。这揭示了简单液位自动控制系统还不能完全替代人的大脑决策过程，需要从作为决策机构的校正元件入手来进一步改进系统。

图 1-2 所示为液位自动控制系统（机电），其工作原理如下：

① 用电位器和杠杆机构代替人的大脑记下液位期望值对应的电位器给定值（电位器的

滑块居中，$u_e=0$）；

② 浮子作为传感器代替人的眼睛测量实际液位值；

③ 电位器和杠杆机构代替人的大脑计算出电位器上对应于期望值的给定值与对应的实际测量值之间的差值（此时为电压值）；

④ 功率放大器与电动机组成的校正环节代替人的大脑对偏差的大小和性质进行判断，并由此决定电动机如何转动带动阀门（打开或关闭阀门）去调节水量的大小；

⑤ 只要电位器和杠杆机构比较所得的差值不为0，则功率放大器与电动机组成的校正环节连续不断地产生控制作用，即进一步打开或关闭阀门，甚至使阀门达到全开或全闭状态，使液位上升或下降，直到液位恢复到期望值为止（如出水量增大时，浮子下降，带动电位器滑块向上移动，输出电压 $u_e>0$，经放大后成为 u_a，控制电动机正向旋转，以增大进水阀门开度，促使水位回升。当实际水位回复到期望值时，$u_e=0$，系统达到新的平衡状态）。

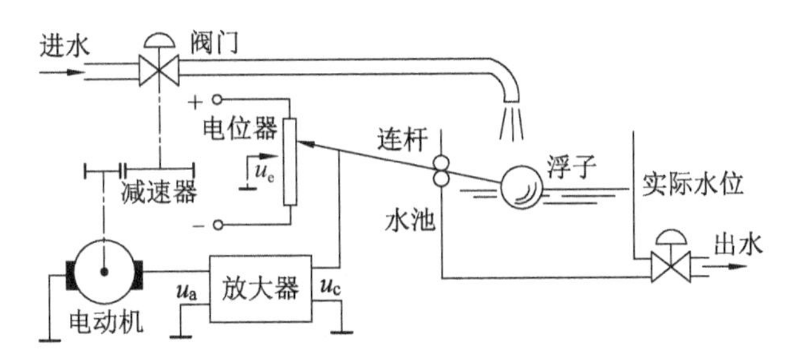

图 1-2　液位自动控制系统（机电）

1.3.2　自动控制系统基本控制方式

自动控制系统的性能，在很大程度上取决于系统的控制器为了产生控制作用而必须接收的信息。这个信息有2个可能的来源：一个来自系统外部，即由输入端输入的输入信号，另一个来源于被控对象的输出端，即反映被控对象的行为或状态的信息。把从被控对象输出端获得的信息，通过中间环节（称为反馈环节）再送回到控制器的输入端，称为反馈。因此，系统的基本控制方式也就按有无反馈分为两大类：开环控制和闭环控制。对应的系统分别称为开环控制系统和闭环控制系统。

1.3.2.1　开环控制系统

开环控制系统是指控制器与控制对象之间只有正向作用，而没有反向联系的系统，如图1-3所示。它的工作原理是直接根据扰动进行控制，也称为前馈控制。这种控制系统结构简单，成本较低，但抗干扰能力差，对系统参数变化比较敏感，系统的精度主要取决于元器件的精度和调整的精度。当系统内部干扰和外部干扰影响不大、精度要求不高时，可采用开环控制方式。但是当系统在干扰作用下，输出一旦偏离了原来的预定值，由于系统没有输出反馈，对控制量没有任何作用，因此系统没有消除或减少偏差的功能，这是开环控制的最大缺点，从而限制了它的应用范围。

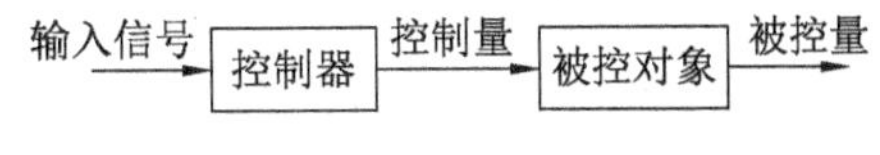

图 1-3　开环控制系统的组成

图1-4a所示为一个他激直流电动机转速开环控制系统的原理图，它的任务是控制直流电动机以恒定的转速带动负载工作。其工作原理是：

① 通过调节电位器 R_w 的滑块给定输入电压 u_r，即给定对应的期望电动机转速；

② 输入电压 u_r 经电压放大和功率放大后得电枢电压 u_a 控制电动机的转速；

③ 电动机带动负载工作。在负载恒定的条件下，他激直流电动机的转速 ω 与电枢电压 u_a 成正比，输入电压 u_r 与电动机转速 ω 形成一一对应的函数关系。

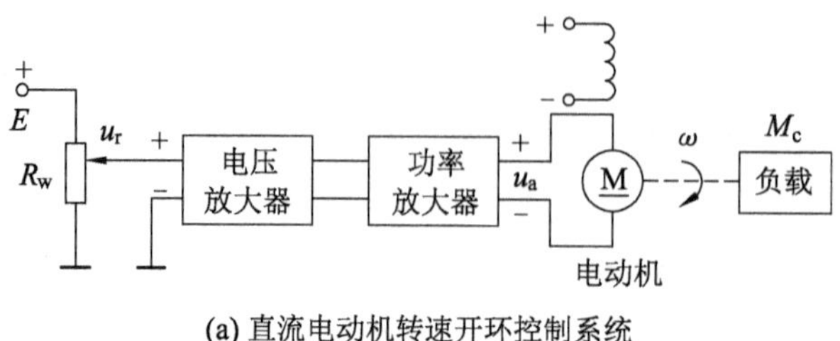

(a) 直流电动机转速开环控制系统

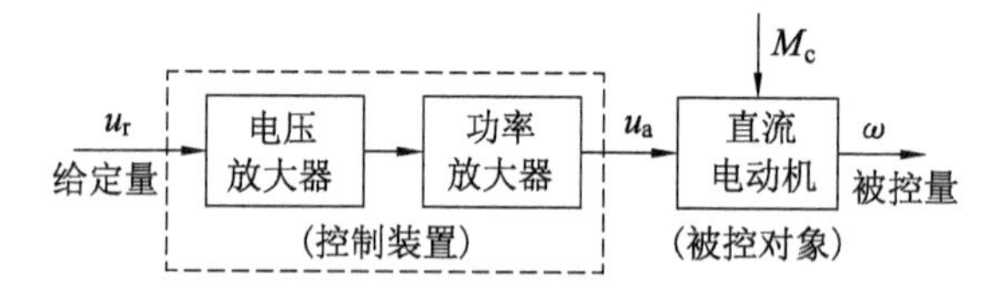

(b) 直流电动机转速开环控制系统方框图

图 1-4　直流电动机转速开环控制系统

在该系统中，直流电动机是被控对象，电动机的转速 ω 是被控量，也称为系统的输出量或输出信号，输入电压 u_r 通常称为系统的给定量或输入量。只有输入量 u_r 对输出量 ω 的单向控制作用，而输出量 ω 对输入量 u_r 却没有任何影响和联系，称这种系统为开环控制系统。

图 1-4b 为直流电动机转速开环控制系统的方框图。图中用方框代表系统中具有相应职能的元件(或功能环节)；用带有箭头的有向线段表示各元件之间及输入、输出信号的传递方向。系统的输入信号就是给定的输入电压 u_r，功率放大器与电动机之间传递的信号就是电枢电压 u_a，系统的输出信号就是电动机的转速 ω。工作中，因外部因素产生负载转矩 M_c 时，都会使输出量 ω 偏离期望值，这种作用称之为干扰或扰动。

1.3.2.2　闭环控制系统

闭环控制系统是指控制器与控制对象之间既有正向作用，又有反向联系的系统，如图 1-5 所示。它的特点是系统的输出量对控制量有直接影响，结构相对复杂，成本有所增加。由于误差信号是输入信号与反馈信号之差，偏差信号作用于控制器上，系统的输出量趋向于给定的数值，因此称为负反馈。闭环控制的实质，就是利用反馈的作用来减小系统的误差，因此闭环控制又称为反馈控制。若反馈信号与输入信号相加，送入控制器输入端，则称为正反馈。必须指出，在系统主反馈通道中，只有采用负反馈才能达到控制的目的。若采用正反馈，将使偏差越来越大，导致系统发散而无法工作。

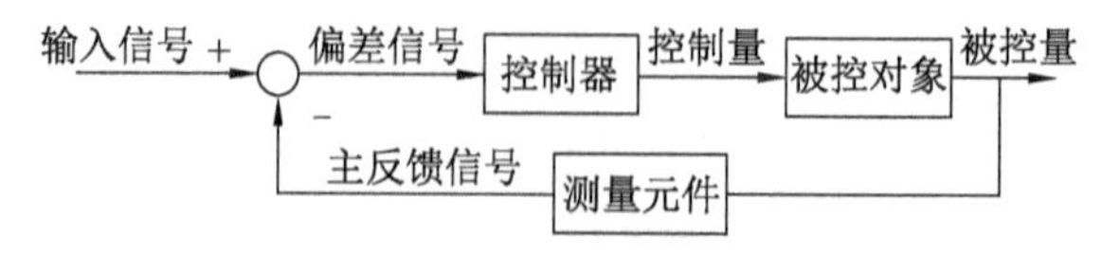

图 1-5　闭环控制系统

开环控制系统精度和抗干扰能力较差的主要原因是系统缺少从输出端到输入端的反馈回路。图1-6a所示为增加了反馈的直流电动机转速闭环控制系统。为了测量作为系统输出量的电动机转速ω，增加了一个测速发电机。测速发电机由电动机同轴带动，它将电动机的实际转速ω测量并量纲转换成电压u_f，再反馈到系统的输入端与输入电压u_r进行比较，从而得出电压$u_e=u_r-u_f$。由于该电压能间接地反映出误差的性质(即大小和正负方向)，通常称之为偏差信号，简称偏差。偏差电压u_e经放大器放大后成为u_a，用以控制电动机转速ω。其工作原理如下：

① 通过调节电位器R_w的滑块给定输入电压u_r，即给定对应的期望电动机转速；

② 输入电压u_r与测量电压u_f在电压放大器输入端产生偏差电压u_e，经过电压和功率放大器后得电枢电压u_a控制电动机转速；

③ 当出现转矩扰动M_c时，测速发电机将电动机转速的变化量转换为反馈电压u_f的变化量，然后回送到系统输入端与输入电压u_r进行比较产生转矩扰动M_c引起的偏差电压u_e，从而形成闭环控制；

④ 电动机以尽可能接近期望值的转速带动负载工作。

图1-6b为直流电动机转速闭环控制系统。通常，把从系统输入量到输出量之间的通道称为前向通道；从输出量到反馈信号之间的通道称为反馈通道。方框图中用符号“○”表示比较环节，其输出量等于各个输入量的代数和。因此，各个输入量均须用正负号表明其极性。图1-6表明：采用反馈回路，致使信号的传输路径形成闭合回路，使输出量反过来直接影响控制作用。这种通过反馈回路使系统构成闭环，并按偏差产生控制作用，用以减小或消除偏差的控制系统，称为闭环控制系统，或称反馈控制系统。因此，闭环控制具有较强的抗干扰能力。

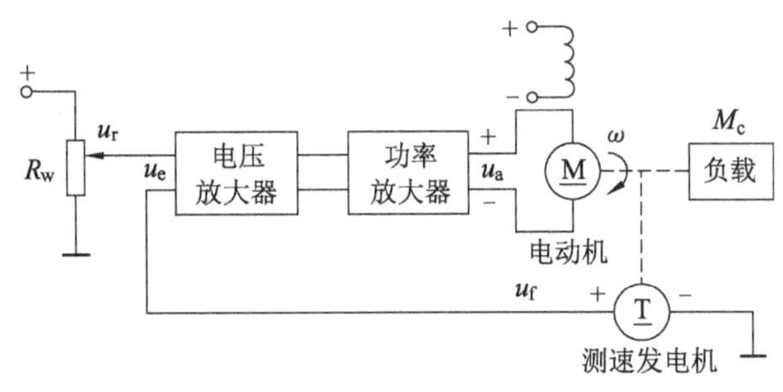

(a) 直流电动机转速开环控制系统原理图

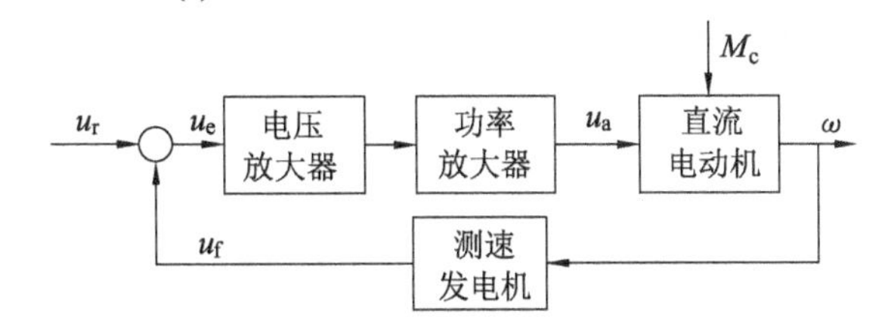

(b) 直流电动机转速开环控制系统方框图

图1-6　直流电动机转速闭环控制系统

闭环系统工作的本质机理是：将系统的输出信号引回到输入端，与输入信号相比较，利用所得的偏差信号对系统进行调节，达到减小偏差或消除偏差的目的。这就是负反馈控制原理，它是构成闭环控制系统的核心。

1.3.2.3　复合控制系统

反馈控制只有在外部作用(输入信号或干扰)对控制对象产生影响之后才能做出相应的控制。尤其当控制对象具有较大延迟时间时，反馈控制不能及时调节输出的变化，会影响系统输出的平稳性。前馈控制能使系统及时感受输入信号，使系统在偏差即将产生之前就注意纠正偏差。在反馈控制系统的基础上加入对主要扰动实施前馈控制的补偿装置，就构成了复合控制系统，也称为前馈一反馈控制系统，它可以有效提高系统的控制精度，如图 1-7 所示。

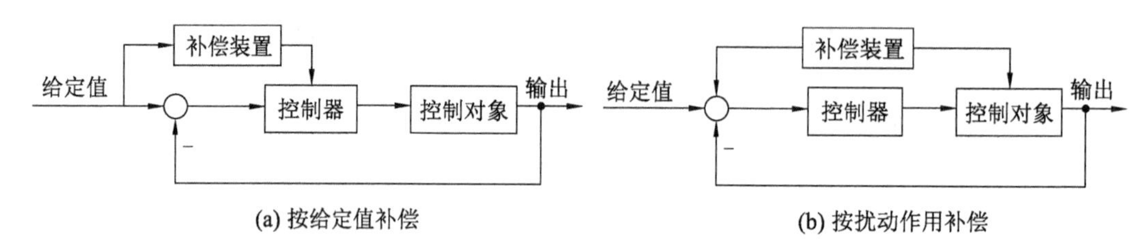

(a) 按给定值补偿　　(b) 按扰动作用补偿

图 1-7　复合控制系统的组成

复合控制与反馈控制相比，有更高的控制速度和更好的控制质量，因此得到了比较广泛的应用。图 1-7a 所示为按给定值进行前馈补偿的系统，当输入指令发生变化时，系统的输出比纯反馈控制系统更能及时地做出响应；图 1-7b 所示为按主要扰动进行前馈补偿的系统，当主要扰动发生时，补偿装置将扰动信号输入控制器，控制器输出一个力求抵消扰动影响的控制信号作用到控制对象，以减小扰动对象对输出的影响。在热工自动控制系统中，这 2 种复合控制都得到了广泛的应用。直流电动机转速复合控制系统的原理图和方框图如图 1-8 所示。

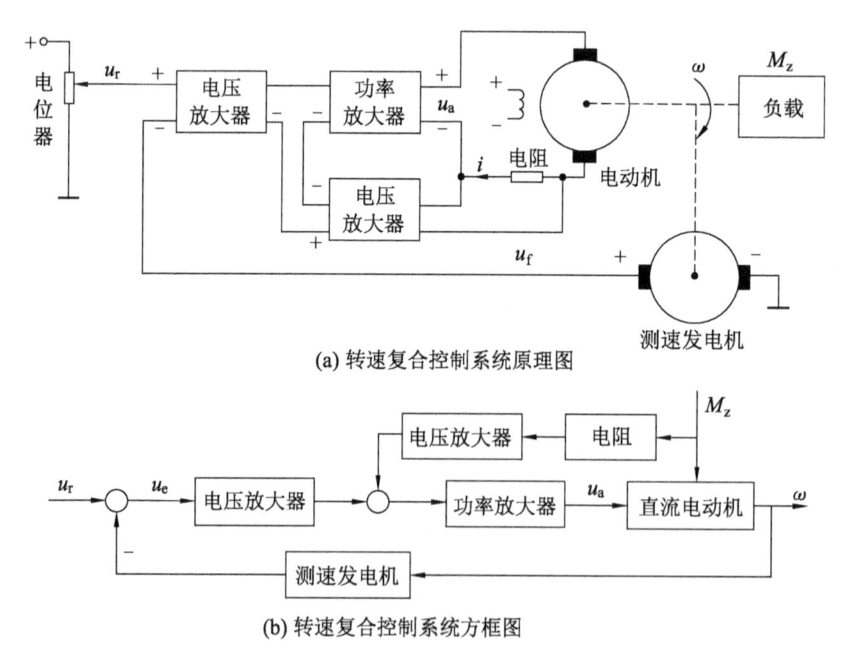

(a) 转速复合控制系统原理图

(b) 转速复合控制系统方框图

图 1-8　直流电动机转速复合控制系统

1.4　自动控制系统的结构

任何一个自动控制系统都是由被控对象和控制器有机构成的。自动控制系统根据被控对象和具体用途不同，可以有各种不同的结构形式。为了说明自动控制系统的组成及信号传递的情况，通常把系统的各个环节用方框表示，并用箭头标明各作用量的传递情况，符号说明如表 1-1 所示。自动控制系统方框图可以把系统的组成简单明了地表达出来，而不必画出具体线路。图 1-9 所示为典型的反馈控制系统的方框图。除被控对象外，控制装置通常是由测量元件、比较元件、放大元件、执行机构、校正元件及给定元件组成。这些功能元件分别承担相应的职能，共同完成控制任务。

表 1-1　方框图的组成

符号	说明
□	元件
→	信号(物理量)及传递方向
○	比较点
↓	引出点
—	负号的意义(负反馈)

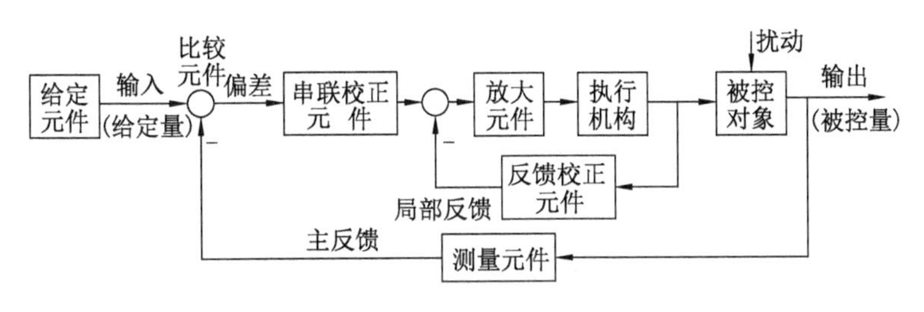

图 1-9　典型的反馈控制系统方框图

1.4.1　基本组成

给定元件：主要用于产生给定信号或控制输入信号。如图 1-4a 中直流电动机转速控制系统中的电位器。

比较元件：用来比较输入信号和反馈信号之间的偏差。它反映了系统输出量与期望值之间的差距，可以是一个差动电路，也可以是一个物理元件(如电桥电路、差动放大器、自整角机等)。

校正元件：为改善或提高系统动态和静态特性而附加的装置。如果校正装置串联在系统的前向通道中，称为串联校正元件；如果校正装置接成反馈形式，称为反馈校正元件。例如 RC 网络、测速发电机等。

放大元件：用来放大偏差信号的幅值和功率，使之能够推动执行机构调节被控对象。例如功率放大器、电液伺服阀等。

执行机构：用于直接对被控对象进行操作，调节被控量。如阀门、伺服电动机等。

被控对象：一般是指生产过程中需要进行控制的工作机械、装置或生产过程。描述被控对象工作状态的、需要进行控制的物理量就是被控量。

测量元件：用于检测被控量或输出量，产生反馈信号。往往需完成输出量的量纲换算，如被检测的物理量属于非电量，一般需要转换成电量以便处理。如图 1-6a 中直流电动机转速控制系统中的测速发电机。

1.4.2 常用术语

输入信号：指由系统外部输入的信号，也称输入量，如参考输入、外部干扰输入，它是控制系统被控变量的反馈信号需保持或跟随的指令输入。

输出信号：指系统向外部输出的信号，也称输出量，它与输入信号之间有一定的函数关系。在单输出系统中，系统的输出信号就是被控对象的被控变量。

扰动信号：除控制信号以外，对系统的输出有影响的信号。扰动可以是小的波动，也可以是大的波动，扰动信号也称为干扰信号。扰动在系统的方框图中属于外部输入。

反馈信号：指对被控变量测量取出的、经过必要的量纲转换后反向回送到输入端的信号。若此信号是从系统输出端取出送入系统输入端的，称为主反馈信号；而其他称为局部反馈信号。

偏差信号：指参考输入信号与反馈信号之差。

误差信号：误差指系统输出量的期望值与实际值之差。由于偏差信号与误差信号之间存在确定对应关系，故两者经过量纲换算是等价的，而对于单位反馈情况，误差就等于偏差。本书中误差信号采用在输入端的定义，因此，若不加说明误差信号即指偏差信号。

控制信号：指控制器或者校正元件的输出信号，它是控制器或者校正元件按一定控制规律产生的控制指令。

控制通道：指控制变量通过被控对象(被控过程)到控制系统输出的通道。

干扰通道：指干扰信号通过被控对象到系统输出的通道。

分析：一般地说，分析就是把研究对象分成较简单的组成部分，找出这些部分的本质属性和彼此之间的关系。控制系统分析是一种动态分析，即视研究对象为演化的系统，一般是先建立描述系统动态特性的数学模型，确定系统的结构，从而结构参数或参数范围也确定，然后采用数学工具作为主要手段对系统的动态性能进行分析。

综合：综合是分析的反义词。一般地说，综合就是将已有的关于研究对象各个部分的认识联系起来，形成对研究对象的统一整体认识。控制系统综合是指根据一定的综合任务(常用系统的动态性能指标来提出综合问题)，利用系统分析所得到的结论，找出能够满足性能指标的控制系统整体结构和参数配置。在反馈控制系统设计中，被控对象、执行机构和传感器确定之后，控制系统综合主要是建立控制器数学模型，解决控制器参数配置或者参数优化问题以满足整个控制系统的定量性能指标。

校正：指在形成了最基本的控制系统之后或者在确定了广义被控对象和相应的传感器数学模型之后，基于经典控制理论所进行的校正装置设计工作。

设计：本书中的设计是指控制系统的设计(非工程设计)。控制系统的设计就是针对一个给定的控制任务，利用控制系统的分析与综合方法，通过一系列反复的选择、评判和优化，逐步试探完成构造一个控制系统的过程。

1.5　自动控制系统的分类

为了便于分析研究、设计控制系统，需要对系统适当地进行分类。由于自动控制系统完成的任务千差万别，组成系统的元器件各种各样，无法统一地进行分类，通常是根据分析研究的不同角度定性地进行分类，常见的有下述几种分类。

1.5.1　恒值系统、随动系统和程序控制系统

按给定输入信号的变化规律，可将控制系统划分为恒值系统、随动系统和程序控制系统 3 类。

（1）恒值系统

恒值系统又称为定值调节系统或自动调节系统。此类系统的输入信号为恒定值，要求被控量保持给定的期望恒值不变。当出现外部干扰使被控量偏离期望值时，恒值控制系统根据偏差的性质和大小来产生控制作用，使被控量按照一定精度要求恢复到期望值附近。如前面介绍的液位控制系统、直流电动机调速系统，以及其他恒温、恒压、恒速、恒频控制系统等。

（2）随动系统

随动系统也称为伺服系统。此类系统的输入信号是变化规律未知的时间函数，系统的任务是使被控量按同样的规律变化，并与输入信号的误差保持在规定范围内。如刀架跟随系统、函数记录仪、自动火炮系统和雷达导引系统等。

（3）程序控制系统

程序控制系统又称过程控制系统。此类系统的输入信号按预先编制的程序确定，要求被控量按相应的规律随控制信号变化。如数控机床、加热炉自动温度控制系统和电梯控制系统等。

1.5.2　定常系统和时变系统

按系统参数是否随时间变化，可以将系统分为定常系统和时变系统。

（1）定常系统

系统中所有参数都不会随着时间推移而发生改变。系统可用定微分方程来描述，对它进行观察和研究不受时间限制。只要实际系统的参数变化不太明显，一般都视作定常系统，绝对的定常系统是不存在的。在所考察的时间间隔内，若系统参数的变化相对于系统的运动缓慢得多，则可近似将其作为定常系统来处理。

（2）时变系统

时变系统的特点是系统中含有随时间变化而改变的参数。系统通常需要用时变的微分方程来描述，系统中部分或全部参数将随着时间的推移而发生变化，系统的性质也会随时间变化，不允许用此刻观测的系统性能去代替另一时刻的，分析比定常系统困难得多。实际系统中的温漂、元件老化等影响均属时变因素。

1.5.3 线性系统和非线性系统

按组成自动控制系统主要元件的特性方程式的输入输出特征，可以将系统分为线性系统和非线性系统。

(1) 线性系统

由线性元件组成的系统，称为线性系统，系统的运动规律可用线性微分方程描述。线性系统的主要特点是具有齐次性和叠加性。系统的稳定性与初始状态及外作用无关。线性系统的特性如图 1-10 所示。

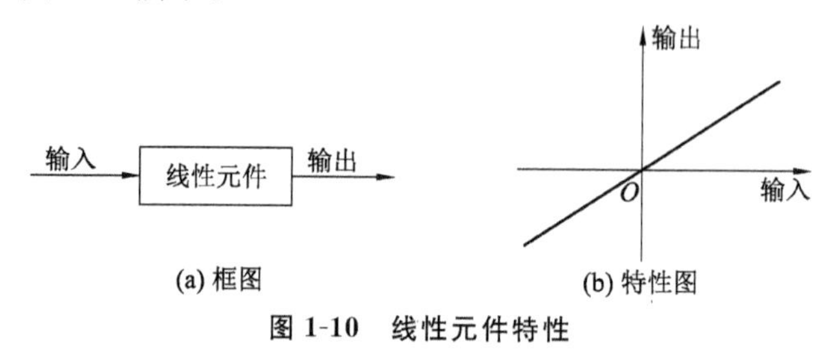

图 1-10 线性元件特性

(2) 非线性系统

非线性系统的特点是系统中存在非线性元件(如具有死区、出现饱和、含有库仑摩擦等非线性特性的元件)，要用非线性微分方程来描述。非线性系统不能应用叠加原理，分析非线性控制系统常用“描述函数”和“相平面法”。如果控制系统中含有一个或一个以上非线性元件，这样的系统就属于非线性控制系统。系统响应与初始状态和外作用都有关。非线性系统的特性如图 1-11 所示。

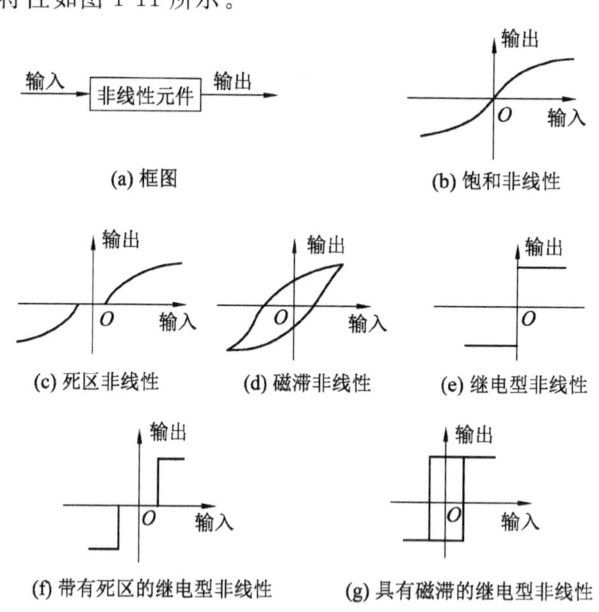

图 1-11 非线性元件特性

应当指出的是，实际物理系统都具有某种程度的非线性，但有些系统非线性程度不高，在一定范围内通过合理简化，可近似看作线性系统来处理。本书主要阐述线性系统的分析和设计方法。

1.5.4　连续系统与离散系统

按照自动控制系统中的信号传递方式，可将系统分为连续系统、离散系统和网络化系统。

(1) 连续系统

如果系统中各部分的信号都是连续函数形式的模拟量，则这样的系统就称为连续系统。目前大多数控制系统都是这种形式的。系统中所有信号的变化均为时间的连续函数，因此，系统的运动规律可用微分方程来描述。连续控制系统的特点是各元件的输入量与输出量都是连续量或模拟量，所以它又称为模拟控制系统。

(2) 离散系统

如果系统中有一处或几处的信号是离散信号(脉冲序列或数码)，则这样的系统就称为离散系统(包括采样系统和数字系统)。离散系统的主要特点是，在系统中使用脉冲采样开关，将连续信号转变为离散信号。通常对于离散信号取脉冲形式的系统称为脉冲控制系统；而对于采用数字计算机或数字控制器，其离散信号以数码形式传递的系统，则称为采样数字控制系统。

(3) 网络化系统

随着计算机科学技术的进步，计算机网络已渗透到现代社会的各个领域，出现了网络化控制系统。典型的网络化控制系统是指控制器到执行器及传感器到控制器之间的信号传递是通过数据包计算机网络来实现的。与离散系统不同的是，网络化控制系统中的不连续信号是一个个包含数据和网络控制信息的数据包，并且以竞争网络宽带的方式来传递。因此，与离散系统相比，网络化系统包含更多的不确定性因素，比如数据包的丢失、乱序、时变、时延等。

1.5.5　单变量系统和多变量系统

按照系统输入和输出信号的数量，可将系统分为单变量系统和多变量系统。

(1) 单变量系统

单输入-单输出(single input and single output，SISO)系统通常称为单变量系统，这种系统只有一个输入(不包括扰动输入)和一个输出。单变量系统可以视为多变量系统的特例。

(2) 多变量系统

多输入-多输出(multi - input and multi - output，MIMO)系统通常称为多变量系统，有多个输入或多个输出。

随着科学技术的发展，对系统的要求越来越高，还出现了最优控制系统、自适应控制系统、自学习控制系统等。

1.6　控制系统示例

1.6.1　电压调节系统

电压调节系统工作原理如图1-12所示。系统在运行过程中，不论负载如何变化，要求发电机能够提供由给定电位器设定的规定电压值。在负载恒定、发电机输出规定电压的情况下，偏差电压 $\Delta u=u_r-u=0$，放大器输出为 0，电动机不动，励磁电位器的滑块保持在原来的位置上，发电机的励磁电流不变，发电机在原动机带动下维持恒定的输出电压。当负载增加使发电机输出电压低于规定电压时，输出电压在反馈口与给定电压经比较后所得的偏差电压 $\Delta u=u_r-u>0$，放大器输出电压 u_1 便驱动电动机带动励磁电位器的滑块顺时针旋转，使励磁电流增加，发电机输出电压 u 上升。直到 u 达到规定电压 u_r 时，电动机停止转动，发电机在新的平衡状态下运行，输出满足要求的电压。

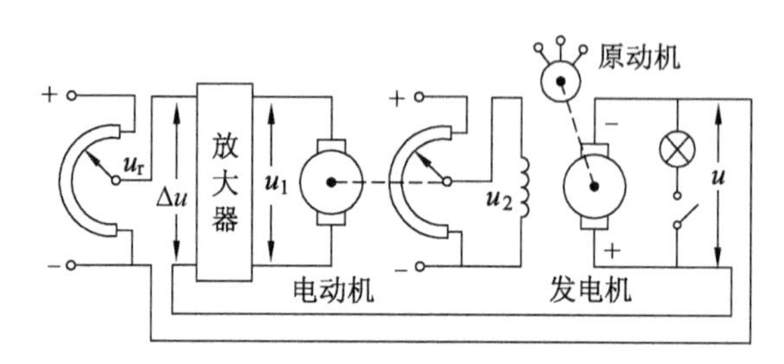

图 1-12　电压调节系统原理图

系统中，发电机是被控对象，发电机的输出电压是被控量，给定量是给定电位器设定的电压 u_r。系统方框图如图 1-13 所示。

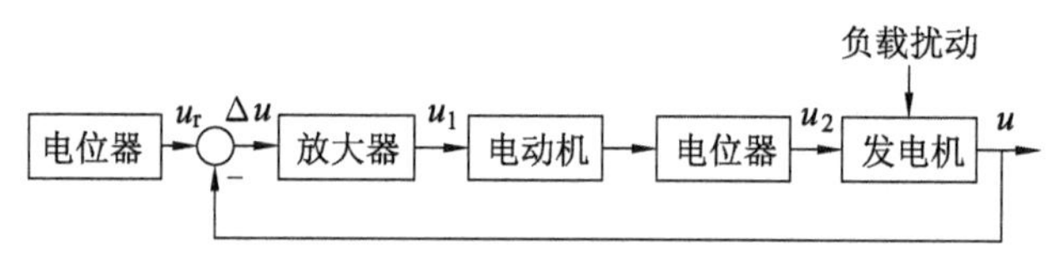

图 1-13　电压调节系统方框图

1.6.2　温度控制系统

图 1-14 所示为电阻加热炉温度控制系统原理图。其中加热器为电阻丝，由调压器供电，炉内温度由温度传感器热电偶(或热电阻)测量，调压器的滑块由伺服电动机拖动的减速器带动，电动机的电枢电压由放大器供给，放大器的输入端是由电位器 RP_1 的滑块给出的电压 u_i 与热电偶的测温电势 u_t 之差。当被加热工件增减或调压器供电电压波动等情况下引起炉温的变化时，该系统能自动维持炉温恒定不变。

在该系统中，电阻炉是被控对象，炉温是被控量，给定量是调压器给定的电压。系统方框图如图 1-15 所示。

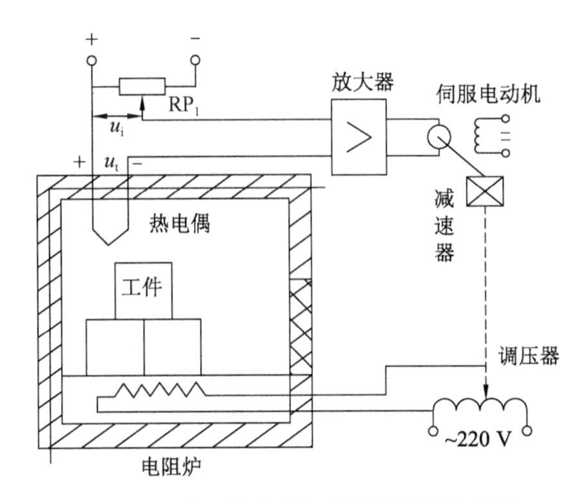

图 1-14　电阻加热炉温度控制系统原理图

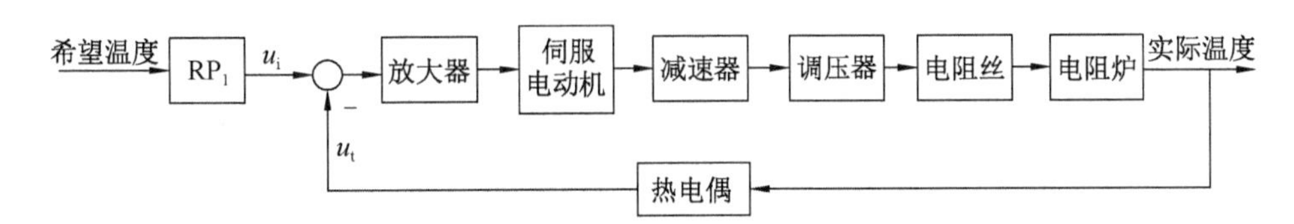

图 1-15　电阻加热炉温度控制系统方框图

1.6.3　火炮方位角控制系统

图 1-16 所示为火炮方位角位置控制系统原理图。其中 RP_1，RP_2 为环形电位器，火炮由伺服电动机拖动的减速器带动，伺服电动机由放大器供电，放大器的输入是2个电位器滑块输出电压之差。当手柄使电位器 RP_1 转过一角位置 θ_i 时，火炮将自动跟随转过相应的角位置 θ_o，当 $\theta_i-\theta_o=0$ 时，控制过程结束。

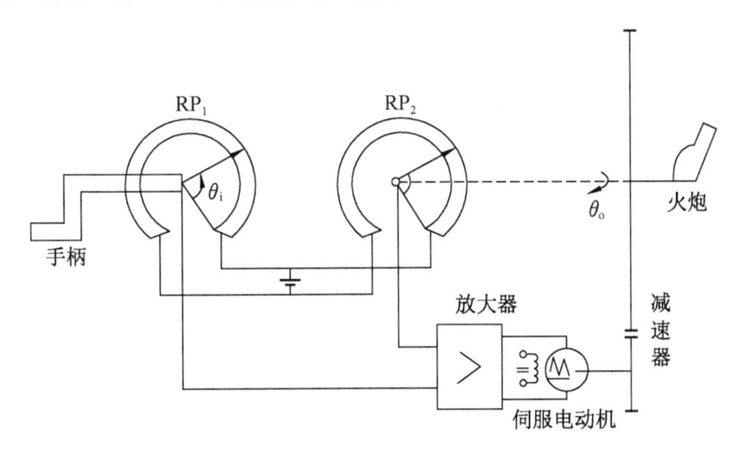

图 1-16　火炮方位角位置控制系统原理图

在该系统中，火炮是被控对象，火炮方位角 θ_o 是被控量，给定量是由手柄给定的方位角 θ_i。火炮方位角控制系统方框图如图 1-17 所示。

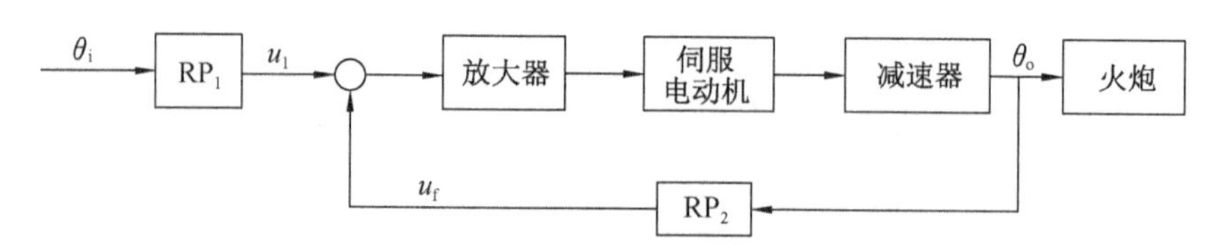

图 1-17　火炮方位角位置控制系统方框图

1.6.4　飞机自动驾驶仪系统

飞机自动驾驶仪是一种能保持或改变飞机飞行状态的自动装置。它可以稳定飞机的姿态、高度和航迹，可以操纵飞机爬高、下滑和转弯。飞机和驾驶仪组成的控制系统称为飞机自动驾驶仪系统。

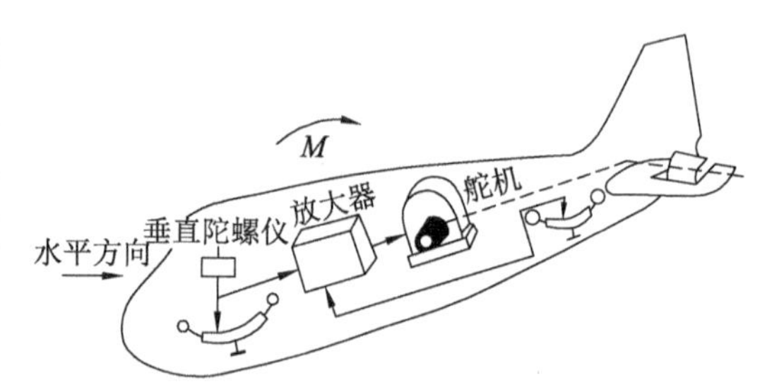

图 1-18　飞机自动驾驶仪系统原理图

如同飞行员操纵飞机一样，自动驾驶仪控制飞机飞行是通过控制飞机的 3 个操纵面(升降舵、方向舵、副翼)的偏转，改变舵面的空气动力特性，以形成围绕飞机质心的旋转力矩，从而改变飞机的飞行姿态和轨迹。现以比例式自动驾驶仪稳定飞机俯仰角的过程为例，说明其工作原理。图 1-18 为飞机自动驾驶仪系统稳定俯仰角的工作原理图。

图中，垂直陀螺仪作为测量元件用以测量飞机的俯仰角，当飞机以给定俯仰角水平飞行时，陀螺仪电位计没有电压输出；如果飞机受到扰动，使俯仰角向下偏离期望值，陀螺仪电位计便输出与俯仰角偏差成正比的信号，经放大器放大后驱动舵机。这样，一方面推动升降舵面向上偏转，产生使飞机抬头的转矩，以减小俯仰角偏差，另一方面带动反馈电位计滑块，输出与舵偏角成正比的电压信号并反馈到输入端。随着俯仰角偏差的减小，陀螺仪电位计输出的信号越来越小，舵偏角也随之减小，直到俯仰角回到期望值，这时舵面也恢复到原来状态。

图 1-19 为飞机自动驾驶仪俯仰角稳定系统方框图。图中，飞机是被控对象，俯仰角是被控量，放大器、舵机、垂直陀螺仪、反馈电位计等组成控制装置，即自动驾驶仪。参考量是给定的常值俯仰角，控制系统的任务就是在任何扰动(如阵风或气流冲击)作用下，始终保持飞机以给定俯仰角飞行。

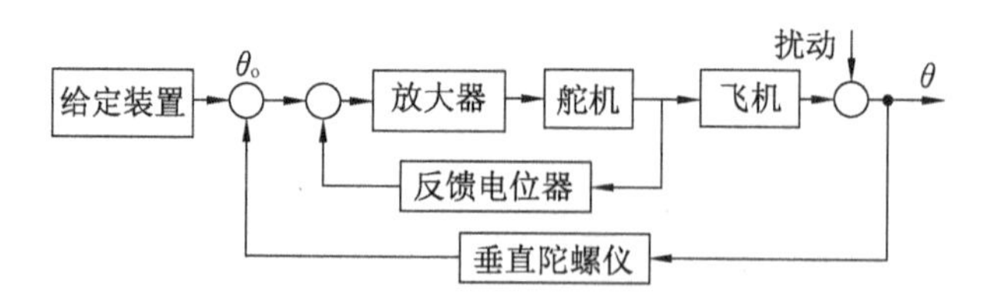

图 1-19　飞机自动驾驶仪俯仰角控制系统方框图

1.7　控制系统性能的基本要求

实际物理系统一般都含有储能元件或惯性元件，因而系统的输出量和反馈量总是滞后于输入量的变化。因此，当自动控制系统受到各种干扰或输入量变化时，被控量将偏离稳态值而产生偏差。在系统自动控制的作用下，系统的输出变量由初始状态达到最终稳态的中间变化过程称为过渡过程，又称瞬态过程。过渡过程结束后的输出响应称为稳态过程。系统的输出响应由过渡过程和稳态过程组成。

不同的控制对象、不同的工作方式和控制任务，对系统的性能指标要求也往往不相同。一般说来，对系统性能指标的要求可以概括为3个方面：稳定性(稳)、快速性(快)和准确性(准)，通常用系统的稳定性、动态特性和稳态特性来描述。

1.7.1　稳定性

稳定性是系统重新恢复平衡状态的能力，是对控制系统的基本要求，是控制系统能被采用的必要条件。在实际生产过程中，不仅要求系统是稳定的，而且要求系统具有一定的稳定性裕度，以保证系统在控制对象参数或控制设备参数发生变化时还能稳定地工作。

系统在受到外作用后，若控制装置能操纵被控对象，使其被控量 $c(t)$ 随时间的增长而最终与希望值一致，则称系统是稳定的，如图1-20中曲线1，2所示。如果被控量 $c(t)$ 随时间的增长，越来越偏离给定位，则称系统是不稳定的，如图1-20中曲线4，5所示。

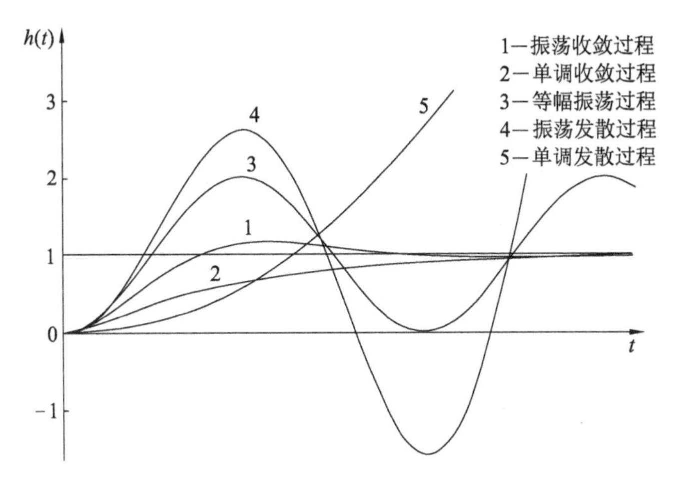

图1-20　系统的单位阶跃响应过程

1.7.2　快速性

快速性是指控制过程持续时间长短的特性，是对系统动态(过渡过程)性能的要求，反映系统快速复现信号的能力。描述系统动态性能可以用平稳性和快速性加以衡量。平稳是指系统由初始状态过渡到新的平衡状态时，具有较小的过调和振荡性；快速是指系统过渡到新的平衡状态所需要的调节时间较短。动态性能是衡量系统质量高低的重要指标。

1.7.3 准确性

准确性是衡量系统控制精度的重要指标，是对系统稳态(静态)性能的要求。对一个稳定的系统而言，当过渡过程结束后，系统输出量的实际值与期望值之差称为稳态误差。稳态误差越小，表示系统的准确性越好，控制精度越高。

由于被控对象的具体情况不同，各种系统对上述3项性能指标的要求应有所侧重。如恒值系统一般对稳态性能限制比较严格，随动系统一船对动态性能要求较高。同一个系统，上述3项性能指标之间往往是相互制约的。提高过程的快速性，可能会引起系统强烈振荡；改善了平稳性，控制过程又可能很迟缓，甚至使最终精度也很差。分析和解决这些矛盾，将是本书讨论的重要内容。

习 题

1-1 试举出日常生活中所见到的开环控制系统和闭环控制系统各一例，并分别说明其工作原理。

1-2 试说明开环控制和闭环控制的优缺点。

1-3 试指出一般反馈控制系统的主要组成，并说明传感器在反馈控制系统中的作用。

1-4 液位控制系统结构如图1-21所示，试说明其工作原理，画出各系统的方框图，并在图中说明被控对象、给定值、被控量和干扰信号。

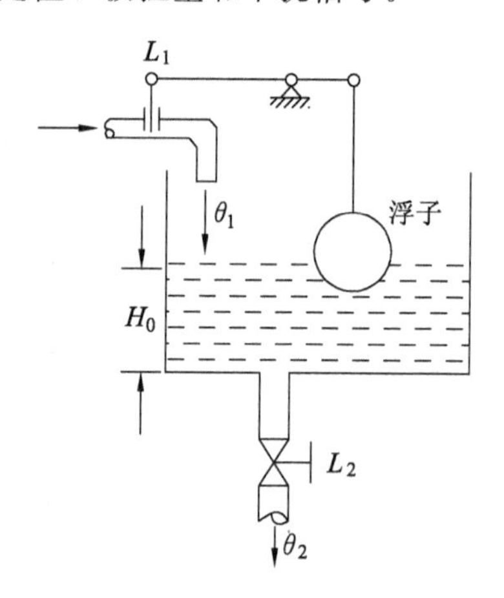

图1-21 液位控制系统

1-5 电加热系统如图1-22所示。由温控开关接通或断开电加热器的电源，以保持期望的水温。在使用热水时，水箱中流出热水并补充冷水。试说明系统的被控对象、输入量、输出量、工作原理并画出系统原理方框图。

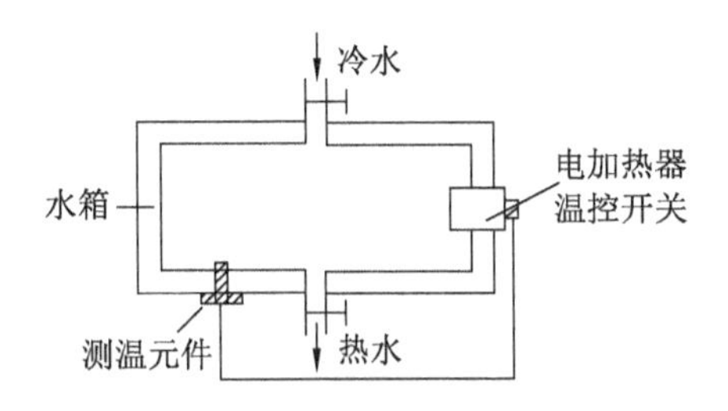

图 1-22　电加热系统示意图

1-6　图 1-23 为工业炉温自动控制系统的工作原理图，分析系统的工作原理，指出被控对象、被控量和给定量，画出系统方框图。

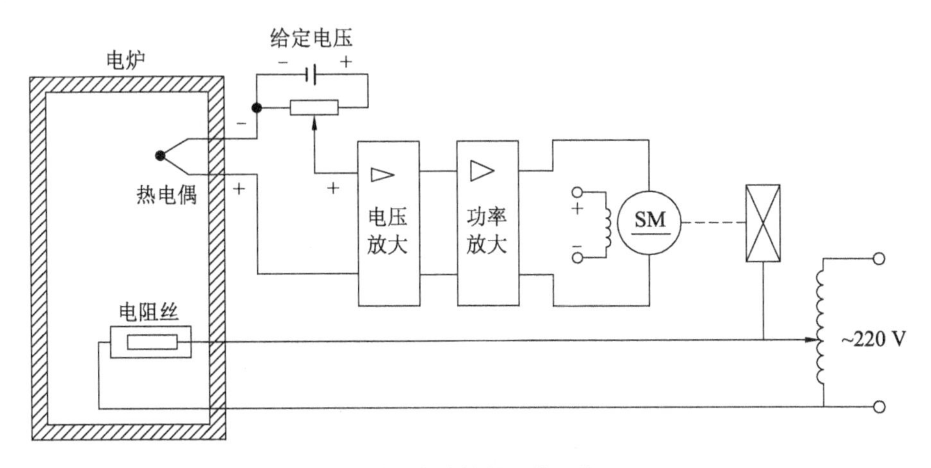

图 1-23　炉温自动控制系统工作原理图

1-7　船舶驾驶舵角位置跟踪系统如图 1-24 所示，试分析其工作原理，并画出系统方方框。

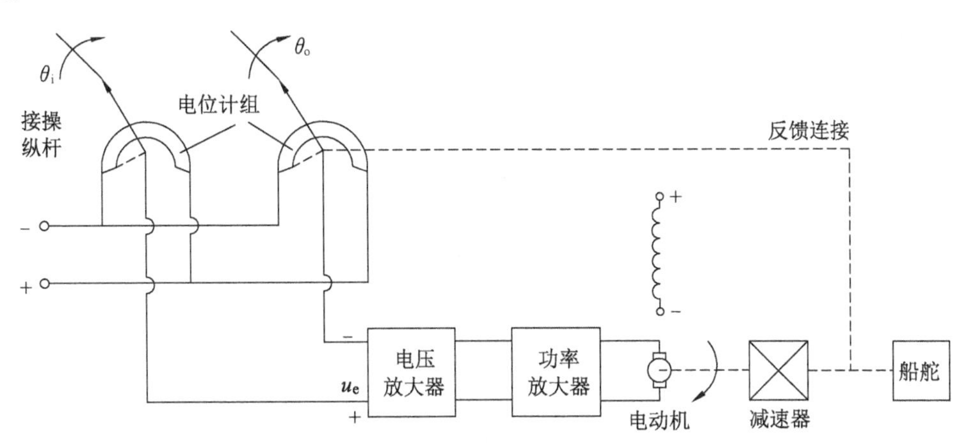

图 1-24　船舶舵角位置跟踪系统原理图

1-8　仓库大门自动控制原理示意图如图 1-25 所示，试说明自动控制大门开关的工作原理，并画出方框图。

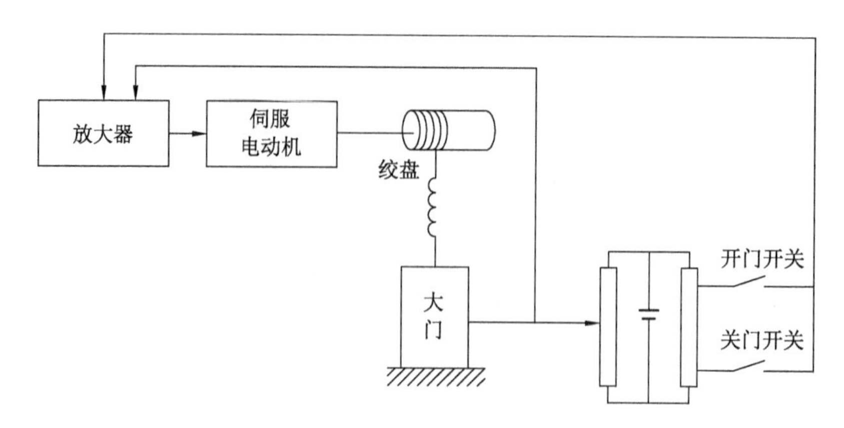

图 1-25　大门自动开闭控制系统示意图

1-9　许多机器，像车床、铣床和磨床，都配有跟随器，用来复现模板的外形。图 1-27 为一种跟随系统，在此系统中，刀具能在原料上复制模板的外形。试说明其工作原理，画出系统方框图。

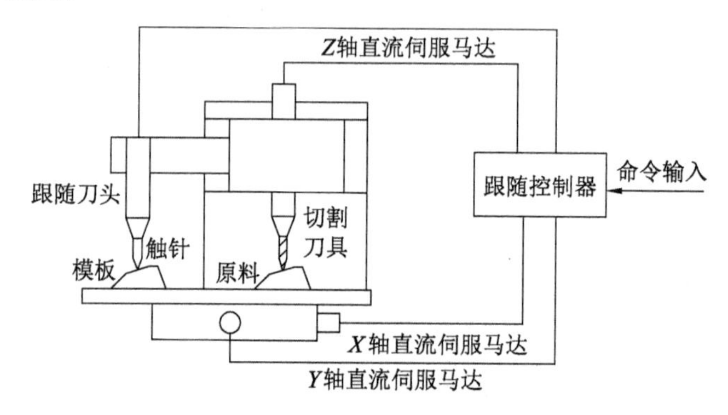

图 1-26　跟随系统示意图

1-10　摄像机角位置自动跟踪系统如图 1-27 所示。当光点显示器对准某个方向时，摄像机会自动跟踪并对准这个方向。试分析系统的工作原理，指出被控对象、被控量及给定量，画出系统方框图。

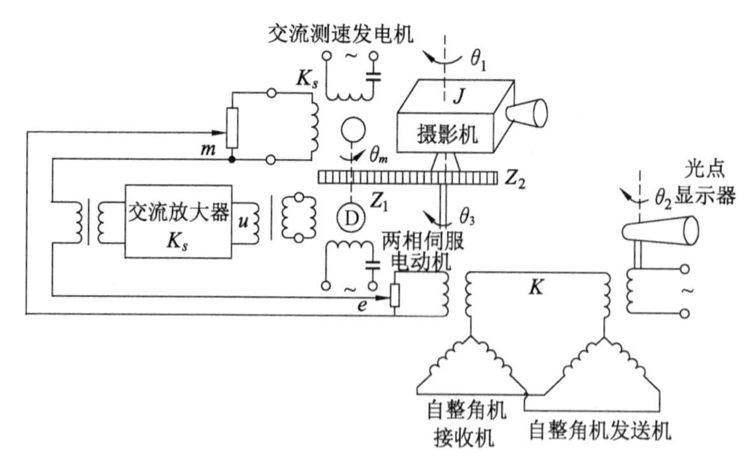

图 1-27　摄像机角位置随动系统

1-11　图 1-28 所示为水温控制系统示意图。冷水在热交换器中由通入的蒸汽加热，从而得到一定温度的热水。冷水流量变化用流量计测量。试绘制系统方块图，并说明为了保持热水温度为期望值，系统是如何工作的？系统的被控对象和控制装置各是什么？

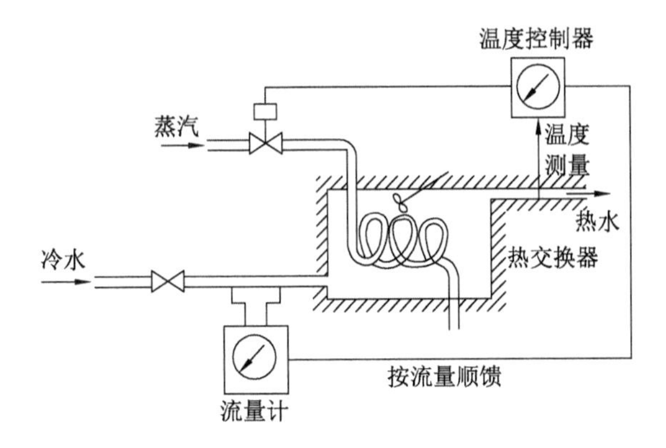

图 1-28　水温控制系统示意图

1-12　图 1-29 为谷物湿度控制系统示意图。在谷物磨粉的生产过程中，有一个出粉最多的湿度，因此磨粉之前要给谷物加水以得到给定的湿度。图中，谷物用传送装置按一定流量通过加水点，加水量由自动阀门控制。加水过程中，谷物流量、加水前谷物湿度及水压都是对谷物湿度控制的扰动作用。为了提高控制精度，系统中采用了谷物湿度的顺馈控制，试画出系统方框图。

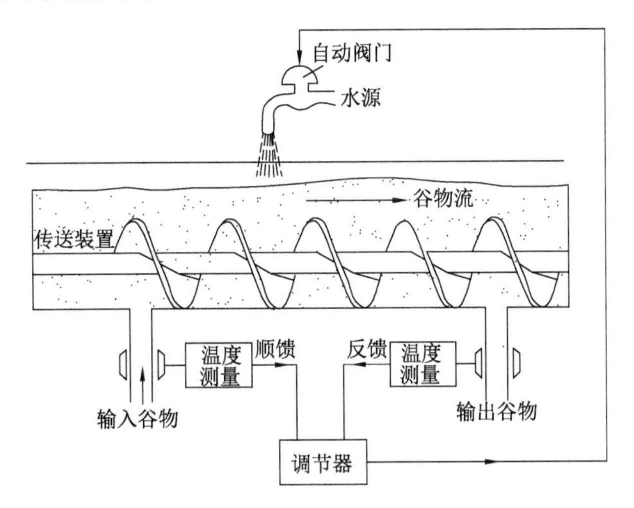

图 1-29　谷物湿度控制系统示意图

第2章 线性连续系统的数学模型

在控制系统的分析和设计中，首先要建立系统的数学模型。控制系统的数学模型是描述系统内部各物理量(或变量)之间关系的数学表达式或者图形。常用的数学模型有微分方程、传递函数和动态结构图等。所建立的数学模型有3种表现形式，分别为时域表示法、复域表示法及频域表示法。

针对一个具体的物理系统来说，无论它是机械的、电气的还是液压的，这些系统或元件实际工作时都是复杂的非线性系统，很难对其做出精确、全面的描述，必须将其简化成线性系统或者低阶非线性系统，再分析其工作原理，了解其运动规律，正确列写出它们的数学表达式，即建立系统或者元件的数学模型。不过，对系统的简化是有条件的，忽略一些相关因素并做出假设后，根据问题的性质和求解的精度要求来确定数学模型。

建立数学模型的方法有机理分析法和实验辨识法。机理分析法是对系统各部分的运动机理进行分析，根据它们所依据的物理规律或化学规律分别列写相应的运动方程，例如牛顿定理、热力学定律；实验辨识法是将实验数据统计后编写数学模型。在实际工作中，这2种方法是相辅相成的。

本章着重通过机理分析的方法来讨论线性连续系统数学模型的建立。

2.1 动态微分方程的建立

系统的微分方程是时域分析中最基本的数学模型，在给定输入量及初始条件下，求解微分方程可以得到系统的输出响应。这种方法最直观。

2.1.1 动态微分方程

编写系统的微分方程的目的在于通过该方程确定被控量与给定量及扰动量之间的函数关系，为分析或设计系统创造条件。

(1) 常用的微分方程形式

$$a_n \frac{d^n x_2(t)}{dt^n} + a_{n-1} \frac{d^{n-1} x_2(t)}{dt^{n-1}} + \cdots + a_1 \frac{dx_2(t)}{dt} + a_0 x_2(t) =$$

$$b_m \frac{d^m x_1(t)}{dt^m} + b_{m-1} \frac{d^{m-1} x_1(t)}{dt^{m-1}} + \cdots + \frac{dx_1(t)}{dt} + b_0 x_1(t) \tag{2-1}$$

其中，$x_1(t)$为输入量；$x_2(t)$为输出量；a_i，b_j 均为常数，$i=0$，1，…，n，$j=0$，1，…，m。

式 (2-1) 也称为系统的标准微分方程。

(2) 动态微分方程的编写步骤

① 确定系统(或环节)的输入量和输出量。通常，我们把系统给定量与扰动量称为系统的输入量，被控量称为系统的输出量；

② 根据系统(或环节)所遵循的规律，例如力学、运动学、电磁学、热学等规律，列出描述每个环节(或元件)运行规律的一组微分方程，建立初始微分方程组；

③ 消去中间变量，求出描述系统输入与输出关系的微分方程，将微分方程标准化，将与输出量相关的各项按导数项降幂的顺序放在等号的左边，将与输入相关的各项按照导数降幂的顺序放在等号的右边。

2.1.2　例　题

【例 2-1】　图 2-1 为弹簧振子模型，质量为 m 的物体在外力 $f(t)$作用下移动了 $x(t)$，空气阻力系数为 μ，弹簧的弹性系数为 k，设 $f(t)$为输入量，$x(t)$为输出量，求系统的微分方程。

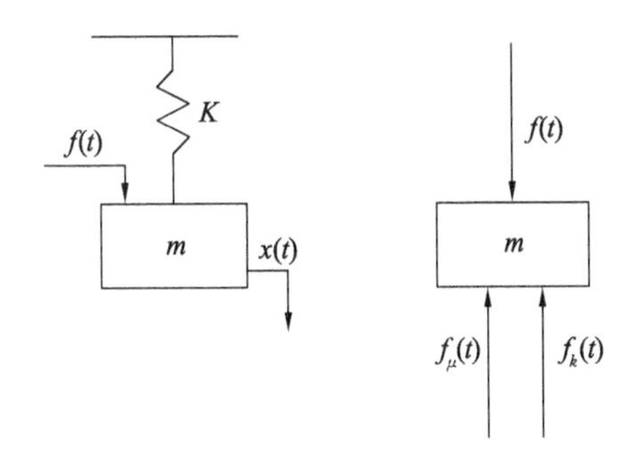

图 2-1　弹簧振子模型

解　① 确定系统的输入量和输出量。

设输入量为 $f(t)$，输出量为 $x(t)$。

② 当该振子受外力 $f(t)$作用时，根据牛顿第二定律可得该系统的数学模型为

$$\sum F = m\frac{\mathrm{d}^2 x(t)}{\mathrm{d}t^2} = f(t) - f_\mu(t) - f_k(t)$$

振子所受阻力　　$f_\mu(t)=\mu\dfrac{\mathrm{d}x(t)}{\mathrm{d}t}$

振子所受弹簧力　　$f_k(t)=kx(t)$

③ 整理得

$$m\frac{\mathrm{d}^2 x(t)}{\mathrm{d}t^2}+\mu\frac{\mathrm{d}x(t)}{\mathrm{d}t}+kx(t)=f(t) \tag{2-2}$$

式(2-2)即通过对系统力学运动机理进行分析，用时域表示法表示的该弹簧振子模型的微分方程，为二阶常系数方程。

【例 2-2】　图 2-2 为电阻-电感-电容串联网络，其中 $u_i(t)$为输入电压，求以电容两端电压 $u_c(t)$为输出的微分方程。

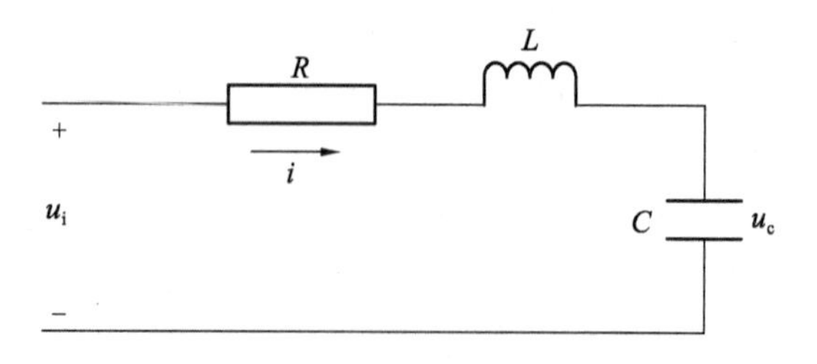

图 2-2 电阻-电感-电容串联网络

解 ① 确定电路的输入量和输出量。

输入量为 $u_i(t)$，输出量为 $u_c(t)$，$i(t)$为中间量。

② 根据基尔霍夫回路电压定律有

$$u_i(t)=Ri(t)+u_c(t)+L\frac{di(t)}{dt}$$

式中：L——电感；

R——电阻。

$$i=C\frac{du_c(t)}{dt}$$

式中：C——电容电量。

③ 消去中间量得

$$u_i(t)=LC\frac{d^2u_c(t)}{dt^2}+RC\frac{du_c(t)}{dt}+u_c(t) \tag{2-3}$$

式(2-3)即为该电路系统输入与输出关系的微分方程。

【例 2-3】 写出如图 2-3 所示速度控制系统的微分方程。

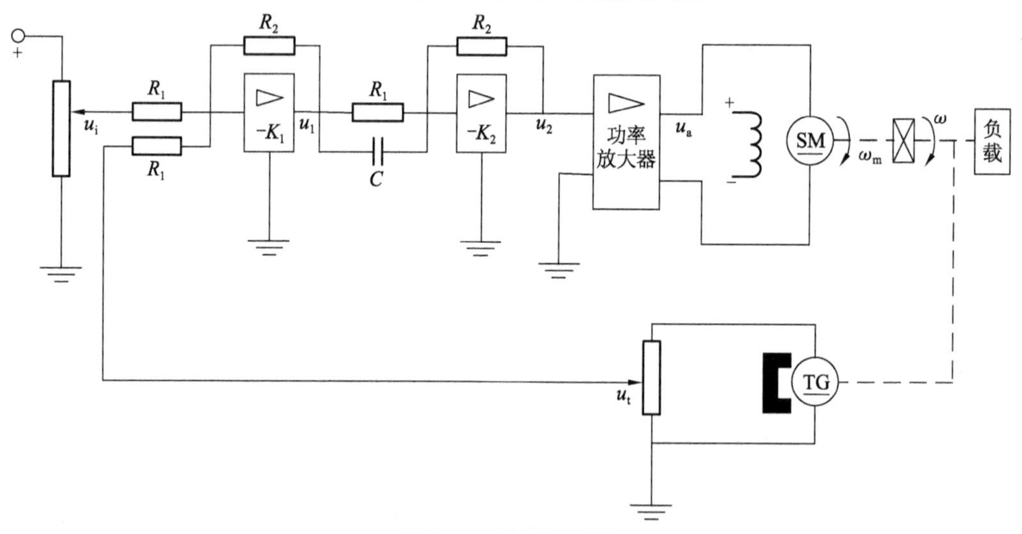

图 2-3 速度控制系统

解 控制系统的被控对象是电动机(带负载)，系统的输出量是转速 ω，输入量是 u_i，控制系统由给定电位器、运算放大器Ⅰ(含比较作用)、运算放大器Ⅱ(含 RC 校正网络)、功率放大器、直流电动机、测速发电机、减速器等部分组成。分别列出各元部件的微分方程：

① 运算放大器Ⅰ。输入量(即给定电压)u_i 与速度反馈电压 u_t 在此合成，产生偏差电压并经放大，即

$$u_1=K_1(u_i-u_t)=K_1u_e$$

式中：K_1——运算放大器Ⅰ的比例系数，$K_1=R_2/R_1$。

② 运算放大器Ⅱ。考虑 RC 校正网络，u_2 与 u_1 之间的微分方程为

$$u_2=K_2\left(\tau\frac{\mathrm{d}u_1}{\mathrm{d}t}+u_1\right)$$

式中：K_2——运算放大器Ⅱ的比例系数，$K_2=R_2/R_1$；

τ——微分时间常数，$\tau=R_1C$。

③ 功率放大器。本系统采用晶闸管整流装置，它包括触发电路和晶闸管主回路。忽略晶闸管控电路的时间滞后，将其近似看作比例放大环节，其输入输出方程为

$$u_a=K_3u_2$$

式中：K_3——比例系数。

④ 直流电动机。直流电动机微分方程式为

$$T_m\frac{\mathrm{d}\omega_m}{\mathrm{d}t}+\omega_m=K_mu_a-K_cM_c'$$

式中：T_m，K_m，K_c，M_c'——考虑齿轮系和负载后，折算到电动机轴上的等效值。

⑤ 齿轮系。设齿轮系的速比为 i，则电动机转速 ω_m 经齿轮系减速后变为 ω，故有

$$\omega=\frac{1}{i}\omega_m$$

⑥ 测速发电机。测速发电机的输出电压 u_t 与其转速 ω 成正比，即

$$u_t=K_t\omega$$

式中：K_t——测速发电机比例系数。

从上述各方程中消去中间变量 u_t，u_1，u_2，u_a，ω_m，整理后便得到控制系统的微分方程

$$T_m'\frac{\mathrm{d}\omega}{\mathrm{d}t}+\omega=K_g'\frac{\mathrm{d}u_i}{\mathrm{d}t}+K_gu_i-K_c'M_c' \tag{2-4}$$

式中：$T_m'=(iT_m+K_1K_2K_3K_mK_t\tau)/(i+K_1K_2K_3K_mK_t)$；

$K_g'=K_1K_2K_3K_m\tau/(i+K_1K_2K_3K_mK_t)$；

$K_g=K_1K_2K_3K_m/(i+K_1K_2K_3K_mK_t)$；

$K_c'=K_c/(i+K_1K_2K_3K_mK_t)$。

式(2-4)可用于研究在给定电压 u_i 或有负载扰动转矩 M_c 时，速度控制系统的动态性能。

从上述各控制系统的元件或系统的微分方程可以发现，不同类型的元件或系统可具有形式相同的数学模型。例如，RLC 无源网络和弹簧—质量—阻尼器机械系统的数学模型的微分方程(式(2-2)、式(2-3))均是二阶微分方程，称这些物理系统为相似系统。相似系统揭示了不同物理现象间的相似关系，便于使用一个简单系统模型去研究与其相似的复杂系统，也为控制系统的计算机仿真提供了基础。

2.1.3 线性微分方程的特性

线性微分方程具有很多特性，但是最重要的是叠加性、均匀性。这 2 个特性在线性系统中非常重要。

（1）叠加性

现假设线性系统的微分方程为

$$a_0\frac{d^n y(t)}{dt^n}+a_1\frac{d^{n-1} y(t)}{dt^{n-1}}+\cdots+a_{n-1}\frac{dy(t)}{dt}+a_n y(t)=f(t) \tag{2-5}$$

当 $f(t)=f_1(t)$，方程的解为 $g_1(t)$；当 $f(t)=f_2(t)$，方程的解为 $g_2(t)$，则当$f(t)=f_1(t)+f_2(t)$时，方程的解为 $g_1(t)+g_2(t)$，这一性质称为线性系统的叠加性。

线性微分方程叠加性，表明当一个线性系统同时受到 2 个或者 2 个以上外部信号时，系统的最终输出等于这些信号单独作用时的响应之和，即假设输入信号是 $r_i(t)$，$i=1$，2，3，…，n，它们各自的响应为 $c_i(t)$，$i=1$，2，3，…，n，则当这些信号同时作用时，输入信号为 $\sum_{i=1}^{n} r_i(t)$，系统的最终响应为 $\sum_{i=1}^{n} c_i(t)$。

（2）均匀性

假设线性系统的微分方程为

$$a_0\frac{d^n y(t)}{dt^n}+a_1\frac{d^{n-1} y(t)}{dt^{n-1}}+\cdots+a_{n-1}\frac{dy(t)}{dt}+a_n y(t)=f(t) \tag{2-6}$$

当 $f(t)=f_1(t)$，方程的解为 $g_1(t)$；假设 $f(t)=Cf_1(t)$（C 为常数），则方程的解为 $Cg_1(t)$，这一性质被称为线性系统的均匀性。

线性微分方程均匀性，表明当一个线性系统所受的外部信号成倍增加或者降低时，系统的输出也会成倍增加或者降低。即假设输入信号是 $r(t)$，响应为 $c(t)$，则当信号增加时，即 $Cr(t)$，系统的最终响应为 $Cc(t)$。

2.1.4 系统微分方程的求解

系统的标准微分方程建立后，若已知输入信号或输入条件，就可求出微分方程的解。对于这么复杂的微分方程，计算方法很复杂，利用常规方法很难求解，我们一般利用拉普拉斯变换法求解线性微分方程，这种方法计算简便，尤其适用于高阶微分方程的求解。

用拉普拉斯变化法求解线性微分方程的步骤如下：

① 将微分方程两边进行拉普拉斯变换，得到变换方程；

② 经过整理，得到输出量的象函数；

③ 利用部分分式法，进行拉普拉斯反变换，求出微分方程的解。

拉普拉斯变化法在高等数学中详细介绍过，本书不再叙述。本书的附录中给出了常用的拉普拉斯变换及反变换，以便于读者查阅和应用。

【例 2-4】 图 2-4 中，质量为 m_1，m_2 的 2 个物体，与弹簧系数分别为 k_1 和 k_2 的 2 个弹簧和黏性阻尼系统为 b 的阻尼器构成一个弹簧阻尼系统，物体 m_1 在外力 $f(t)$作用下产生了 x_1 的位移，物体 m_2 产生了 x_2 的位移，求该系统的微分方程。

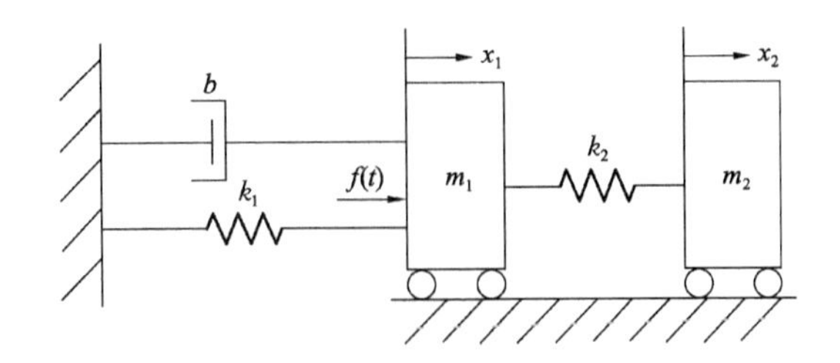

图 2-4　弹簧质子系统

分析　输入量和输出量的不同，系统的微分方程将不同。思路 1：外力 $f(t)$为输入量，位移 $x_1(t)$为输出量，列出系统微分方程。思路 2：外力 $f(t)$为输入量，位移 $x_2(t)$为输出量，列出系统微分方程。2 种情况下，列出的系统的微分方程也不同。

解　首先对物体 m_1，m_2 进行受力分析，如图 2-5 所示。

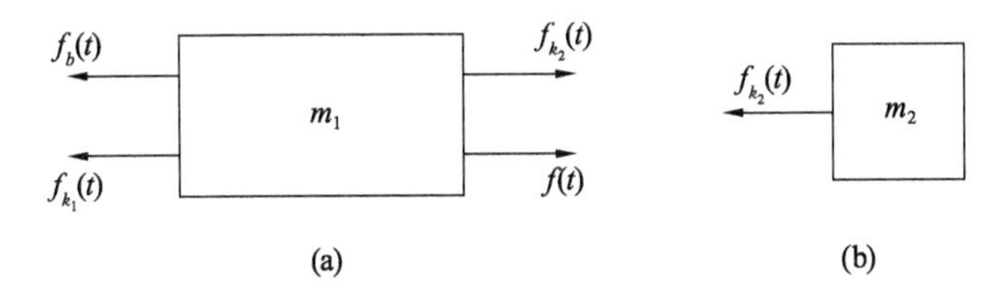

图 2-5　m_1，m_2 的受力分析

思路 1：外力 $f(t)$为输入量，位移 $x_1(t)$为输出量，对于质量 m_1

$$f_b(t)=b\frac{\mathrm{d}x_1(t)}{\mathrm{d}t}$$

$$f_{k_1}(t)=k_1x_1(t)$$

$$f_{k_2}(t)=k_2[x_2(t)-x_1(t)]$$

$$\sum F_1(t)=m_1\frac{\mathrm{d}^2x_1(t)}{\mathrm{d}t^2}=f(t)+f_{k_2}(t)-f_b(t)-f_{k_1}(t)$$

整理得

$$f(t)+k_2[x_2(t)-x_1(t)]-b\frac{\mathrm{d}x_1(t)}{\mathrm{d}t}-k_1x_1(t)=m_1\frac{\mathrm{d}^2x_1(t)}{\mathrm{d}t^2}\tag{2-7}$$

对于质量块 m_2

$$\sum F_2(t)=f_{k_2}(t)=k_2[x_1(t)-x_2(t)]=m_2\frac{\mathrm{d}^2x_2(t)}{\mathrm{d}t^2}\tag{2-8}$$

式(2-7)和式(2-8)拉普拉斯变换得

$$(m_1s^2+bs+k_1+k_2)X_1(s)-k_2X_2(s)=F(s)$$

$$-k_2X_1(s)+(m_2s^2+k_2)X_2(s)=0$$

整理得

$$\frac{X_1(s)}{F(s)}=\frac{m_2s^2+k_2}{(m_2s^2+k_2)(m_2s^2+bs+k_1+k_2)-k_2^2}\tag{2-9}$$

式(2-9)为该系统用复域表示法表示的微分方程。

若设

$$f(t)=a\sin\omega t$$

则
$$X_1(s)=\frac{a\omega(m_2s^2+k_2)}{[(m_2s^2+k_2)(m_2s^2+bs+k_1+k_2)-k_2^2](s^2+\omega^2)}$$

思路 2：外力 $f(t)$为输入量，位移 $x_2(t)$的输出量，对于质量 m_1

$$f_b(t)=b\frac{dx_1(t)}{dt}$$

$$f_{k_1}(t)=k_1x_1(t)$$

$$f_{k_2}t=k_2[x_2(t)-x_1(t)]$$

$$\sum F_1(t)=m_1\frac{d^2x_1(t)}{dt^2}=f(t)+f_{k_2}(t)-f_b(t)-f_{k_1}(t)$$

整理得

$$f(t)+k_2[x_2(t)-x_1(t)]-b\frac{dx_1(t)}{dt}-k_1x_1(t)=m_1\frac{d^2x_1(t)}{dt^2} \tag{2-10}$$

对于质量块 m_2

$$\sum F_2(t)=f_{k_2}(t)=k_2[x_1(t)-x_2(t)]=m_2\frac{d^2x_2(t)}{dt^2} \tag{2-11}$$

式(2-10)和式(2-11)拉普拉斯变换得

$$(m_1s^2+bs+k_1+k_2)X_1(s)-k_2X_2(s)=F(s)$$
$$-k_2X_1(s)+(m_2s^2+k_2)X_2(s)=0$$

整理得

$$\frac{X_2(s)}{F(s)}=\frac{k_2}{(m_2s^2+k_2)(m_2s^2+bs+k_1+k_2)-k_2^2} \tag{2-12}$$

式(2-12)为该系统用复域表示法表示的微分方程。

由以上分析可知，输入量和输出量不同，系统的计算模型也会不同。

2.2 非线性数学模型的线性化

以上例子均为线性控制系统数学模型的建立，但在一般情况下，常常会遇到非线性问题。求解非线性微分方程非常困难，对于大部分连续变化的非线性系统来说，在一定条件下可近似地视作连续变化的线性系统，即在一个小范围内将非线性用一段直线来代替，这种有条件地把非线性数学模型转化为线性数学模型来处理的方法，称为非线性数学模型的线性化。非线性系统的线性化处理的方法是工程实践中的一种常见方法。

2.2.1 单变量的非线性系统 $y=f(x)$

假设单变量系统所表述的函数在 x_0 处连续可微，则可将它在该点附近用 Taylor 级数展开，即

$$f(x)=f(x_0)+f'(x_0)(x-x_0)+\frac{1}{2!}f''(x_0)(x-x_0)^2+\cdots$$

当取值区间足够小时，可略去其高次幂项，则有

$$f(x)\approx f(x_0)+f'(x_0)(x-x_0) \tag{2-13}$$

2.2.2　多变量的非线性函数 $y=f(x_1, x_2, \cdots, x_n)$

对于多变量的非线性系统，当描述该系统的函数在点$(x_{10}, x_{20}, \cdots, x_{n0})$处可微，则处理的方法类似于单变量系统，也采用在点$(x_{10}, x_{20}, \cdots, x_{n0})$附近用 Taylor 级数将其展开，即

$$f(x_1,x_2,\cdots,x_n)=f(x_{10},x_{20},\cdots,x_{n0})+\sum_{i=1}^{n}\frac{\partial f(x_{10},x_{20},\cdots,x_{n0})}{\partial x_i}(x_i-x_{i0})+$$
$$\frac{1}{2!}\sum_{i=1}^{n}\frac{\partial^2 f(x_{10},x_{20},\cdots,x_{n0})}{\partial x_i^2}(x_i-x_{i0})^2+\cdots$$

当取值区间足够小时，略去其高次幂项，则有

$$\Delta y=f(x_1,x_2,\cdots,x_n)-f(x_{10},x_{20},\cdots,x_{n0})\approx\sum_{i=1}^{n}\frac{\partial f(x_{10},x_{20},\cdots,x_{n0})}{\partial x_i}(x_i-x_{i0}) \tag{2-14}$$

这种小偏差线性化方法对于大多数控制系统的工作状态是可行的，特别在平衡点附近的误差一般不会很大，都是“小误差点”。

2.2.3　非线性数学模型的线性化步骤

① 确定输入量 $r(t)$，输出量 $c(t)$；

② 确定自动控制系统工作点 A，对于非线性连续数学模型，$r(t)$与$c(t)$之间的关系呈非线性关系，系统在点 A 附近的微小范围内变化为沿点 A 的切线变化，即 $\Delta c(t)=\Delta r(t)\tan\alpha$，$\tan\alpha=\left.\dfrac{\mathrm{d}c(t)}{\mathrm{d}r(t)}\right|_A$；

③ 将非线性问题线性化；

④ 根据系统规律列微分方程组；

⑤ 消去中间变量，求解在工作点 A 附近的数学模型。

2.2.4　例　题

【例 2-5】　某三相桥式晶闸管整流电路的输入量为控制角 α_A，输出量为 E_d，E_d 与 α 之间的关系为

$$E_d(\alpha)=E_{d0}\cos\alpha=3.14E_2\cos\alpha$$

其中 E_2 为交流电源相压的有效值，E_{d0} 为 $\alpha=0°$时的整流电压。该装置的整流特性曲线如图 2-6 所示。试将该系统简化，并写出其线性微分方程。

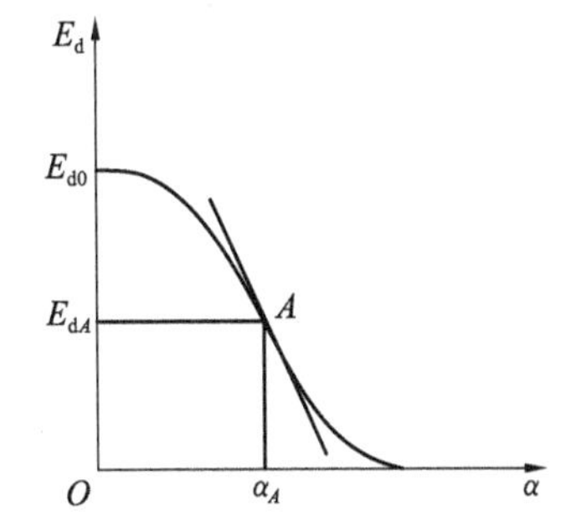

图 2-6　晶闸管整流特性

解　输入量为 α，输出量为 E_d。

由图 2-6 可知，输入量与输出量呈非线性关系，设正常工作点为 A，该处

$$E_d(\alpha_A)=E_{d0}\cos\alpha_A$$

当控制角 α 在小范围内变化时，可以将其线性化处理，令 $r_A=\alpha_A$，$y_A=E_{d0}\cos\alpha_A$，则

$$E_d-E_{d0}\cos\alpha_A=K(\alpha-\alpha_A)$$

式中：$K=\left(\frac{\mathrm{d}E_{\mathrm{d}}}{\mathrm{d}\alpha}\right)_{\alpha=\alpha_A}=-E_{\mathrm{d0}}\sin\alpha_A$。

【例 2-6】 设铁芯线圈电路如图 2-7 所示，其磁通与线圈中电流 i 之间关系如图 2-7a 所示，试列写电路的微分方程。

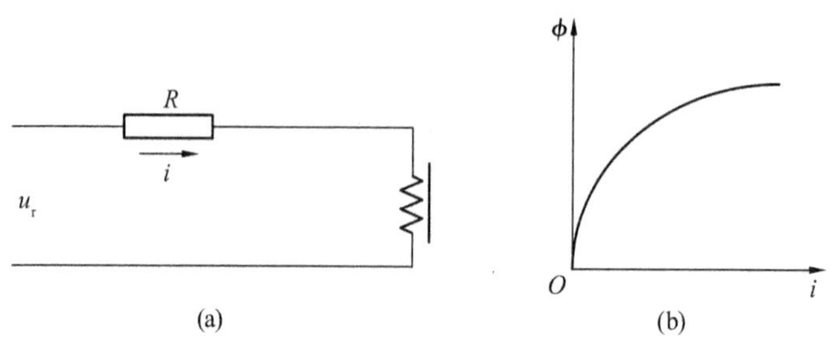

图 2-7 铁芯线圈电路及励磁特性

解 ① 设输入量为 u_r，输出量为 i；

② 在工程应用中，如图 2-8 所示，设电路的电压与电流只在某平衡点 $A(u_0, i_0)$ 附近做微小变化，则可设 u_r 相对于 u_0 的增量是 Δu_r，i 相对于 i_0 的增量是 Δi，并设 $\phi(i)$ 在 i_0 的邻域内连续可导，用 Taylor 级数展开为

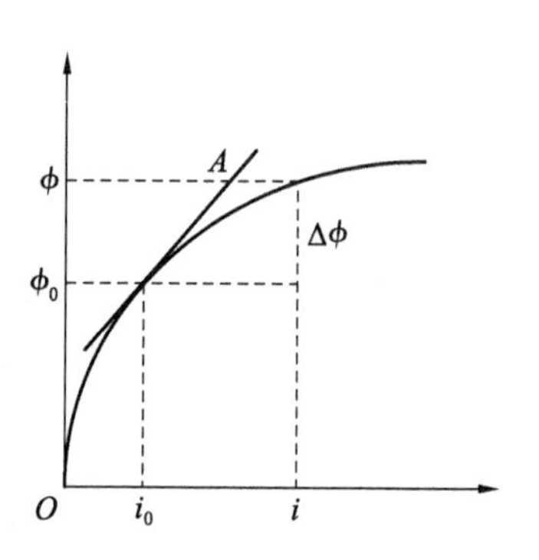

图 2-8 铁芯线圈励磁特性

$$\phi(i)=\phi(i_0)+\left(\frac{\mathrm{d}\phi(i)}{\mathrm{d}i}\right)_{i_0}\Delta i+\frac{1}{2!}\left(\frac{\mathrm{d}^2\phi(i)}{\mathrm{d}i^2}\right)_{i_0}\Delta i^2+\cdots$$

当 Δi 足够小时，略去高阶导数项，则

$$\phi(i)-\phi(i_0)=\left(\frac{\mathrm{d}\phi(i)}{\mathrm{d}(i)}\right)_{i_0}\Delta i=K\Delta i \tag{2-15}$$

其中 K 为斜率，$K=\left(\frac{\mathrm{d}\phi(i)}{\mathrm{d}_i}\right)_{i_0}$。

设铁芯线圈磁通变化时产生的感应电势为

$$u_\phi(i)=K_1\frac{\mathrm{d}\phi(i)}{\mathrm{d}t}$$

则由基尔霍夫定律列出微分方程为

$$u_r(i)=K_1\frac{\mathrm{d}\phi(i)}{\mathrm{d}t}+Ri=K_1\frac{\mathrm{d}\phi(i)}{\mathrm{d}i}\frac{\mathrm{d}i}{\mathrm{d}t}+Ri \tag{2-16}$$

式中 $\frac{\mathrm{d}\phi(i)}{\mathrm{d}i}$ 是线圈中电流 i 的非线性函数，因此上式是一个非线性微分方程。在平衡点 A 附近，结合式(2-15)和式(2-16)可得

$$u_r(i)=K_1K\frac{\mathrm{d}i}{\mathrm{d}t}+Ri \tag{2-17}$$

式(2-17)为铁芯线圈电路在平衡点(u_0, i_0)的增量线性化微分方程。若平衡点变动时，K 值亦相应改变。

在用上述方法处理线性化问题时，应注意以下几点：

① 线性化方程中的参数，K 与选择的工作点位置有关，工作点不同时，相应的参数也不同。因此，在进行线性化时，应首先确定系统的静态工作点。

② 当输入量变化范围较大时，用上述方法建模势必引起较大的误差。所以，在进行线性化时应注意它的适用条件，包括信号变化的范围。

③ 若非线性特性是不连续的，则不可以用上述方法线性化处理。

2.3　传递函数

前面章节介绍了自动控制系统输入输出关系微分方程式的编写方法。对于简单的系统，可以直接求解微分方程，但对于复杂的系统，直接求解微分方程比较困难，可以应用拉氏变换法求解线性系统的微分方程，得到控制系统在复数域中的数学模型——传递函数。传递函数不仅可以表征系统的动态性能，而且可以用来研究系统的结构或参数变化对系统性能的影响。

2.3.1　传递函数的定义

定义：线性定常系统中，在零初始条件下，系统输出量的拉普拉斯变换与输入量的拉普拉斯变换之比称为该系统(或环节)的传递函数，常用 $G(s)$ 或 $\Phi(s)$ 表示，即

$$G(s)=\frac{C(s)}{R(s)}$$

设线性定常系统由 n 阶线性定常微分方程描述：

$$a_0\frac{\mathrm{d}^n}{\mathrm{d}t^n}c(t)+a_1\frac{\mathrm{d}^{n-1}}{\mathrm{d}t^{n-1}}c(t)+\cdots+a_{n-1}\frac{\mathrm{d}}{\mathrm{d}t}c(t)+a_nc(t)=$$

$$b_0\frac{\mathrm{d}^m}{\mathrm{d}t^m}r(t)+b_1\frac{\mathrm{d}^{m-1}}{\mathrm{d}t^{m-1}}r(t)+\cdots+b_{m-1}\frac{\mathrm{d}}{\mathrm{d}t}r(t)+b_mr(t) \tag{2-18}$$

式中：$c(t)$——系统输出量；

$r(t)$——系统输入量；

$a_i(i=0,1,2,\cdots,n)$，$b_j(j=0,1,2,\cdots,m)$——与系统结构和参数有关的常系数。

设 $r(t)$ 和 $c(t)$ 及其各阶段导数在 $t=0$ 时的值均为 0，即零初始条件，对式(2-18)中各项分别进行拉氏变换，并令 $C(s)=L[c(t)]$，$R(s)=L[r(t)]$，可得 s 的代数方程

$$[a_0s^n+a_1s^{n-1}+\cdots+a_{n-1}s+a_n]\ C(s)=[b_0s^m+b_1s^{m-1}+\cdots+b_{m-1}s+b_m]\ R(s)$$

于是，由定义得系统传递函数为

$$G(s)=\frac{C(s)}{R(s)}=\frac{b_0s^m+b_1s^{m-1}+\cdots+b_{m-1}s+b_m}{a_0s^n+a_1s^{n-1}+\cdots+a_{n-1}s+a_n}=\frac{M(s)}{N(s)} \tag{2-19}$$

式中：

$$M(s)=b_0s^m+b_1s^{m-1}+\cdots+b_{m-1}s+b_m$$

$$N(s)=a_0s^n+a_1s^{n-1}+\cdots+a_{n-1}s+a_n$$

传递函数的结构图如图 2-9 表示。

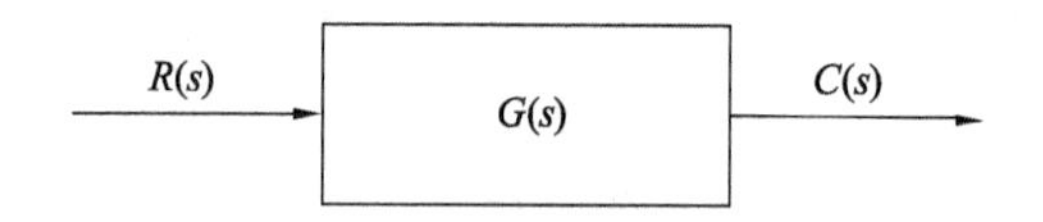

图 2-9 传递函数的结构图

传递函数表达了系统输入量与输出量之间的传递关系，它只与系统本身的结构和特性参数有关，与输入量、输出量无关。可直接利用传递函数分析系统性能，但它仅仅适用于线性且初始条件为零的系统。

【例 2-7】 求如图 2-10 所示的反相输入运算放大器的传递函数。

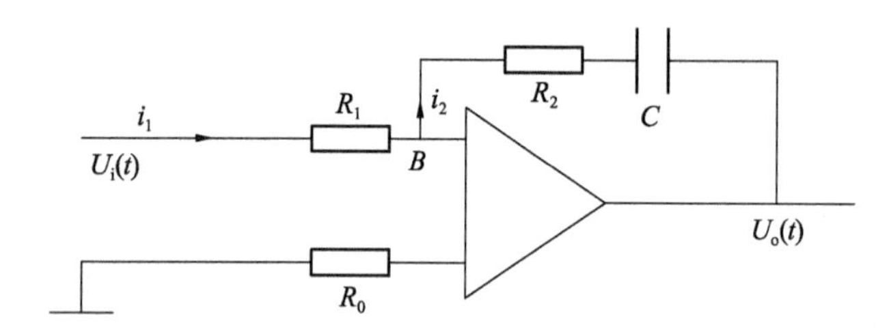

图 2-10 反相输入运算放大器

解 由图 2-10 和运算放大器工作特点可知，$u_B \approx 0$，$i_1 = i_2$；根据电路原理，把图示电路转换成运算电路，则得输入电路和输出电路的复阻抗 Z_1 和 Z_2 分别为

$$Z_1 = R_1,\ Z_2 = R_2 + \frac{1}{Cs}$$

设输入信号 $u_i(t)$ 和输出信号 $u_o(t)$ 的拉普拉斯变换分别为 $U_i(s)$ 和 $U_o(s)$，则

$$\frac{U_i(s)}{Z_1} = -\frac{U_o(s)}{Z_2}$$

即得该系统的传递函数

$$G(s) = \frac{U_o(s)}{U_i(s)} = -\frac{Z_2}{Z_1} = -\frac{R_2 Cs + 1}{R_1 Cs} = -\frac{\tau s + 1}{Ts}$$

式中：$\tau = R_2 C$，$T = R_1 C$。

2.3.2 传递函数的描述形式

① 对于实际的控制系统来说，传递函数表达式中的所有系数为实数，且分母项的阶次 n 通常高于分子项阶次 m。定义分母项的阶次为 n 的传递函数为 n 阶传递函数，相应的系统称为 n 阶系统。

② 传递函数的零点和极点。

传递函数的分子多项式与分母多项式因分解后可写为如下形式：

$$G(s) = \frac{b_m}{a_n} \frac{s^m + d_{m-1} s^{m-1} + \cdots + d_1 s + d_0}{s^n + C_{n-1} s^{n-1} + \cdots + c_1 s + c_0} = K_g \frac{\prod_{i=1}^{m} (s - z_i)}{\prod_{j=1}^{n} (s - p_j)} \tag{2-20}$$

式中：$z_i (i=1, 2, \cdots, m)$——分子多项式的零点，即传递函数的零点，也称传递函数对应在系统或元件的零点；

$p_j(j=1,2,\cdots,n)$——分母多项式的零点，即传递函数的极点，也称传递函数对应的系统或元件的极点；

K_g——传递函数或根轨迹增益，即传递函数的传递系数，$K_g=\dfrac{b_m}{a_n}$。

一般用"o"表示零点，用"×"表示极点。

传递函数具有共轭复数零点、共轭极点或零值极点时，则传递函数表达式(2-20)和式(2-19)可改写为

$$G(s)=\frac{K_g}{s^2}\frac{\prod_{i=1}^{m_1}(s-z_i)\prod_{k=1}^{m_2}(s^2+2\varepsilon_k\omega_k s+\omega_k^2)}{\prod_{j=1}^{n_1}(s-p_j)\prod_{l=1}^{n_2}(s^2+2\varepsilon_l\omega_l s+\omega_l^2)} \tag{2-21}$$

或

$$G(s)=\frac{K}{s^2}\frac{\prod_{i=1}^{m_1}(\tau_i s-1)\prod_{k=1}^{m_2}(\tau_k^2 s^2+2\varepsilon_k\tau_k s+1)}{\prod_{j=1}^{n_1}(T_j s-1)\prod_{l=1}^{n_2}(T_l^2 s^2+2\varepsilon_l\omega T_l s+1)} \tag{2-22}$$

其中，$m_1+m_2=m$，$n_1+n_2=n$。

③ 传递函数极点和零点对输出的影响。

【例 2-8】 比较 $C_1(s)=\dfrac{2s+1}{2s^2+6s+4}$，$C_2(s)=\dfrac{3s+4}{s^2+3s+2}$的极点、零点位置，比较单位阶跃响应下输出的 $c_1(t)-t$ 与 $c_2(t)-t$ 曲线图。

解　对于

$$C_1(s)=\frac{2s+1}{2s^2+6s+4}$$

令 $2s+1=0$，$2s^2+6s+4=0$，即零点 $z_1=-\dfrac{1}{2}$，极点 $p_1=-1$，$p_2=-2$，极点与零点位置如图 2-11 所示。

在零初始条件下，单位阶跃响应为

$$c_1(t)=L^{-1}\left[\frac{2s+1}{s(2s^2+6s+4)}\right]=0.5+\mathrm{e}^{-t}-1.5\mathrm{e}^{-2t} \tag{2-23}$$

对于

$$C_2(s)=\frac{3s+4}{s^2+3s+2}$$

令 $3s+4=0$，$s^2+3s+2=0$，即极点 $p_1=-1$，$p_2=-2$，零点 $z_1=-1.33$，极点和零点位置如图 2-12 所示。

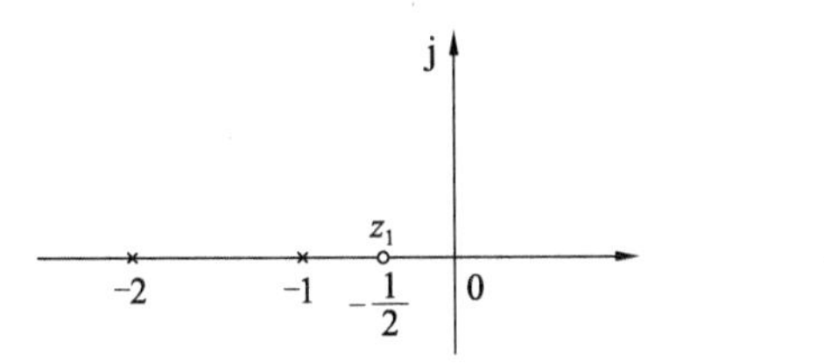

图 2-11　系统零、极点分布图

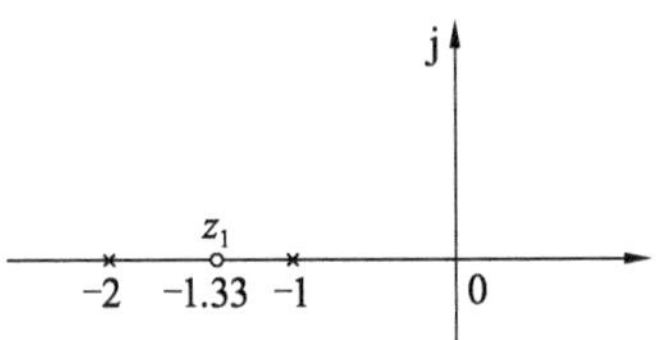

图 2-12　系统零、极点分布图

在零初始条件下，单位阶跃响应为

$$c_2(t)=L^{-1}\left[\frac{3s+4}{s(s+1)(s+2)}\right]=2-e^{-t}-e^{-2t} \tag{2-24}$$

极点相同，零点位置不同，在单位阶跃响应输入下，其输出曲线如图 2-13 所示。

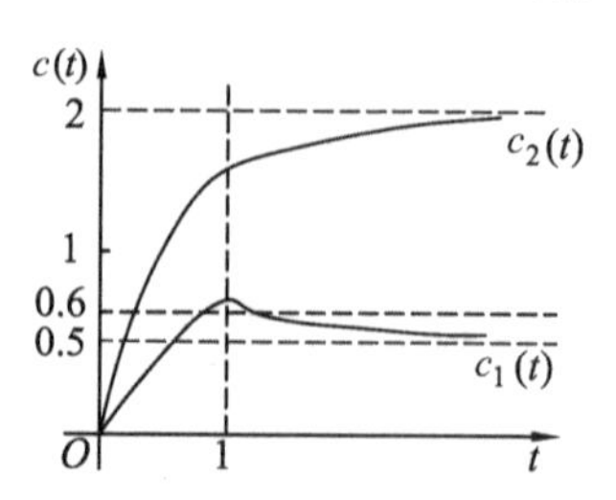

图 2-13　两个系统输出系统图

由此可知，e^{-t}与e^{-2t}模态在 2 个系统的单位阶跃响应中所占的比重是不同的，它取决于极点之间的距离，以及极点与原点的距离。在极点相同的情况下，$c_1(t)$的零点 z_1 接近原点，距 2 个极点较远，即 2 个模态所占比重大且零点 z_1 的作用明显，而 $c_2(t)$的零点 z_2 距原点较远且与 2 个极点较近，因此 2 个模态所占比例就小。尽管 2 个系统模态相同，但由于零点位置不同，其单位阶跃响应 $c_1(t)$与 $c_2(t)$具有不同的形状。极点影响响应模态，零点影响响应形状。

2.3.3　传递函数的性质

性质 1　传递函数是复变量 s 的有理真分式函数，$m\leqslant n$，且具有复变量函数的所有性质。

性质 2　传递函数只取决于系统或元件的结构和参数，而与外部输入形式(如幅值、形状等)无关。这就说明对于一个线性系统而言，可以使用传递函数来唯一地描述系统，进而可以利用复变量函数来分析系统的各项性能。

性质 3　传递函数虽然只与线性系统的结构和参数有关，但它不提供任何关于该系统的具体物理结构，也就是说，不同的物理结构或具有不同功能的系统，它们可能具有相同形式的传递函数。

性质 4　当一个线性系统的传递函数未知，而又无法从理论上对其进行推导时，可以给系统加上已知的输入信号，根据其输出响应来研究系统的传递函数。

性质 5　传递函数与微分方程之间存在着如下的关系：传递函数分子多项式系数及分母多项式系数，分别与相应微分方程的右端及左端微分算符多项式系数相对应。在零初始条件下，将微分方程的算符$\frac{\mathrm{d}}{\mathrm{d}t}$用复数 s 置换便得到传递函数；反之，将传递函数多项式中的变量 s 用算符$\frac{\mathrm{d}}{\mathrm{d}t}$置换便得到微分方程。

例如，由传递函数 $G(s)=\frac{C(s)}{R(s)}=\frac{b_1s+b_2}{a_0s^2+a_1s+a_2}$可得 s 的代数方程$(a_0s^2+a_1s+a_2)C(s)=(b_1s+b_2)R(s)$，在零初始条件下，用微分算符$\frac{\mathrm{d}}{\mathrm{d}t}$置换 s，便得到相应的微分方程

$$a_0 \frac{d^2}{dt^2}c(t)+a_1 \frac{d}{dt}c(t)+a_2 c(t)=b_1 \frac{d}{dt}r(t)+b_2 r(t) \tag{2-25}$$

性质 6　传递函数 $G(s)$的拉氏变换是系统的单位脉冲响应 $g(t)$。

从拉氏变换可知，单位脉冲响应的拉氏变换 $R(s)=1$，因此，系统在单位脉冲输入时的输出响应为 $C(s)=G(s)R(s)=G(s)$，因此，从形式上这两者是相等的。对式(2-25)求拉氏反变换可得

$$c(t)=L^{-1}\left[C(s)\right]=L^{-1}\left[G(s)R(s)\right]=L^{-1}\left[G(s)\right]$$

在建立控制系统模型，推导传递函数时，必须注意以下 3 点：

① 对于同一元件或系统，根据所研究的问题不同，可以取不同的量作为输出量和输入量，所得到的传递函数是不同的，例如图 2-14 所示的电阻位移器。

② 对于复杂的控制系统，在建立系统或被控对象的数学模型时，可先将其分解成多个典型环节，然后直接应用已知的动态性能和响应，这给分析研究系统性能提供了方便。

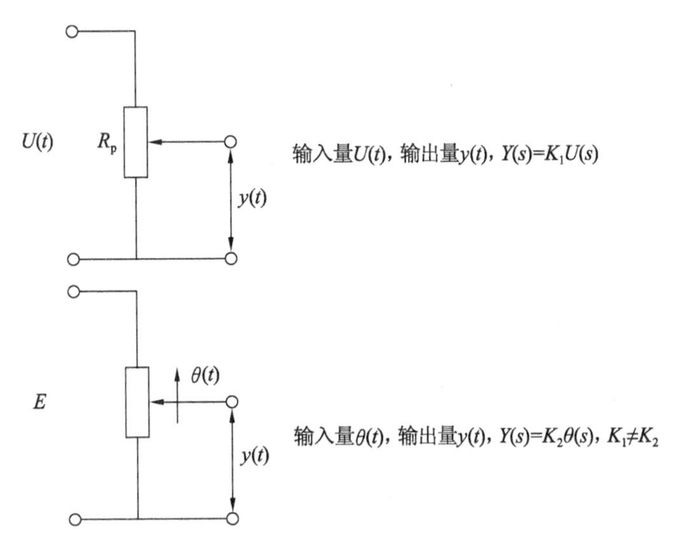

图 2-14　电阻位移器

③ 将复杂系统划分为典型环节时，要注意环节与环节之间存在“负载效应”（仅当由于负载的变化而引起输出稳定量的变化的效应称为负载效应），若 2 个环节之间的负载效应较大，应把它们归为一个环节。

2.4　系统动态结构图

控制系统结构图与信号流图都是描述系统各元件之间信号传递关系的数学图形，它们表示了系统中各变量之间的因果关系及对各变量所进行的运算。

系统动态结构图又称为框图，它将系统中所有的环节用框表示，按照系统中各环节之间的联系，将各框连接起来。框的一端表示相应环节的输入信号，另一端表示相应环节的输出信号。它不仅可用于线性系统，也可用于非线性系统。

系统结构图实质上是系统原理图与数学方程相结合，既补充了原理图所缺少的定量

描述，又避免了纯数学的抽象运算，从结构图上可以用方框进行数学运算，也可以直观地了解各元部件的相互关系及在系统中所起的作用，更重要的是，从系统结构图可以方便地求得系统的传递函数，所以系统结构图也是控制系统的一种数学模型。

2.4.1 系统结构图的组成

控制系统的结构图是由许多信号进行单向运算的方框和一些信号流向线组成，它包含如下 4 种基本单元：

① 信号线是带有箭头的直线，箭头表示信号流向，在直线旁标记信号的时间函数或象函数。

② 引出点（$u(t),U(s)$ → ↓ $u(t),U(s)$），表示信号引出或测量的位置，从同一位置引出的信号在数值和性质方面完全相同。

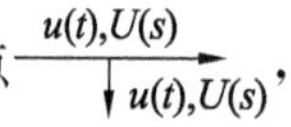

③ 比较点（$u(t),R(s)$ → ○ → $u(t)\pm r(s)$, $u(s)\pm R(s)$；± ↑ $r(t),R(s)$）表示对 2 个以上的信号进行加减运算，“＋”表示相加，“－”表示相减。

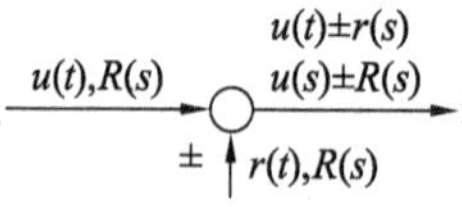

④ 方框，表示对信号的数学变换，方框中（$\frac{u(t)}{U(s)}$ → $G(s)$ → $\frac{c(t)}{C(s)}$）写入原部件或系统的传递函数。

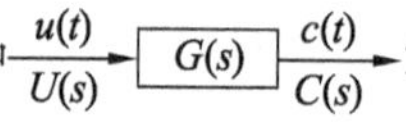

2.4.2 系统动态结构图的绘制步骤

① 按照系统的结构和工作原理，分别列写系统各元部件的微分方程或传递函数，并用方框表示。

② 根据各元部件的信号流向，用信号线依次将各方框连接。

注意：虽然系统结构图是从系统各元部件的数学模型得到的，但结构图中的方框与实际系统元件并非一一对应。

2.4.3 自动控制系统中的典型环节

自动控制系统是由各元件相互连接组成的，它们一般是机械的、电子的、液压的、光学的或其他类型的装置。为建立控制系统的数学模型，必须首先了解各种元件的数学模型及其传递函数。一般典型环节有比例环节、积分环节、惯性环节、振荡环节、微分环节和延迟环节等几种形式。

2.4.3.1 比例环节

比例环节又称为放大环节或无惯性环节，其输出量 $c(t)$ 与输入量 $r(t)$ 之间的关系为一种固定的比例关系。

比例环节的表达式为

$$c(t)=Kr(t)$$

式中：K——环节的放大系数。

比例环节的传递函数为

$$G(s)=\frac{C(s)}{R(s)}=K$$

电阻分压器、电位器均为典型的比例环节。

图 2-15a 为电阻分压器，当输入量 $r(t)$ 为阶跃信号时，输出量 $c(t)$ 的变化如图 2-15b 所示。可用框图 2-15c 表示，框中写明该环节的传递函数 K。

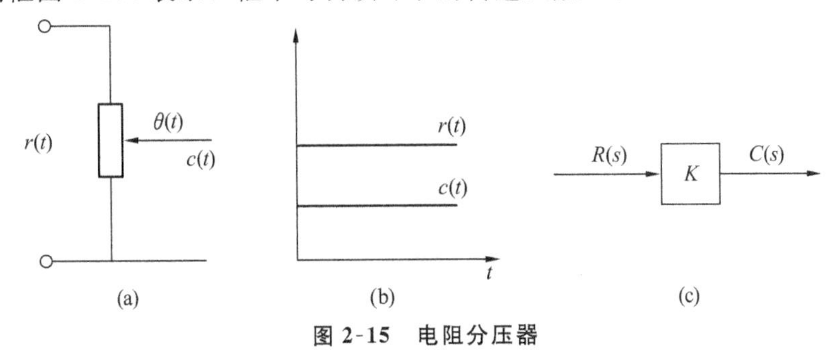

图 2-15　电阻分压器

【例 2-9】　图 2-16 所示为电阻分压器的电路图，试写出系统的传递函数。

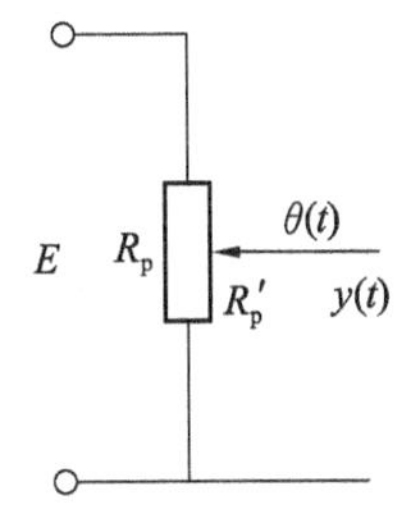

图 2-16　电阻分压器电路图

解　输入量为 $\theta(t)$（电位器电刷角位移），输出量为 $y(t)$，则

$$y(t)=E\frac{R_p'}{R_p}=E\theta(t)$$

$$\frac{y(t)}{\theta(t)}=E$$

$$G(s)=\frac{Y(s)}{\theta(s)}=E \tag{2-26}$$

式(2-26)为系统的传递函数，此环节为比例环节。

2.4.3.2　惯性环节

对于惯性环节，其输出量与输入量之间的关系为

$$T\frac{\mathrm{d}c(t)}{\mathrm{d}t}+c(t)=r(t)$$

对应的传递函数为

$$G(s)=\frac{C(s)}{R(s)}=\frac{1}{Ts+1}$$

式中：T——时间常数。

惯性环节的特点是输出量不能立即跟随输入量变化，存在时间上的延迟，时间常数 T 越大，环节的惯性越大，延迟时间越长。比如，设输入信号为阶跃信号 $R(s)=\frac{1}{s}$，将其代入 $C(s)=\frac{1}{s(Ts+1)}$。由拉普拉斯反变换可得

$$c(t)=1-e^{-\frac{t}{T}}$$

其单位阶跃响应如图 2-17 所示。

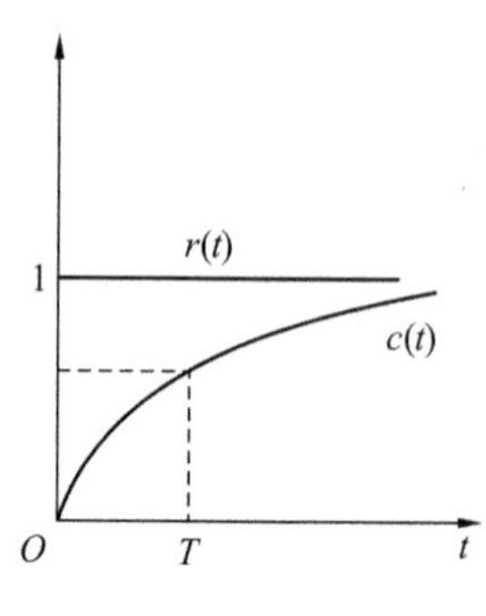

图 2-17　惯性环节

2.4.3.3　积分环节

积分环节输入量与输出量之间的关系为

$$c(t)=\int r(t)\mathrm{d}t,\ t\geqslant 0$$

或

$$\frac{\mathrm{d}c(t)}{\mathrm{d}t}=r(t)$$

由上式可得积分环节的传递函数为

$$G(s)=\frac{C(s)}{R(s)}=\frac{1}{s}$$

设在单位阶跃输入信号 $R(s)=\frac{1}{s}$ 的作用下，则输出量的拉普拉斯变换表达式为

$$C(s)=\frac{1}{s^2} \tag{2-27}$$

则得

$$c(t)=t$$

由式(2-27)可知，积分环节输出量随时间成正比地无限增加，其单位阶跃响应如图 2-18 所示。

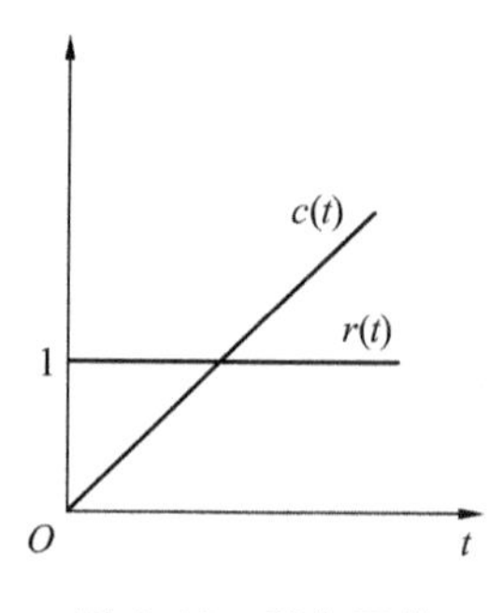

图 2-18　积分环节

2.4.3.4　振荡环节

振荡环节输出量随输入量变化，常呈现周期性波动振荡。典型振荡环节的微分方程是

$$T^2 \frac{d^2 c(t)}{dt^2} + 2T\zeta \frac{dc(t)}{dt} + c(t) = r(t)$$

其传递函数为

$$G(s) = \frac{C(s)}{R(s)} = \frac{1}{T^2 s^2 + 2T\zeta s + 1}$$

式中：T——时间常数；

　　ζ——阻尼系数。

假设输入信号为阶跃信号，则响应如图 2-19 所示。

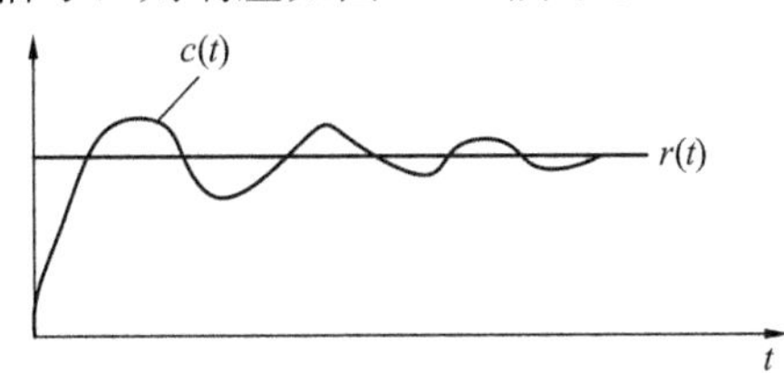

图 2-19　振荡环节

2.4.3.5　微分环节

微分环节是积分环节的逆运算，其输入量反映了输入信号的变化趋势。常用的微分环节有纯微分环节、一阶微分环节、二阶微分环节。

(1) 纯微分环节

相应的输出量与输入量关系表达式为

$$c(t) = \frac{dr(t)}{dt},\ t \geqslant 0 \tag{2-28}$$

对应的传递函数为

$$G(s) = \frac{C(s)}{R(s)} = s$$

由传递函数发现，$G(s)$无极点，并且零点为 0。

(2) 一阶微分环节

$$c(t) = \tau \frac{dr(t)}{dt} + r(t),\ t \geqslant 0$$

对应的传递函数为

$$G(s) = \frac{C(s)}{R(s)} = \tau s + 1$$

由传递函数发现，$G(s)$无极点，并且零点为$-\frac{1}{\tau}$。

(3) 二阶微分环节

$$c(t) = \tau^2 \frac{d^2 r(t)}{dt^2} + 2\tau\zeta \frac{dr(t)}{dt} + r(t),\ \zeta \in (0,\ 1),\ t \geqslant 0$$

对应的传递函数为

$$G(s) = \frac{C(s)}{R(s)} = \tau^2 s^2 + 2\tau\zeta s + 1$$

由传递函数发现，$G(s)$无极点，并且零点为共轭复数。

这些微分环节的传递函数均没有极点，只有零点。

2.4.3.6 延迟环节(又称时滞环节、滞后环节、时延环节)

输出量与输入量之间的关系为

$$c(t)=r(t-\tau)$$

式中：τ——延迟时间。

延迟环节单位阶跃响应如图 2-20 所示。

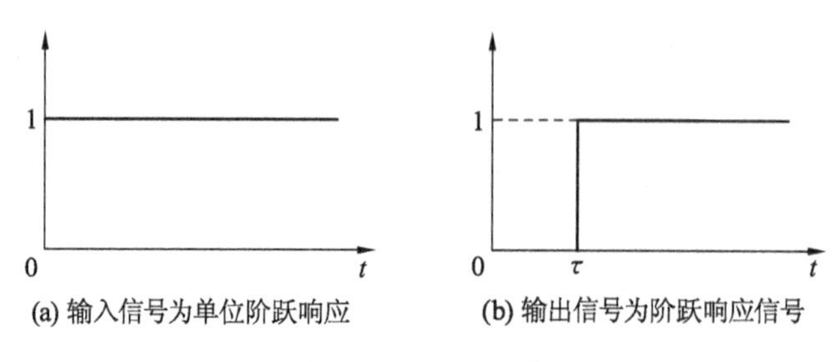

(a) 输入信号为单位阶跃响应 (b) 输出信号为阶跃响应信号

图 2-20 延迟环节

延迟环节的特点是，输出信号经一段时间 τ 后，可完全复现输入信号。

经拉普拉斯变换，其传递函数为

$$G(s)=\frac{C(s)}{R(s)}=\mathrm{e}^{-\tau s}$$

将 $\mathrm{e}^{-\tau s}$ 展开 Taylor 级数可得

$$G(s)=\mathrm{e}^{-\tau s}=\frac{1}{1+\tau s+\frac{\tau^2}{2!}s+\cdots}$$

若延迟时间 τ 很小，$G(s)=\frac{1}{1+\tau s}$。

简化的传递函数与前面介绍的惯性环节的传递函数形式一样，故延迟环节在延迟时间很小的情况下可近似为惯性环节。

由于计算机系统的运算需要时间，它也会出现时间延迟。像液压、气动或机械传动系统中都可能遇到时间滞后的问题。

以上介绍了 6 种典型的基本环节，在实际控制系统中，可以将复杂的元件或系统分解为若干典型环节，利用传递函数和框图进行研究。同时，一个实际元部件可以用一个方框或几个方框表示；而一个方框可以表示几个元部件或一个系统，或一个大的复杂系统。

2.4.4 结构图的绘制示例

【例 2-10】 试绘制如图 2-21 所示无源网络的结构图。

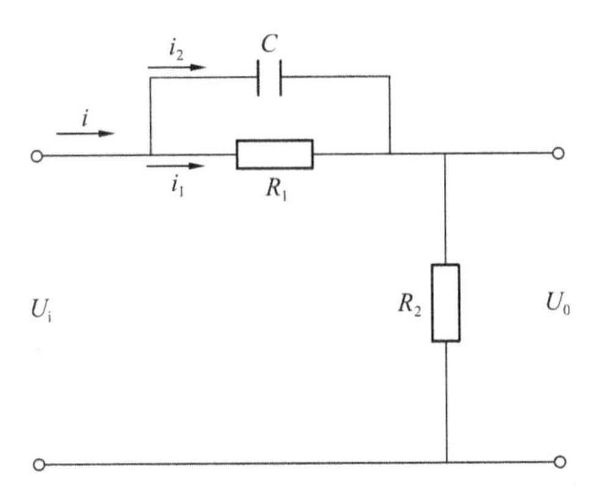

图 2-21　无源网络

解　将无源网络视为一个系统，组成网络的元件就是对应于系统的元部件。

① 输入信号 $U_i(s)$，输出信号 $U_0(s)$。

② 根据基尔霍夫定律，列出下列方程：

$$U_i(s)=I_1(s)R_1+U_0(s) \tag{1}$$

$$U_0(s)=I(s)R_2 \tag{2}$$

$$I_1(s)R_1=I_2(s)\frac{1}{Cs} \tag{3}$$

$$I_1(s)+I_2(s)=I(s) \tag{4}$$

根据方程列出对应的方框图，如图 2-22 所示。

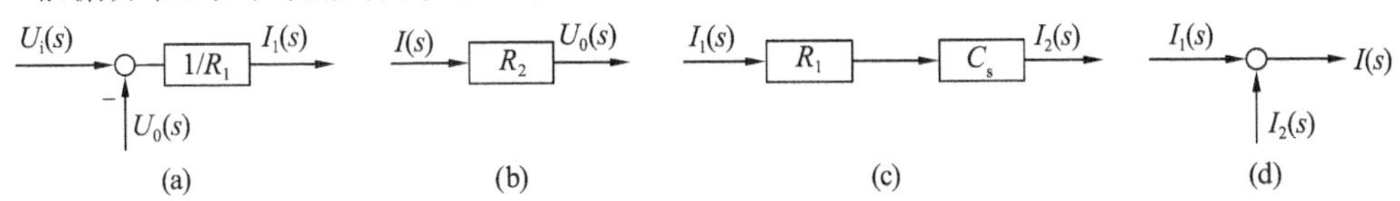

图 2-22　各方程对应方框图

将相同变量的信号线连接起来，整理可得该控制系统的结构图，如图 2-23 所示。

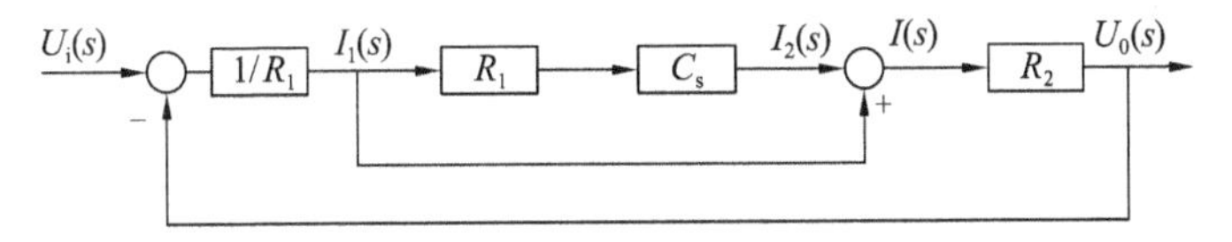

图 2-23　结构建图

【例 2-11】　试绘出如图 2-24 所示的无源网络的结构图。

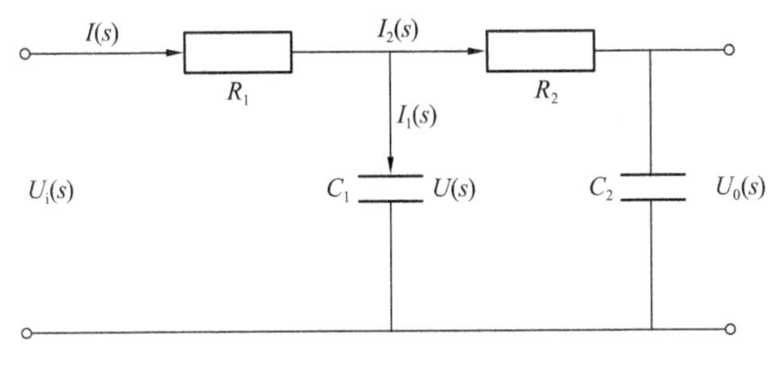

图 2-24　无源网络

解 ① 输入端$U_i(s)$，输出端$U_0(s)$。

② 画出电路中各变量(中间变量)。

③ 根据基尔霍夫定律，列出下列方程：

$$U_i(s)=I(s)R_1+U(s) \tag{1}$$

$$U(s)=I_1(s)\frac{1}{C_1 s} \tag{2}$$

$$U(s)=I_2(s)R_2+U_0(s) \tag{3}$$

$$U_0(s)=I_2(s)\frac{1}{C_2 s} \tag{4}$$

$$I(s)=I_1(s)+I_2(s) \tag{5}$$

④ 按照方程列出对应的方框图。

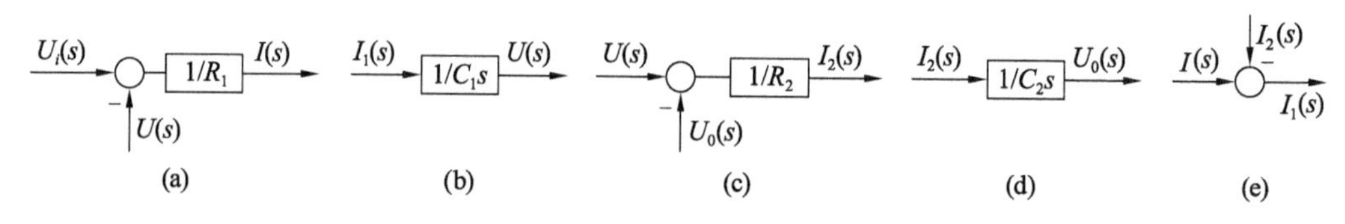

图 2-25 各方程对应方框图

⑤ 把相同变量的信号线连接起来，即可得出整个闭环调速控制系统的结构图，如图2-26所示。

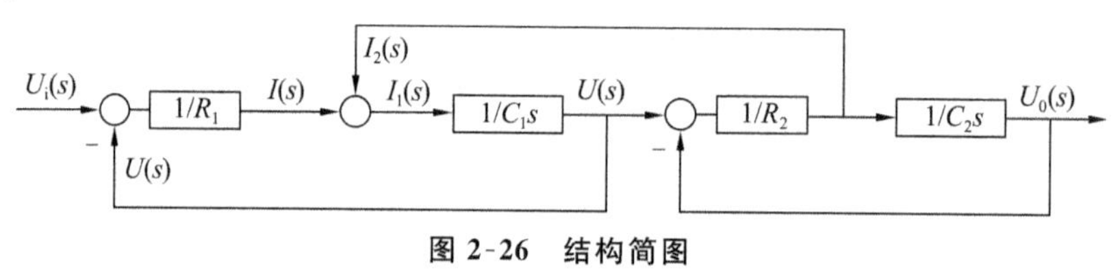

图 2-26 结构简图

2.4.5 结构图的等效变换和简化

控制系统的结构图有时很复杂，不便于求取闭环系统的传递函数或系统输出量的响应。我们可以对复杂结构图进行等效变换，转化为结构简单的系统。实际上，这个过程就是消去中间变量求取系统传递函数的过程。

不论结构图如何复杂，其基本连接方式无外乎串联、并联和反馈连接3种，因此结构图简化的一般方法有2类：① 环节的合并。将串联、并联和反馈连接合并。② 信号的分支点或相加点的移动。例如，移动引出点或比较点，交换比较点等。

在简化过程中，应遵循变换前后变量关系，保持等效的原则。具体而言，就是变换前后，前向通路中传递函数的乘积保持不变，回路中传递函数的乘积也应保持不变。

下面讨论结构图变换和简换的基本法则。

(1) 环节的合并

① 串联方框的简化。串联是很常见的一种结构形式，前一个环节的输出信号为后一个环节的输入信号。

例如，如图2-27所示，按照信号传递方向，输入量为$U_i(s)$，输出量为$C_1(s)$；输入

量为 $C_1(s)$，输出量为 $C_2(s)$；输入量为 $C_2(s)$，输出量为 $C(s)$。由此可知串联方框的特点为：前一个环节的输出信号为后一个环节的输入信号。$C_1(s)=G_1(s)U_1(s)$，$C_2(s)=G_2(s)C_1(s)$，$C(s)=G_3(s)C_2(s)$。

其中

$$Y(s)=G_3(s)Y_2(s)=G_1(s)G_2(s)G_3(s)U_1(s)=G(s)U_1(s)$$

$$G(s)=G_1(s)G_2(s)G_3(s)$$

如有几个环节相串联，则等效环节传递函数为各环节传递函数的乘积，即等于各个方框传递函数的乘积。

$$G(s)=G_1(s)G_2(s)G_3(s)\cdots G_n(s)=\prod_{i=1}^{n}G_i(s),n\geqslant 1 \tag{2-29}$$

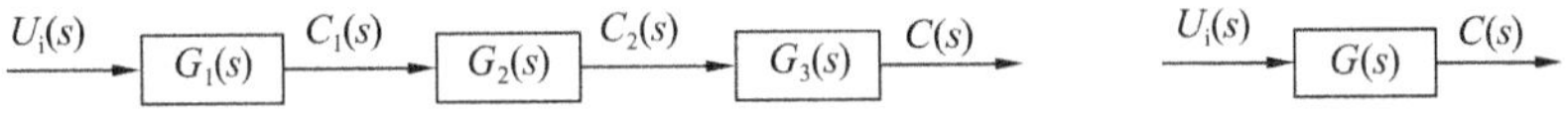

图 2-27　方框串联简化

② 并联方框的简化。典型的并联环节如图 2-28 所示。

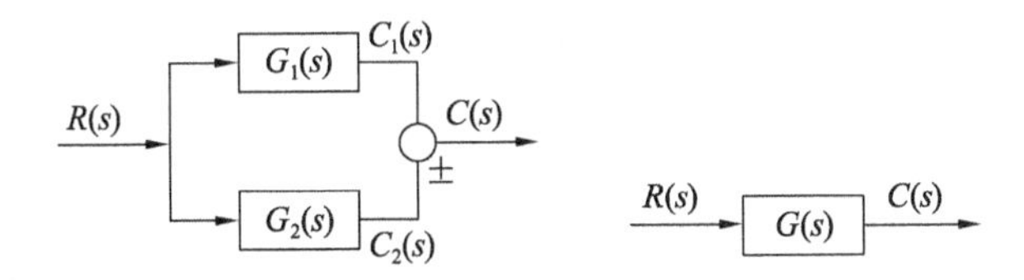

图 2-28　方框并联简化

根据信号的传递方向可知

$$C_1(s)=G_1(s)R(s)$$

$$C_2(s)=G_2(s)R(s)$$

$$C(s)=C_1(s)+C_2(s)=G(s)R(s)$$

其中

$$G(s)=G_1(s)+G_2(s)$$

故当有几个环节并联时，其具有相同的输入量，而输出量等于各个方框输出量代数和。其等效传递函数则为各环节的传递函数之和，即

$$G(s)=G_1(s)+G_2(s)+G_3(s)+\cdots+G_n(s)=\sum_{i=1}^{n}G_i(s),n\geqslant 1 \tag{2-30}$$

③ 反馈连接的简化。在自动控制系统中，常将输出量返回到输入端构成闭环，形成反馈连接，如图 2-29a 所示。

根据信号的传递，可列出以下关系：

$$E(s)=R(s)-B(s)$$

$$B(s)=C(s)H(s)$$

$$C(s)=E(s)G_1(s)$$

则得负反馈等效传递函数

$$G(s)=\frac{G_1(s)}{1+G_1(s)H(s)}$$

即反馈连接可以简化为图 2-29b 所示。

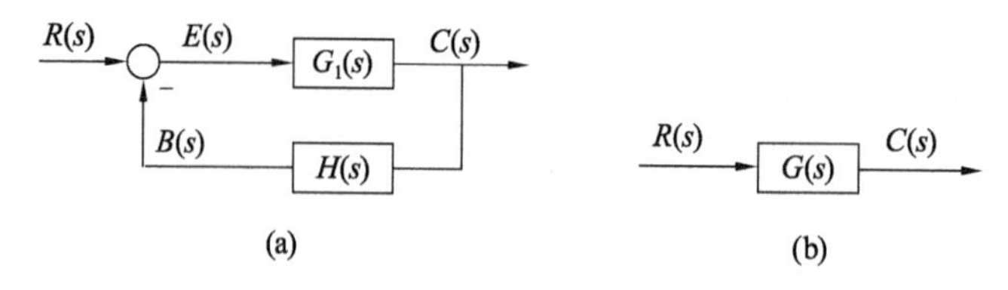

图 2-29　反馈连接

(2) 信号相加点与分支点的移动

在系统结构图简化过程中，有时为了便于进行方框的串联、并联或反馈连接的运算，需要移动相加点与分支点的位置。

① 相加点从环节的输入端移至输出端，即相加点后移，其遵循方法如图 2-30 所示。

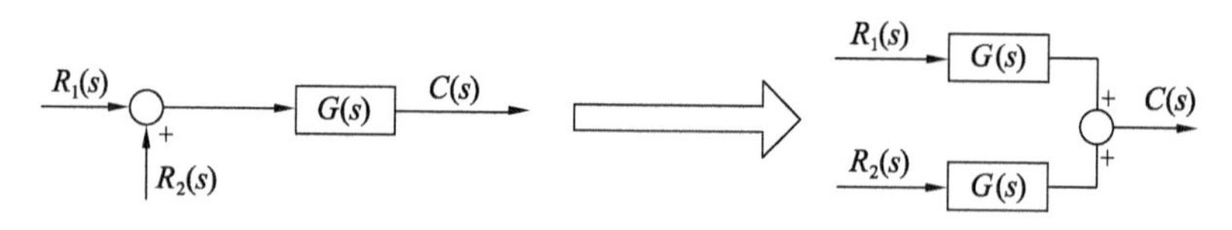

图 2-30　相加点后移

$$C(s)=[R_1(s)+R_2(s)]G(s)$$
$$=R_1(s)G(s)+R_2(s)G(s)$$

② 相加点前移，从环节的输出端移至输入端，即相加点前移，其遵循方法如图 2-31 所示。

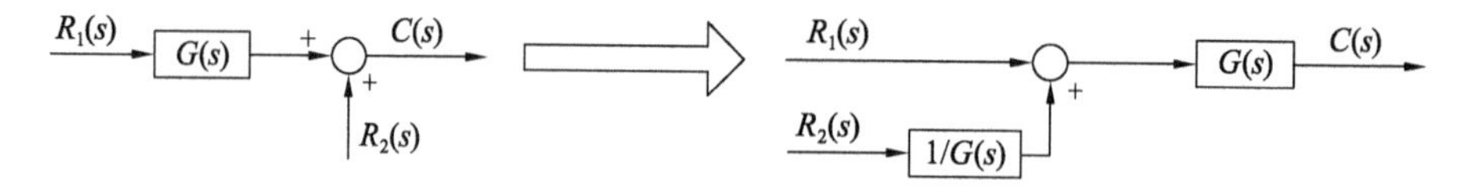

图 2-31　相加点前移

$$C(s)=R_1(s)G(s)+R_2(s)$$
$$=[R_2(s)\frac{1}{G(s)}+R_1(s)]G(s)$$

③ 分支点从单元的输入端移至输出端。图 2-32 为分支点后移的规律。

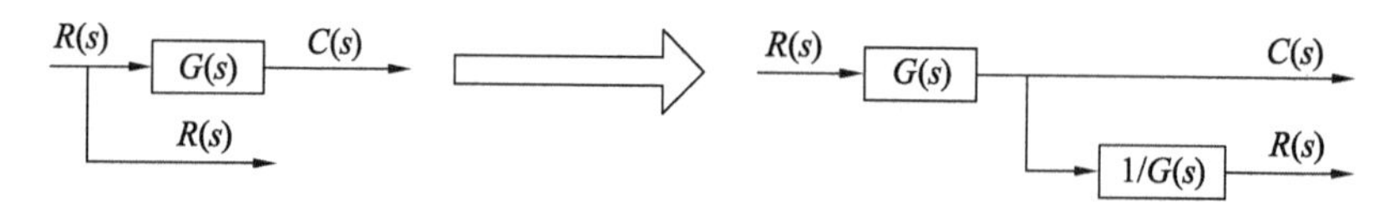

图 2-32　分支点后移

④ 分支点前移，从单元的输出端移至输入端，图 2-33 为分支点迁移的规律。

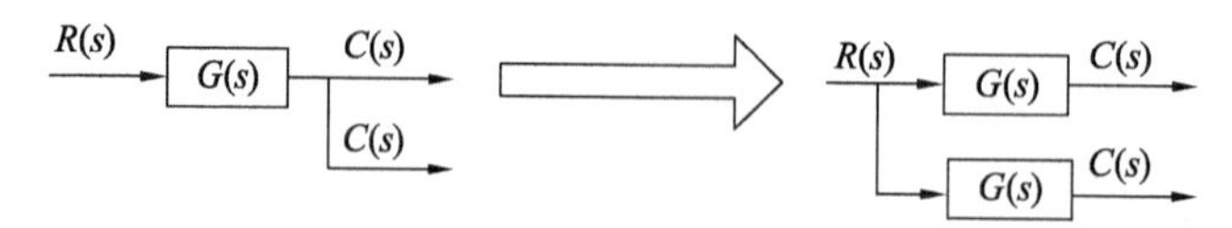

图 2-33　分支点前移

⑤ 2 个分支点之间、2 个相加点之间可以互换。图 2-34 所示为 2 个分支点之间的互

换规律。

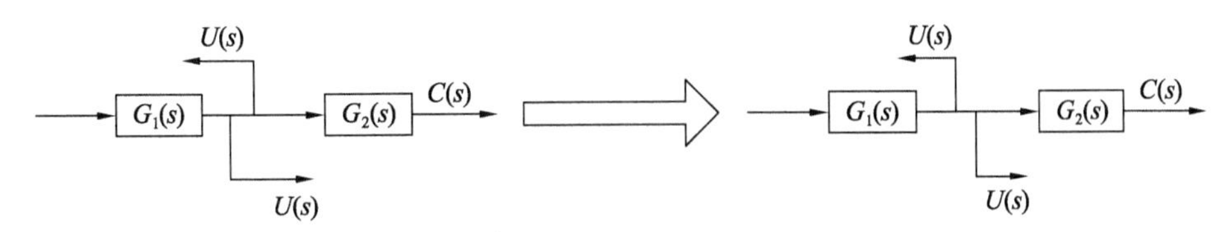

图 2-34　分支点互换

⑥ 相加点与分支点之间一般不互换。

结构变换规则见表 2-1。

表 2-1　结构变换规则

连接方式	变换前	变换后
串联	$R(s)$ → $G_1(s)$ → $G_2(s)$ → $C(s)$	$R(s)$ → $G_1(s)G_2(s)$ → $C(s)$
并联	$R(s)$ → $G_1(s)$ (+), $G_2(s)$ (+) → $C(s)$	$R(s)$ → $G_1(s)+G_2(s)$ → $C(s)$
反馈	$R(s)$ (+) → $G_1(s)$ → $C(s)$; $H(s)$ (±)	$R(s)$ → $\dfrac{G(s)}{1\mp G(s)H(s)}$ → $C(s)$
相加点后移	$R_1(s)$ (+), $R_2(s)$ (+) → $G(s)$ → $C(s)$	$R_1(s)$ → $G(s)$ (+), $R_2(s)$ → $G(s)$ (+) → $C(s)$
相加点前移	$R_1(s)$ → $G(s)$ (+), $R_2(s)$ (±) → $C(s)$	$R_1(s)$ (+), $R_2(s)$ → $\dfrac{1}{G(s)}$ (±) → $G(s)$ → $C(s)$
分支点前移	$R(s)$ → $G(s)$ → $C(s)$; $C(s)$	$R(s)$ → $G(s)$ → $C(s)$; $G(s)$ → $C(s)$

续表

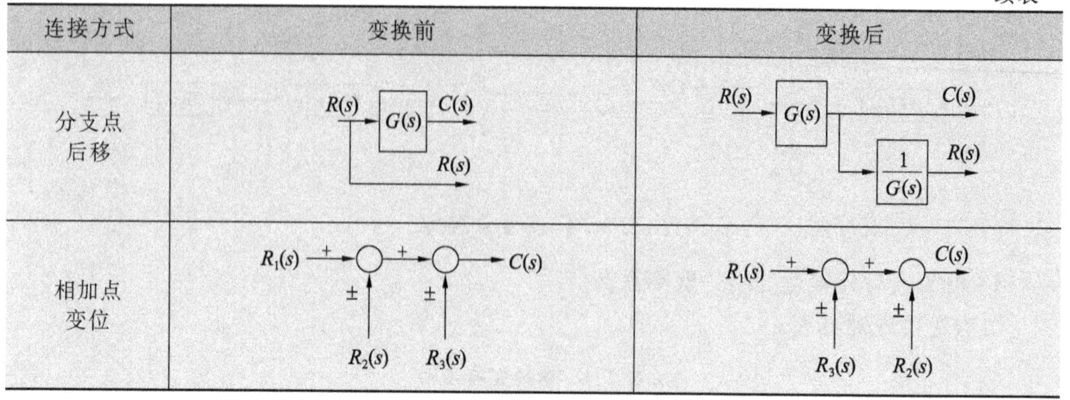

连接方式	变换前	变换后
分支点后移		
相加点变位		

2.4.6 结构图简化示例

【例 2-12】 试简化如图 2-35 所示的系统结构图，并求系统的传递函数。

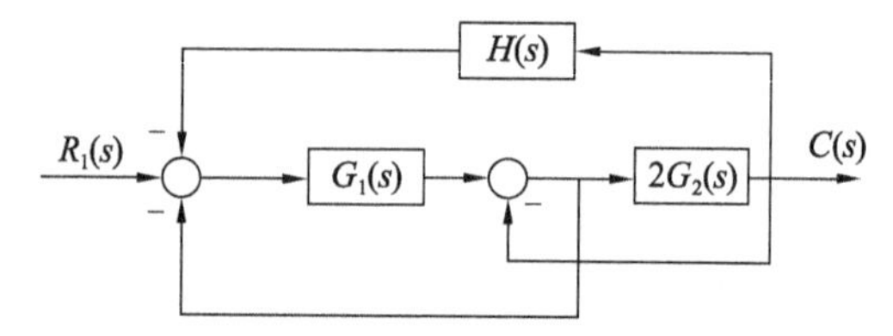

图 2-35 系统结构图

解 系统的简化一般是从内部相对简单的闭环开始，但是简化的过程并不唯一。

(1) 将 $G_1(s)$和 $2G_2(s)$之间的分支点后移，将 $G_1(s)$和 $2G_2(s)$之间相加点前移，如图 2-36 所示。

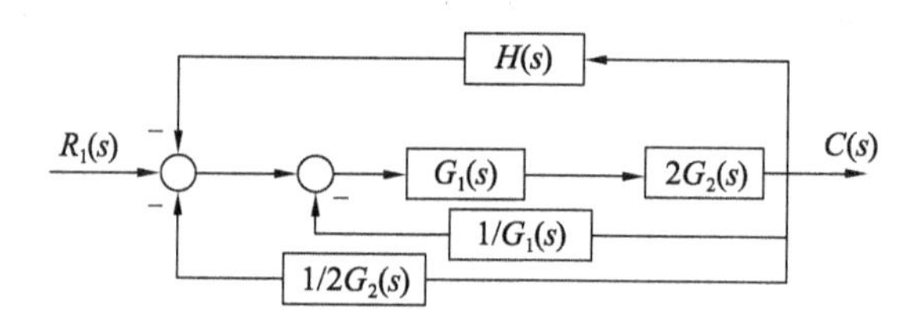

图 2-36 相加点前移、分支点后移

(2) 将 3 个并列的反馈合并，系统简化成一个负反馈，如图 2-37 所示。

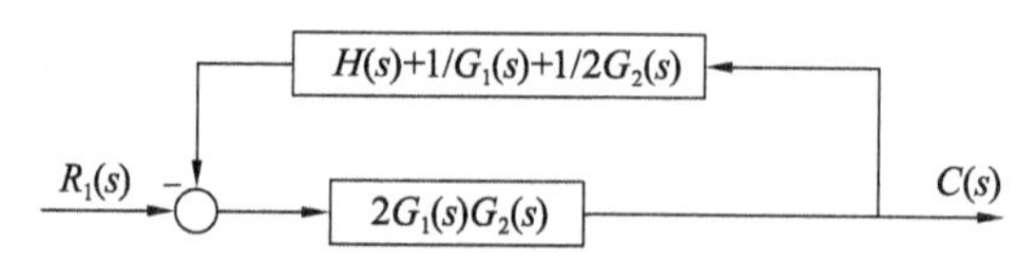

图 2-37 反馈合并

(3) 传递函数为

$$G(s)=\frac{C(s)}{R(s)}=\frac{2G_1(s)G_2(s)}{1+2H(s)G_1(s)G_2(s)+G_1(s)+2G_2(s)}$$

【例 2-13】 简化如图 2-38 所示的系统结构图。

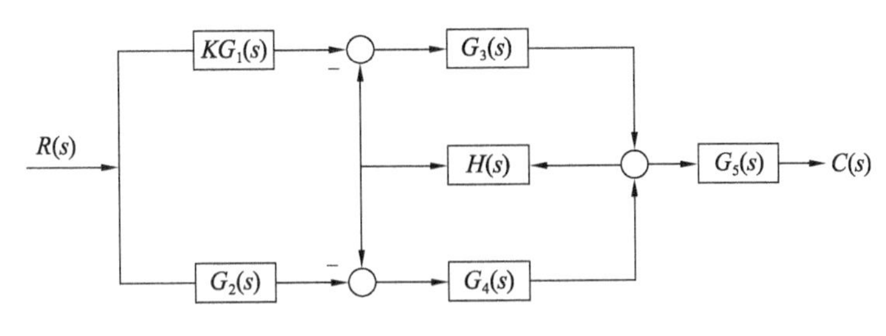

图 2-38　系统结构图

解　根据串联、并联和反馈连接的运算规则，以及相加点和分支点移动的规律，对系统进行分析。

① 将 $KG_1(s)$和 $G_3(s)$之间的相加点和 $G_4(s)$和 $G_2(s)$之间的相加点后移，如图 2-39 所示。

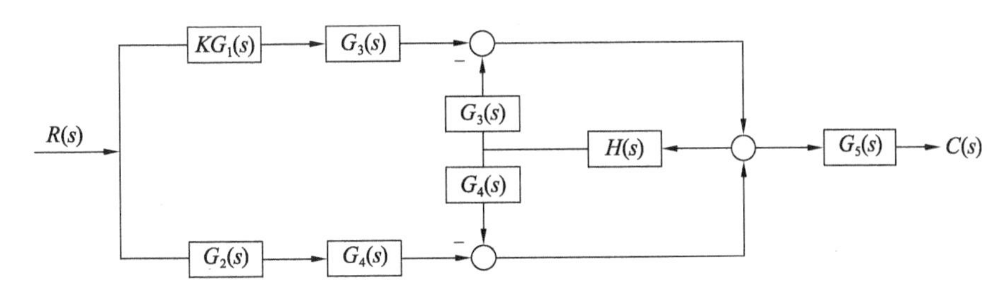

图 2-39　相加点后移

② $G_3(s)$和 $H(s)$之间的分支点和 $G_4(s)$和 $H(s)$之间的分支点前移，如图 2-40 所示。

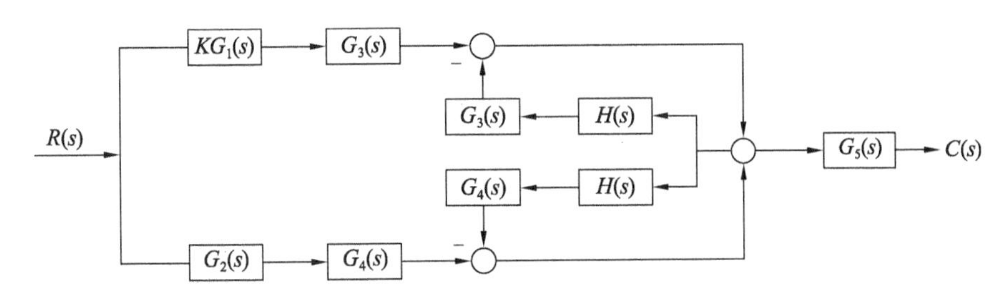

图 2-40　分支点前移

③ 将串联 $G_3(s)$和 $H(s)$、$G_4(s)$和 $H(s)$合并、整理，如图 2-41 所示。

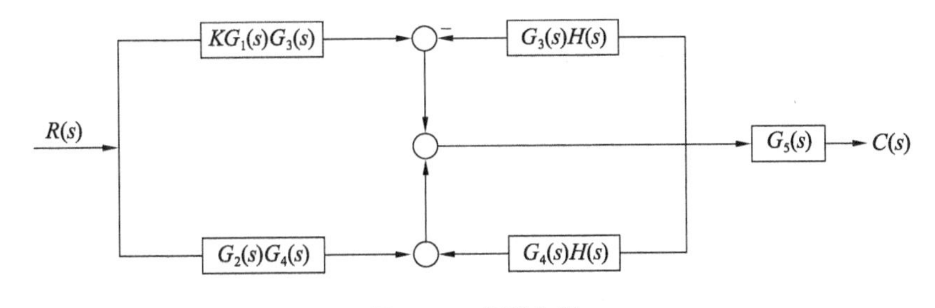

图 2-41　串联合并

④ 将相加点合并，如图 2-43 所示。

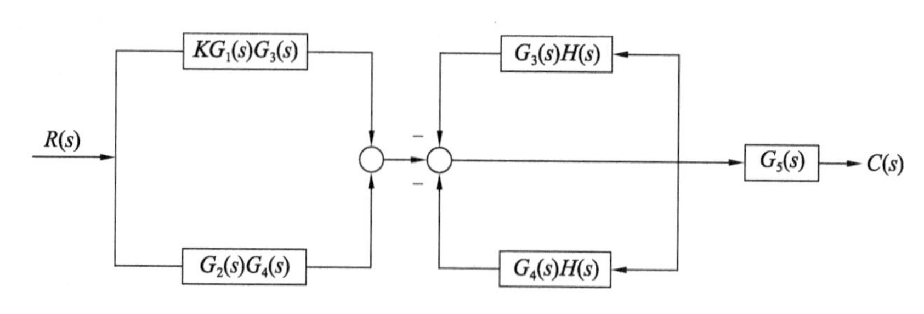

图 2-42 相加点合并

⑤ 将 2 个并联合并，得到图 2-43。

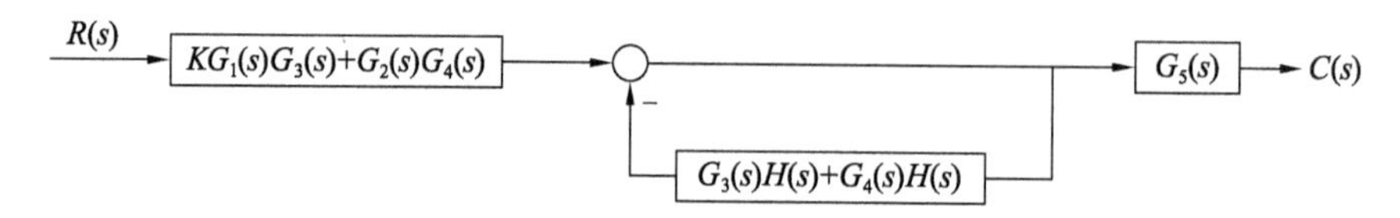

图 2-43 并联合并

⑥ 写出传递函数。

$$G(s)=\frac{C(s)}{R(s)}=\frac{[KG_1(s)G_3(s)+G_4(s)G_2(s)]\ G_5(s)}{1+H(s)G_3s+H(s)G_4(s)}$$

【例 2-14】 试求如图 2-44 所示多回路系统的闭环传递函数。

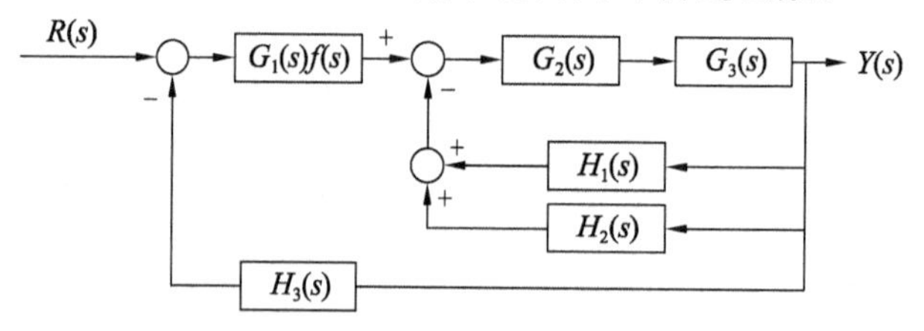

图 2-44 多回路系统

解 按照图 2-45 逐步简化方框图。

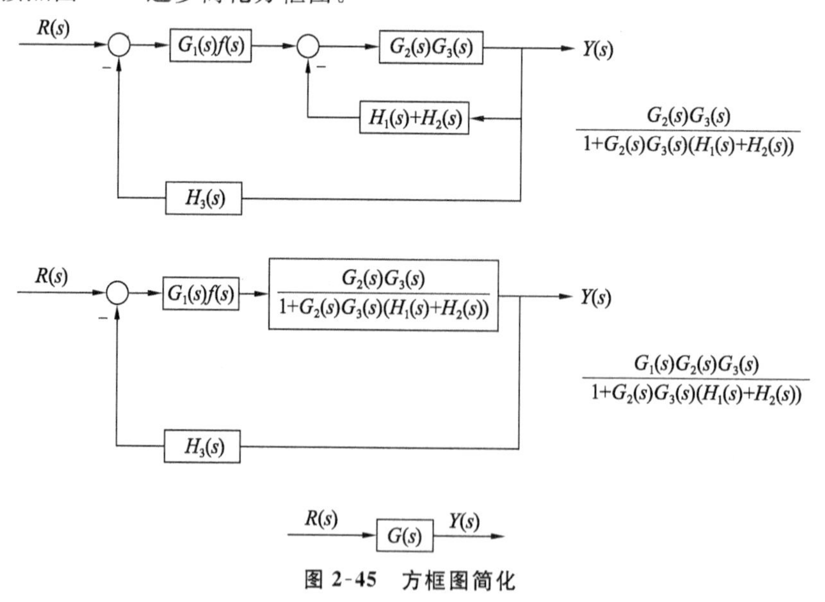

图 2-45 方框图简化

最终，得到传递函数为

$$G(s)=\frac{Y(s)}{R(s)}=\frac{G_1(s)G_2(s)G_3(s)f(s)}{1+G_2(s)G_3(s)(H_1(s)+H_2(s))+G_1(s)G_2(s)G_3(s)H(s)f(s)}$$

2.4.7　多个输入信号的闭环传递函数

图 2-46 为一个典型的多个输入信号的控制系统方框图。$R(s)$为给定输入信号，$N(s)$为扰动输入信号，$C(s)$为输出信号，即系统中有 2 个输入量——给定输入和扰动输入，同时作用于系统。

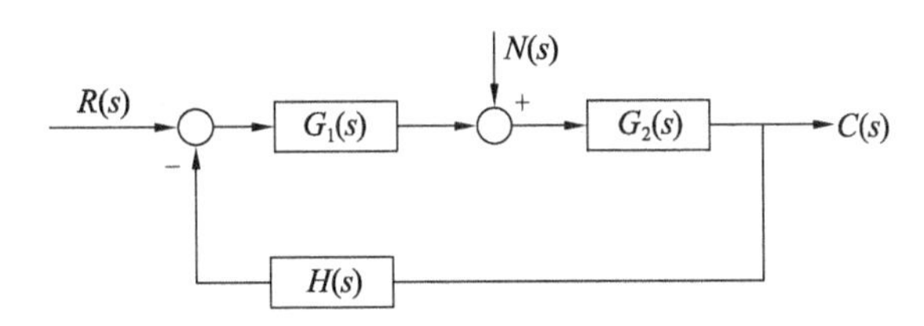

图 2-46　多个信号的控制系统方框图

对于线性系统来说，可分别讨论在不同输入信号作用下的系统传递函数和相应的输出，再通过叠加得出系统总输出。$G_1(s)$，$G_2(s)$均为系统前向通道传递函数，$H(s)$为系统反馈通道传递函数，$E(s)$为系统偏差信号，$B(s)$为反馈信号，$\phi_n(s)$为系统的偏差传递函数。

① 先讨论给定输入信号单独作用下的系统，即令 $N(s)=0$，结构图如图 2-47 所示。

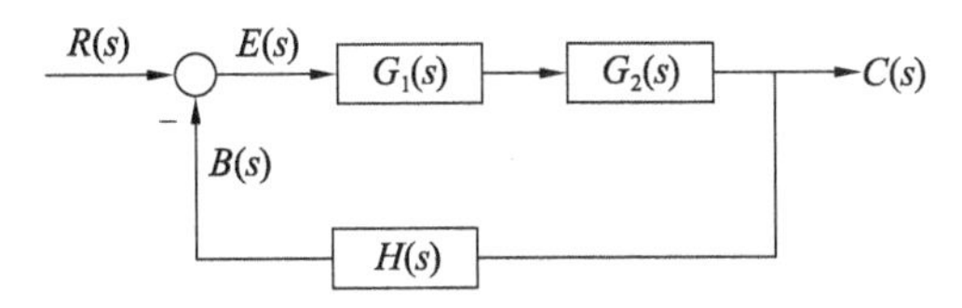

图 2-47　单个输入信号时系统方框图

系统的传统函数为

$$G(s)=\frac{C(s)}{R(s)}=\frac{G_1(s)G_2(s)}{1+G_1(s)G_2(s)H(s)}$$

即

$$C(s)=\frac{G_1(s)G_2(s)}{1+G_1(s)G_2(s)H(s)}R(s)$$

② 讨论扰动输入单独作用下的闭环系统，即令 $R(s)=0$，结构图如图 2-48 所示。

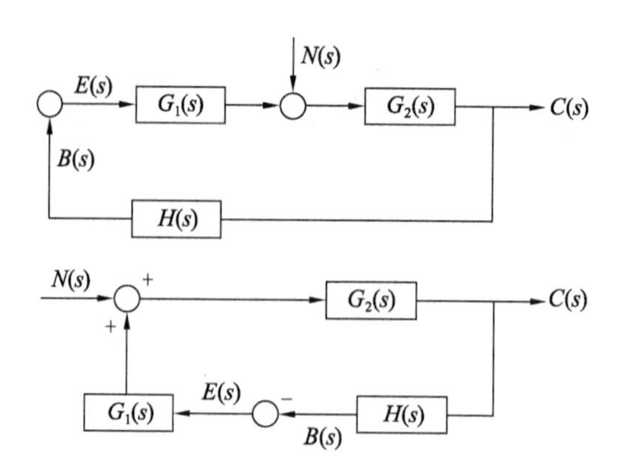

图 2-48 单个输入信号输入时系统方框图

系统在干扰作用下的闭环偏差传递函数为

$$\phi_n(s)=\frac{C(s)}{N(s)}=\frac{G_2(s)}{1+G_1(s)G_2(s)H(s)}$$

即

$$C(s)=\frac{G_2(s)}{1+G_1(s)G_2(s)H(s)}N(s)$$

③ 给定输入和扰动输入同时作用下的闭环系统，即

$$C(s)=\frac{G_1(s)G_2(s)}{1+G_1(s)G_2(s)H(s)}R(s)+\frac{G_2(s)}{1+G_1(s)G_2(s)H(s)}N(s)$$

2.5 信号流程图

信号流程图也是描述控制系统的信号传递和各环节、变量之间关系的一种常用方法。与结构图相比，信号流程图符号简单，便于绘制和应用，可直接应用于系统状态的描述，但是信号流图只适用于线性系统。

2.5.1 基本概念

信号流程图起源于梅森利用图示法来描述一个或一组线性代数方程式，它是由节点和支路组成的一种信号传递网络，如图 2-49 所示。

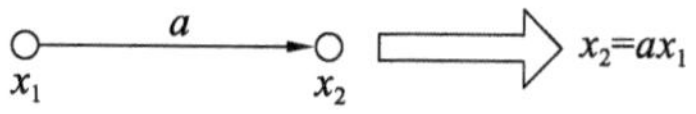

x_1 —— a ——→ x_2 ⟹ $x_2=ax_1$

图 2-49 信号流程图

在信号流程图中："○"表示变量，称为节点；连接节点的有向线段称为支路；"→"表示信号传递方向。

2.5.2 常用术语

信号流程图常用术语有节点、支路、通路、开通路、闭通路、前向通路、支路增益、通路增益，如图 2-50 所示。

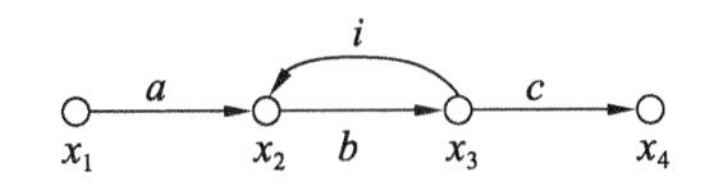

图 2-50　常用术语

节点：代表系统变量或信号的点，用小圆圈表示。节点分为源点、汇点和混合汇点。源点：只有出支路的节点，对应于自变量或外部输入，如 x_1；汇点：只有入支路的节点，对应于因变量或输出，如 x_4；混合节点：既有入支路又有出支路的节点，如 x_2，x_3。

支路：表示信号流图中单方向的一条通路，起源于一个节点，终止于另一个节点。

通路：从一个节点出发，沿着支路的箭头方向相继经过多个节点的支路，如 abc，bi。

开通路：如果通路从某节点开始，终止于另一节点，而且通路中每个节点只允许经过一次，如 abc。

闭通路：通路的起点即为通路的终点，且通路中每个节点只经过一次。闭通路又称反馈环、回环、回路，如 bi。

前向通路：从源节点开始到汇节点终止，且每个节点只通过一次的通路，如 abc。

支路增益：两个节点之间的增益，例如 x_1 与 x_2 之间支路上的增益为 a。

通路增益：沿通路各支路传输的乘积，如从 $x_1 \rightarrow x_2 \rightarrow x_3 \rightarrow x_4$，通路增益为 abc。

2.5.3　信号流程图的基本性质

① 节点表示系统的变量。一般，节点自左向右顺序设置，每个节点表示的变量是所有流向该节点的信号之代数和，而从同一节点流向各支路的信号均用该节点的变量表示。例如，图 2-50 中，节点 x_3 标志的变量是来自节点 x_2 和节点 x_4 的信号之和，它同时又流向节点 x_4。

② 支路相当于乘法器，信号流经支路时，乘以支路增益而变换为另一信号。例如，图 2-50 中，节点 x_2 的变量是由流向节点 x_1 的变量乘以支路增益 a、流向节点 x_3 的变量乘以支路增益 i 得到的 2 个信号叠加后得到；节点 x_4 的变量是节点 x_3 的变量乘以支路增益 c 得到，而节点 x_3 是流向节点 x_2 的变量乘以支路增益 b 得到。

③ 信号在支路上只能沿箭头单向传递，即只有前因后果的因果关系。

④ 对于给定的系统，节点变量的设置是任意的，因此信号流程图不是唯一的。

2.5.4　信号流程图的简化

实际上，动态结构图和信号流程图有着一一对应的关系，例如，源节点对应于结构图中的控制信号；汇点对应于结构图中的被控信号；混合节点对应于结构图中的综合点和分离点；增益对应于结构图中的传递函数和反馈系数；支路对应于结构图中的信号传递通道及反馈通道；前向通路对应于结构图中的前向通道。和简化方框图一样，信号流程图也可以进行简化。

(1) 串联支路合并

串联支路合并简化流程图如图 2-51 所示。

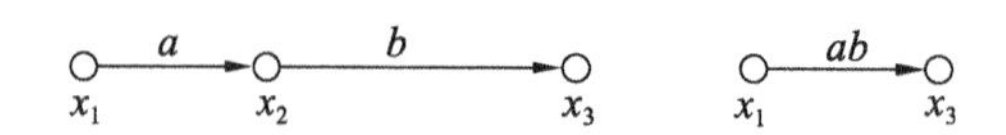

图 2-51 串联支路合并简化

(2) 并联支路合并

并联支路合并简化流程图如图 2-52 所示。

图 2-52 并联支路合并简化

(3) 混合节点的消除

混合节点的消除简化流程图如图 2-53 所示。

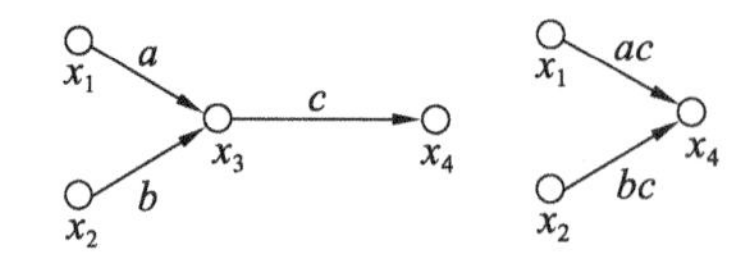

图 2-53 混合节点的消除简化

(4) 回路的消除

回路的消除简化流程图如图 2-54 所示。

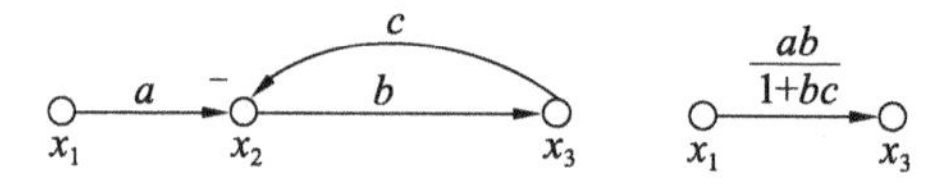

图 2-54 回路的消除简化

(5) 自回路的消除

自回路的消除简化流程图如图 2-55 所示。

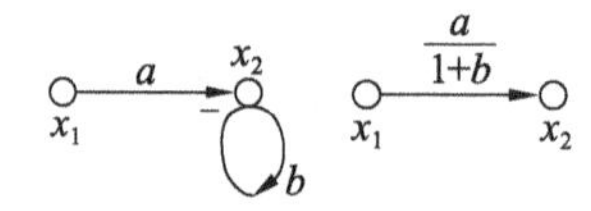

图 2-55 自回路的消除简化

2.5.5 信号流程图的绘制

信号流程图可根据微分方程绘制，也可以从系统结构图按对应关系得到。

【例 2-15】 绘制微分方程的信号流程图。

$$Y(s)=G_1(s)X_3(s)+G_2(s)X_1(s)$$

解 式中 $Y(s)$为输出量，$X_3(s)$为输入量，$G_1(s)$为其传递函数，$X_1(s)$为另一个输入量，$G_1(s)$为其传递函数。由此可以绘制其信号流程图，如图 2-56 所示。

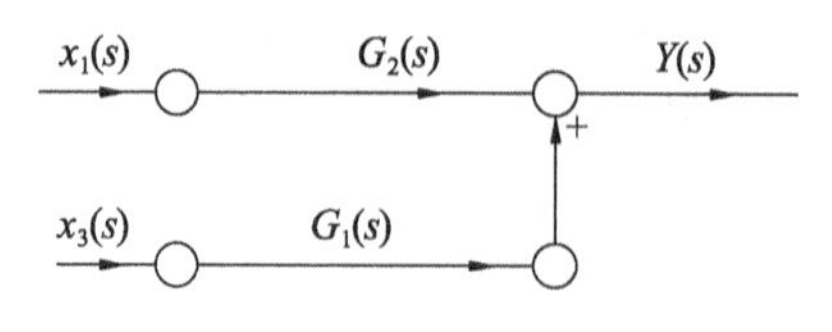

图 2-56 信号流程图

【例 2-16】 将图 2-57 所示系统结构图改写为信号流程图并简化，求得其传递函数。

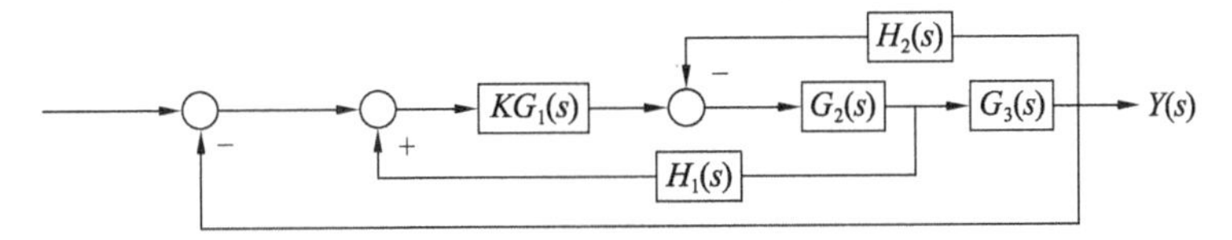

图 2-57 系统结构图

解 系统的信号流程图如图 2-58 所示。

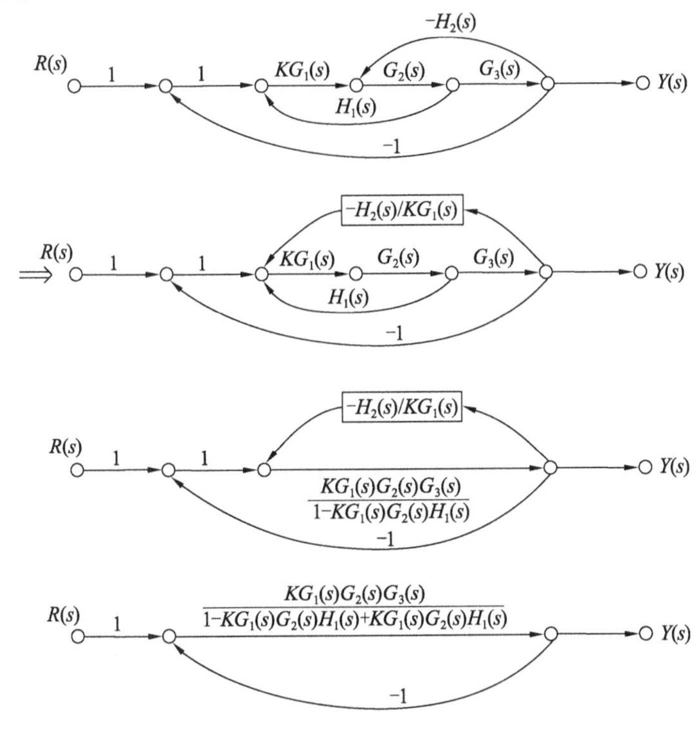

图 2-58 信号流程图简化

最后求得该系统的闭环传递函数为

$$G(s)=\frac{Y(s)}{R(s)}$$

$$=\frac{KG_1(s)G_2(s)G_3(s)}{1-KG_1(s)G_2(s)H_1(s)+G_3(s)G_2(s)H_2(s)+KG_1(s)G_2(s)G_3(s)}$$

【例 2-17】 将图 2-59 所示的系统结构图改写为信号流图并简化，求得其传递函数。

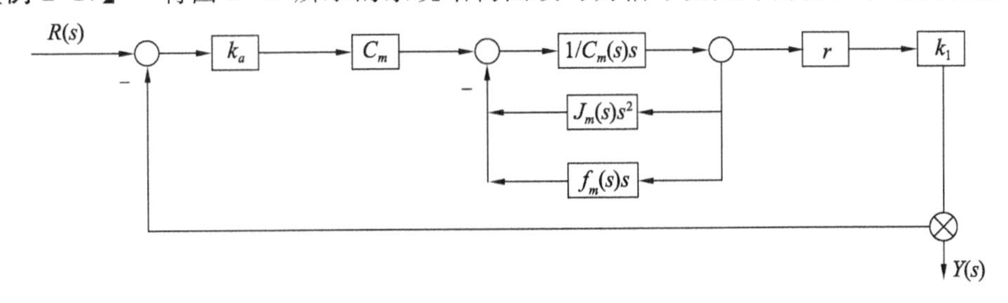

图 2-59 系统结构图

解 将方框图改为如图 2-60 所示的信号流程图。

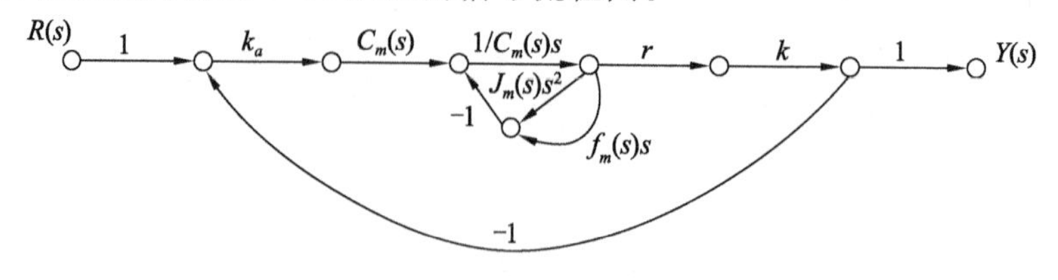

图 2-60 信号流程图

按照先简化内部简单环节，逐步向外简化的原则，简化信号流程图，如图 2-61 所示。

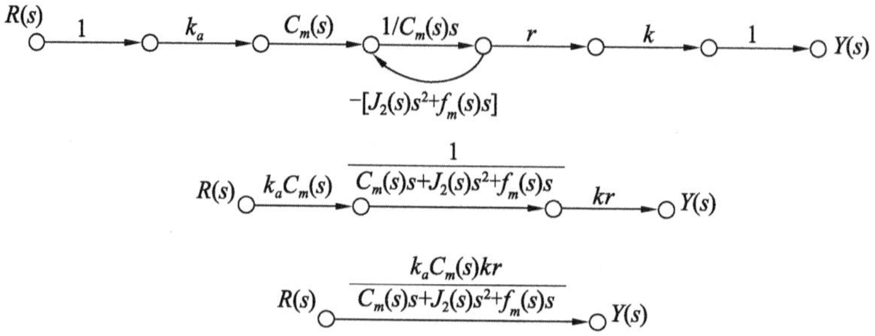

图 2-61 简化过程

传递函数为

$$G(s)=\frac{Y(s)}{R(s)}=\frac{k_a C_m(s)kr}{C_m(s)s+J_2(s)s^2+f_m(s)s}$$

2.5.6 梅逊公式及其应用

一个复杂的系统信号流图，经过简化可以求出系统的传递函数，但这个过程有时比较麻烦。控制工程常用梅逊公式直接求信号流图的传递函数。

梅逊(Mason)公式为

$$T(s)=\frac{C(s)}{R(s)}=\frac{1}{\Delta}\sum_{k=1}^{n}T_k\Delta_k \tag{2-31}$$

式中：$R(s)$——系统的输入量；

$C(s)$——系统的输出量；

$T(s)$——系统的总传递函数；

T_k——第 k 条前向通路的传递函数；

n——从输入节点到输出节点的前向通路数；

Δ——信号流程图的特征式，特征式的意义为 $\Delta=1-\sum L_1+\sum L_2-\sum L_3+\cdots$；

$\sum L_1$——信号流程图中所有不同回环的传递函数之和；

$\sum L_2$——信号流程图中每 2 个互不接触回环的传递函数乘积之和；

$\sum L_m$——信号流程图中 m 个互不接触回环的传递函数乘积之和；

Δ_k——第 k 条前向通路特征式的余因子。它是在 Δ 中，将与第 k 条前向通路相接触的回路除去后所余下的部分。

【例 2-18】　用梅逊公式求图 2-62 所示信号流程图的输入量和输出量之间的传递函数。

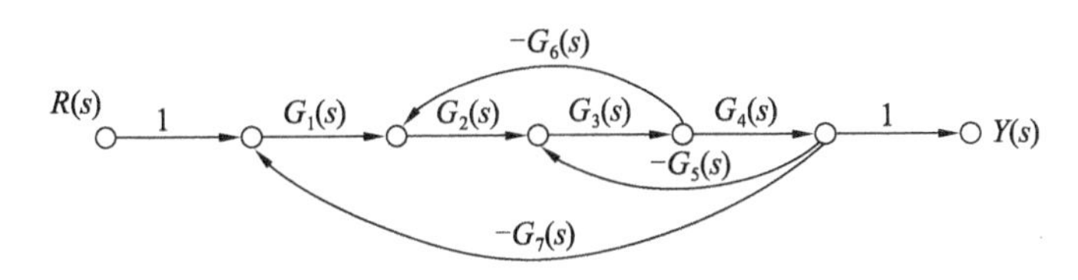

图 2-62　例 2-19

解　在节点 $R(s)$ 和 $Y(s)$ 之间只有一条前向通路，其传递函数为

$$T_1=G_1(s)G_2(s)G_3(s)G_4(s)$$

此系统有 3 个回环，3 个回环的传递函数之和为

$$\sum L_1=-G_2(s)G_3(s)G_6(s)-G_3(s)G_4(s)G_5(s)-G_1(s)G_2(s)G_3(s)G_4(s)G_7(s)$$

这 3 个回环相互之间都存在公共节点，即存在互不接触的回环，因此系统特征式为

$$\begin{aligned}\Delta &=1-\sum L_1\\ &=1+G_2(s)G_3(s)G_6(s)+G_3(s)G_4(s)G_5(s)+G_1(s)G_2(s)G_3(s)G_4(s)G_7(s)\end{aligned}$$

由于 3 个回环均与前向通路接触，故其余因子

$$\Delta_1=1$$

则可得其传递函数为

$$\frac{Y(s)}{R(s)}=\frac{G_1(s)G_2(s)G_3(s)G_4(s)}{1+G_2(s)G_3(s)G_6(s)+G_3(s)G_4(s)G_5(s)+G_1(s)G_2(s)G_3(s)G_4(s)G_7(s)}$$

【例 2-19】　试求出如图 2-63 所示信号流程图中的传递函数。

解　在节点 $R(s)$ 和 $Y(s)$ 之间有 4 条前向通路，其增益分别为

$$T_1=KG_1(s)G_2(s)G_3(s)$$

$$T_2=KG_2(s)G_3(s)$$

$$T_3=KG_1(s)G_3(s)$$

$$T_4=-KG_1(s)G_2(s)G_3(s)$$

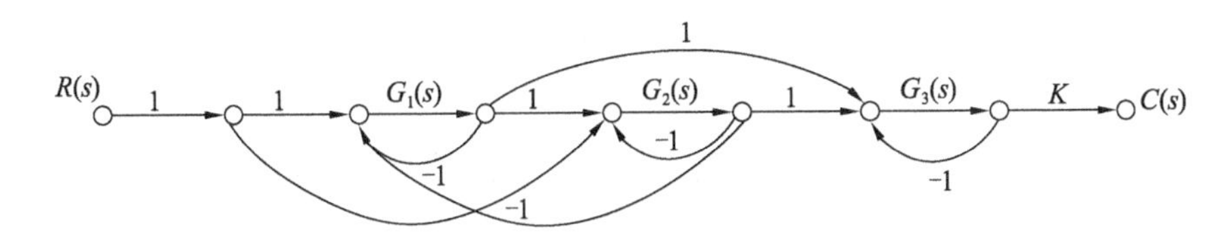

图 2-63　信号流程图

信号流程图中共有 4 个回路，即

$$\sum L_1=-G_1(s)-G_2(s)-G_3(s)-G_1(s)G_2(s)$$

信号流程图中 2 个互不接触的回路有 4 组，即

$$\sum L_2=G_1(s)G_2(s)+G_1(s)G_3(s)+G_3(s)G_2(s)+G_1(s)G_2(s)G_3(s)$$

信号流程图中3个互不接触的回路有3组，即

$$\sum L_3 = -G_1(s)G_2(s)G_3(s)$$

于是可得信号流程图特征式为

$$\begin{aligned}\Delta &= 1-\sum L_1+\sum L_2-\sum L_3\\ &=1+G_1(s)+G_2(s)+G_3(s)+G_1(s)G_2(s)+G_1(s)G_2(s)+\\ &\quad G_1(s)G_3(s)+G_3(s)G_2(s)+G_1(s)G_2(s)G_3(s)+G_1(s)G_2(s)G_3(s)\end{aligned}$$

余因子分别为

$$\Delta_1=1$$

$$\Delta_2=1+G_1(s)$$

$$\Delta_3=1+G_2(s)$$

$$\Delta_4=1$$

可得其传递函数为

$$\begin{aligned}\frac{Y(s)}{R(s)} &= \frac{1}{\Delta}\sum_{k=1}^{4}T_k\Delta_k\\ &=\frac{G_2(s)G_3(s)(1+G_1(s))+G_1(s)G_3(s)(1+G_2(s)G_3(s)}{1+G_1(s)+G_2(s)+G_3(s)+2G_1(s)G_2(s)+G_1(s)G_3(s)+G_3(s)G_2(s)+2G_1(s)G_2(s)G_3(s)}\end{aligned}$$

【例2-20】 试求如图2-64所示系统信号流程图的传递函数。

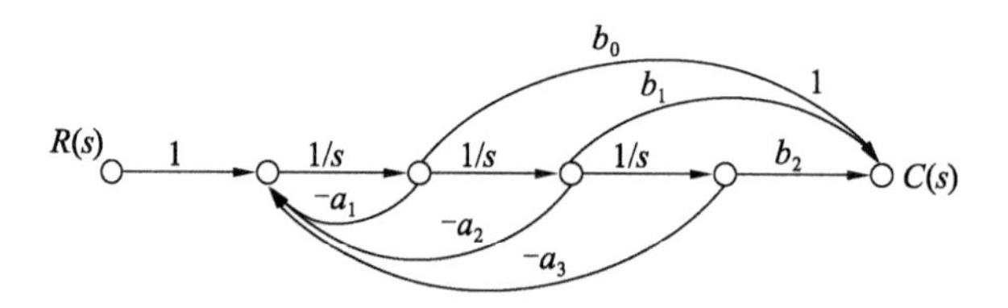

图2-64 信号流程图

解 在节点 $R(s)$ 和 $Y(s)$ 之间有3条前向通路，其增益分别为

$$T_1=\frac{b_0}{s}$$

$$T_2=\frac{b_1}{s^2}$$

$$T_3=\frac{b_2}{s^3}$$

信号流程图中共有3个回路，并且回路彼此全部接触。

$$\sum L_1=-\frac{a_1}{s}-\frac{a_2}{s^2}-\frac{a_3}{s^3}$$

信号流程图特征式为

$$\Delta=1-\sum L_1=1+\frac{a_1}{s}+\frac{a_2}{s^2}+\frac{a_3}{s^3}$$

因为每个回路均接触，所以

$$\Delta_1=\Delta_2=\Delta_3=1$$

信号流图的传递函数为

$$\frac{Y(s)}{R(s)}=\frac{1}{\Delta}\sum_{k=1}^{3}T_k\Delta_k=\frac{\dfrac{b_0}{s}+\dfrac{b_1}{s^2}+\dfrac{b_2}{s^3}}{1+\dfrac{a_1}{s}+\dfrac{a_2}{s^2}+\dfrac{a_3}{s^3}}=\frac{s^3b_0+s^2b_1+sb_2}{s^3+a_1s^2+a_2s+a_3}$$

应用梅逊公式时，需要格外细心。正确判定前向通路的条数和回路的个数，仔细判定回路之间是否相互接触，仔细判定前向通路与哪些回路相互接触，与哪些回路不相互接触。

习 题

2-1　图 2-65 为一弹簧阻尼系统，质量为 m 的物体受到外力 F 的作用，产生位移 y，求该系统外力 F 为输入、y 为输出的微分方程。

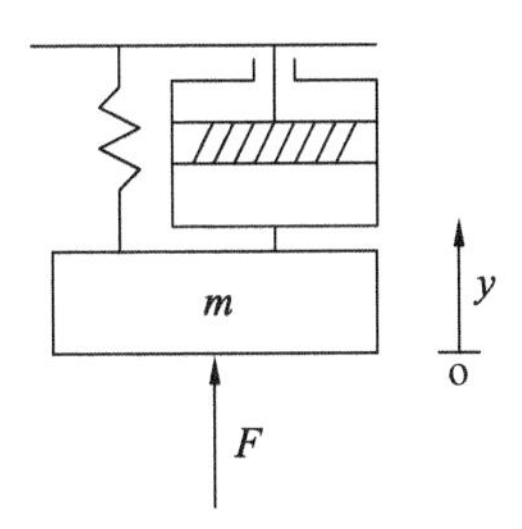

图 2-65　弹簧阻尼系统

2-2　图 2-66 为弹簧-质量-阻尼器机械位移系统。试列写质量为 m 的物体在外力 $F(t)$的作用下(重力忽略不计)位移 $x(t)$的运动方程。

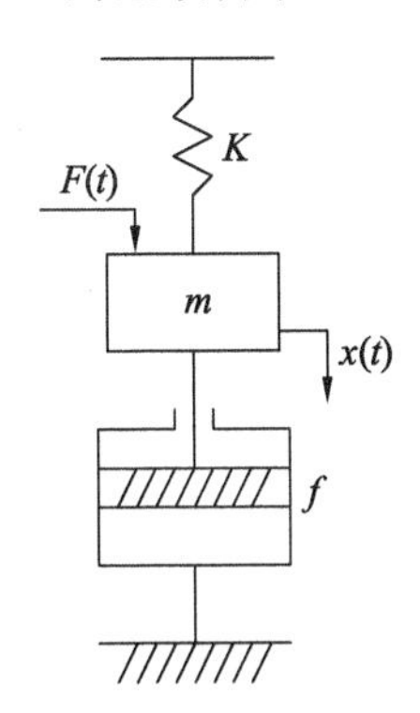

图 2-66　弹簧-质量-阻尼器机械位移系统

2-3　求图 2-67 所示齿轮系的运动方程。图中齿轮 1 和齿轮 2 的转速、齿数和半径分别用 ω_1，Z_1，r_1 和 ω_2，Z_2，r_2 表示；其黏性摩擦系数及转动惯量分别是 f_1，T_1 和 f_2，T_2；齿轮 1 和齿轮 2 的原动转矩及负载转矩分别是 M_m，M_1 和 M_2，M_c。

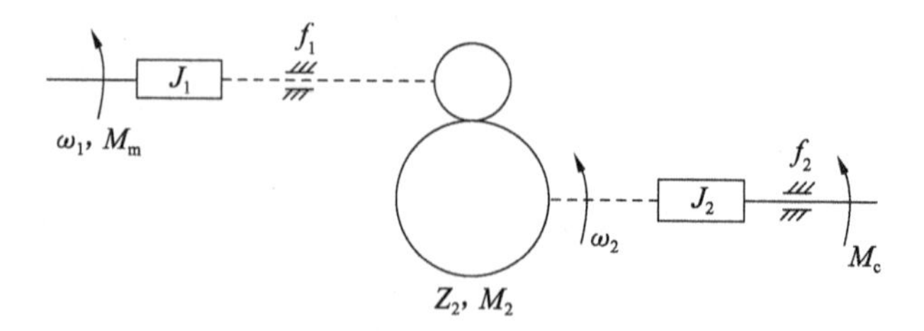

图 2-67 齿轮系

2-4 系统方框图如图 2-68 所示，求$\frac{C(s)}{R(s)}$。

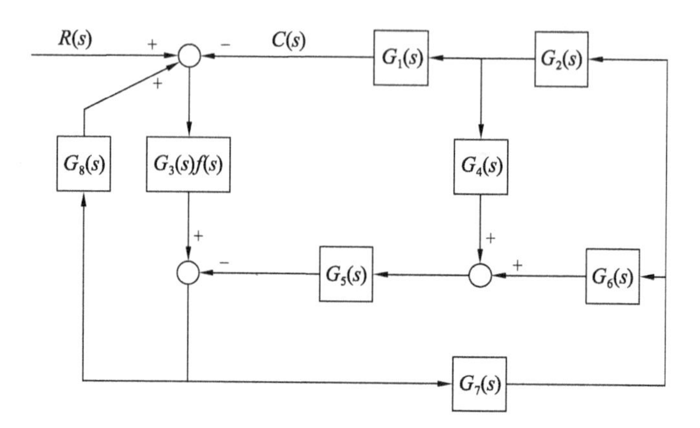

图 2-68 系统方框图

2-5 求图 2-69 所示系统的$\frac{C(s)}{R(s)}$。

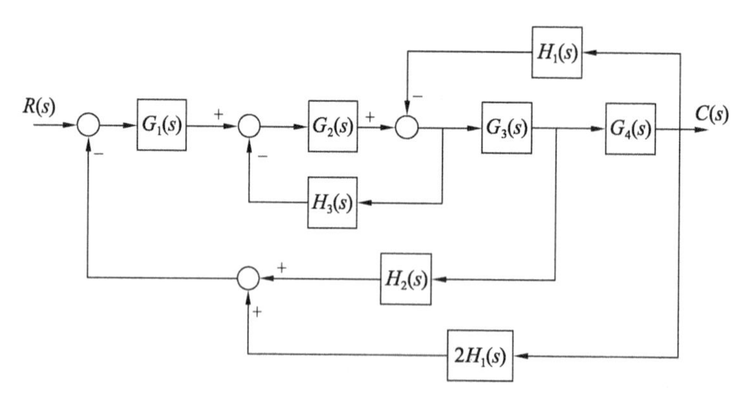

图 2-69 系统方框图

2-6 系统框图如图 2-70 所示，试绘出信号流程图，并求$\frac{C(s)}{R(s)}$及$\frac{E(s)}{R(s)}$。

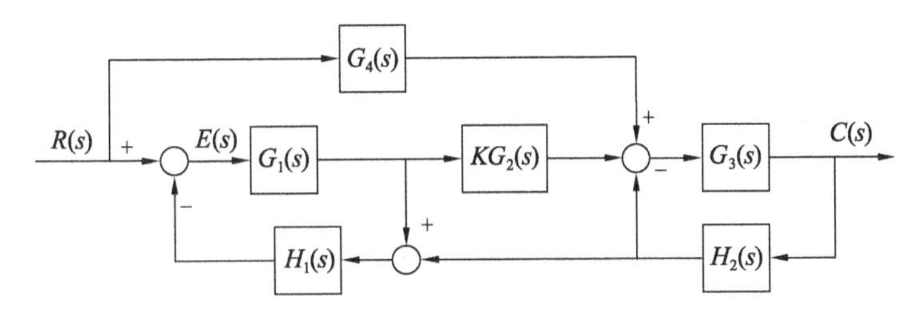

图 2-70　系统框图

2-7　图 2-71 所示为一转动物体，J 表示转动惯量，f 表示黏性摩擦系数。若输入为转矩 $M(t)$，输出为轴角位移 $\theta(t)$ 或者角速度 $\omega(t)$，求传递函数。

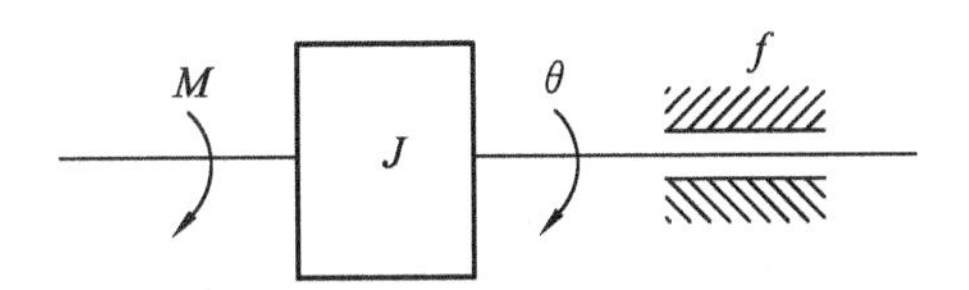

图 2-71　示意图

2-8　已知无源、有源网络如图 2-72 所示，求各网络的传递函数$\dfrac{U_o}{U_i}$

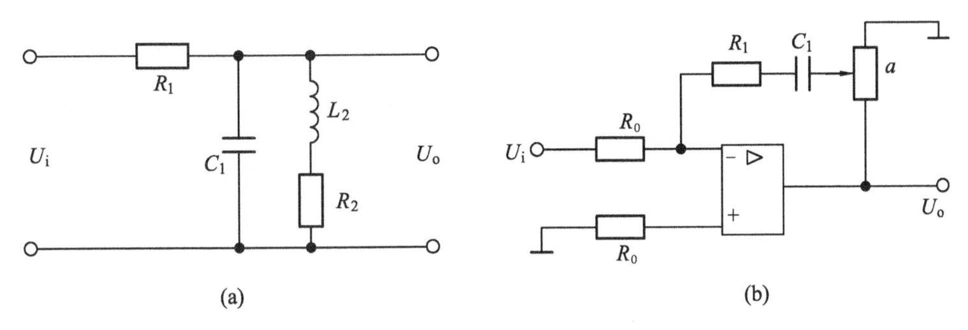

图 2-72　无源、有源网络

2-9　已知系统的传递函数分别为

① $\dfrac{s+3}{s(s+1)(s+4)}$；

② $\dfrac{s}{(s+1)^2(s+2)}$。

求出系统的脉冲响应函数。

2-10　求图 2-73 所示系统的传递函数$\dfrac{C(s)}{R(s)}$和$\dfrac{C(s)}{N(s)}$

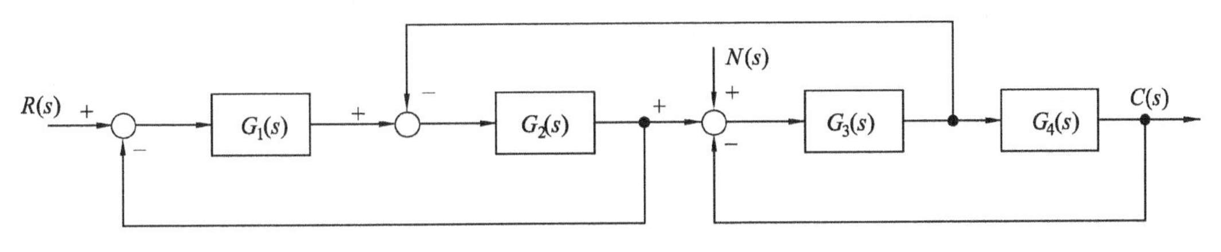

图 2-73　系统框图

第 3 章　控制系统的时域分析

3.1　概　述

系统的数学模型建立后，在此基础上，研究系统的运动规律和性能的过程称为系统分析。在经典控制理论中，线性控制系统的分析方法主要有时域分析法、根轨迹法和频域分析法。本章主要介绍在时域研究系统运动规律，在数学上表现为微分方程的时间解，又称系统的时域分析法。时域分析法是通过传递函数、拉普拉斯变换及反变换求出系统在典型输入信号下的输出表达式，提供了系统时间响应的全部信息，具有直观、清晰、准确的优点。在时域中研究问题，重点讨论过渡过程的响应形式。

3.1.1　常用的典型输入信号

控制系统的性能评价分为动态性能指标和稳态性能指标，系统的性能可以通过其对输入信号的响应特性来评价。系统的时间响应过程不仅与系统本身的结构和参数有关，还与外加输入信号的形式有关。一般地说，控制系统的外加输入信号具有随机性而无法预先确定，因此，在对控制系统进行性能分析时，需要有一个对控制系统性能进行比较的基础，这个基准就是在进行性能分析时，需要选择若干个典型的输入信号。

典型的输入信号应满足以下几个条件：

① 输入信号的形式应尽可能反映系统在工作过程中所收到的实际输入信号；

② 输入信号在形式上尽可能地简单，以便于进行系统特性分析，而且这些信号容易在实验室获得，以便于进行实验分析。

通常选用的典型实验信号有以下 5 种。

3.1.1.1　单位脉冲函数

单位脉冲函数是一种具有冲击性质的信号，对系统是一种不利的状况。

单位脉冲函数也称狄拉克函数，其数学表达式为

$$r(t)=\delta(t)=\begin{cases}0, & t\neq 0\\ \infty, & t=0\end{cases} \tag{3-1}$$

它的拉普拉斯变换 $R(s)=L[\delta(t)]=1$，它的图形如图 3-1a 所示。

式(3-1)为理想脉冲信号的数学描述。在实际实验中，脉冲信号的幅值不可能是无穷大，脉冲信号的宽度也不可能是无穷窄，因此，对于力学系统，是以冲量来表现的；对于电学系统，则表现为饱和现象，在实验中要注意此现象。另外，因为脉冲信号在瞬间将能量作用于系统，与系统内部储能等价，系统的运动相当于零输入响应，所以更多的是后面一种情况的等价描述。单位脉冲信号用于考查系统在脉冲扰动后的复位运动。系统在脉冲扰动瞬间之后，对系统的作用就变为 0，但瞬间加至系统的能量使得系统以何种

方式运动是考查的目的。

3.1.1.2　单位阶跃函数

单位阶跃函数是一种具有突变性质的信号，对系统是一种不利的状况。

单位阶跃函数实质是单位位置的跳跃，其数学表达式为

$$r(t)=l(t)=\begin{cases}0, & t<0\\ 1, & t\geqslant 0\end{cases} \tag{3-2}$$

它的拉普拉斯变换 $R(s)=L[r(t)]=\frac{1}{s}$，图形如图 3-1b 所示。

3.1.1.3　单位斜坡函数

单位斜坡函数是一种具有渐变性质的信号。

单位斜坡函数实质是单位等速度函数，其数学表达式为

$$r(t)=\begin{cases}0, & t<0\\ t, & t\geqslant 0\end{cases} \tag{3-3}$$

它的拉普拉斯变换 $R(s)=L[r(t)]=\frac{1}{s^2}$，它的图形如图 3-1c 所示。

3.1.1.4　单位抛物线函数

单位抛物线函数实质是单位等加速度函数，其数学表达为

$$r(t)=\begin{cases}0, & t<0\\ \frac{1}{2}t^2, & t\geqslant 0\end{cases} \tag{3-4}$$

它的拉普拉斯变换 $R(s)=L[r(t)]=\frac{1}{s^3}$，它的图形如图 3-1d 所示。

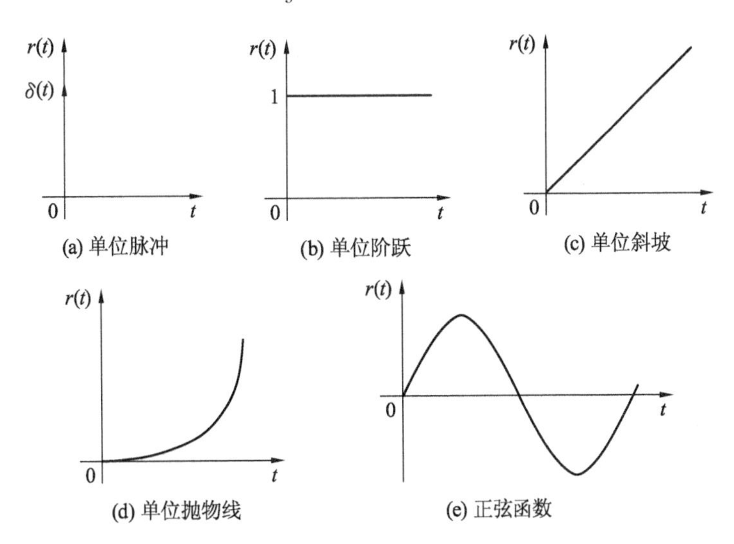

图 3-1　常用的典型输入信号

3.1.1.5　正弦函数

正弦函数的数学表达式为

$$r(t)=\begin{cases}0, & t<0\\ \sin\omega t, & t\geqslant 0\end{cases} \tag{3-5}$$

它的拉普拉斯变换 $R(s)=L\left[r(t)\right]=\frac{\omega}{s^2+\omega^2}$，它的图形如图 3-1e 所示。

关于在系统分析中选用何种实验信号的问题，需要根据对系统的考查目的来确定。例如，在考查系统的调节能力时，可选用脉冲信号。但是如果考查系统对于定值信号的保持能力时，就要选用阶跃信号来进行系统分析。地面雷达跟踪空中的机动目标时，无论是俯仰角的变化还是方位角的变化，都可以近似为等速率变化规律，采用斜坡信号比较恰当。但是在考查船舶自动驾驶系统，或者坦克炮系统在车体行进中的自稳能力时，就不能采用斜坡信号了。由于海浪起伏特性与地面颠簸信号接近于正弦信号，采用正弦信号，或者至少采用匀加速信号作为实验信号，来考查系统的二阶以上信号的跟踪能力才是合理的。同一系统中，不同形式的输入信号所对应的输出响应是不同的，但对线性控制系统而言，它们所表征的系统性能是一致的。通常以单位阶跃函数作为典型输入信号，则可在一个统一的基础上对各种控制系统的特性进行比较和研究。通过分析发现，上述主要信号之间是相互关联的，见表 3-1。

表 3-1　时域分析法中的典型输入信号

名称	$r(t)$	时域关系	时域图形	$R(s)$	复域关系	示例
单位脉冲函数	$r(t)=\begin{cases}0, & t=0\\ \infty, & t\neq 0\end{cases}$ $\int r(t)\mathrm{d}t=1$			1		撞击作用 后坐力 电脉冲
单位阶跃函数	$r(t)=\begin{cases}0, & t\geqslant 0\\ 1, & t<0\end{cases}$	$\frac{\mathrm{d}}{\mathrm{d}t}$		$\frac{1}{s}$	$\times s$	开关输入
单位斜坡函数	$r(t)=\begin{cases}0, & t\geqslant 0\\ t, & t<0\end{cases}$			$\frac{1}{s^2}$		等速跟踪信号
单位加速度函数	$r(t)=\begin{cases}0, & t\geqslant 0\\ \frac{1}{2}t^2, & t<0\end{cases}$			$\frac{1}{s^3}$		

3.1.2　时域性能指标

性能指标，是在分析某个控制系统时，以定量方式来评价系统性能好坏的标准。在本章中主要使用时域性能指标。实际物理系统都存在惯性，输出量的改变与系统所储有的能量有关。系统所储有的能量的改变需要有一个过程。在外作用激励下系统从一种稳定状态转换到另一种稳定状态需要一定的时间。一个稳定系统的典型阶跃响应如图 3-2

所示，系统的响应过程分为动态过程和稳态过程，其对应的性能指标分别为动态性能指标和稳态性能指标。

动态过程又称过渡过程或瞬态过程，是指系统在典型输入信号作用下，系统输出量从初始状态到最终状态的响应过程；稳态过程是指系统在典型的输入信号作用下，当时间 t 趋于无穷时，系统输出量的表现形式。稳态过程又称稳态响应，表征系统输出量最终复现输入量的程度，提供系统有关稳态误差的信息。

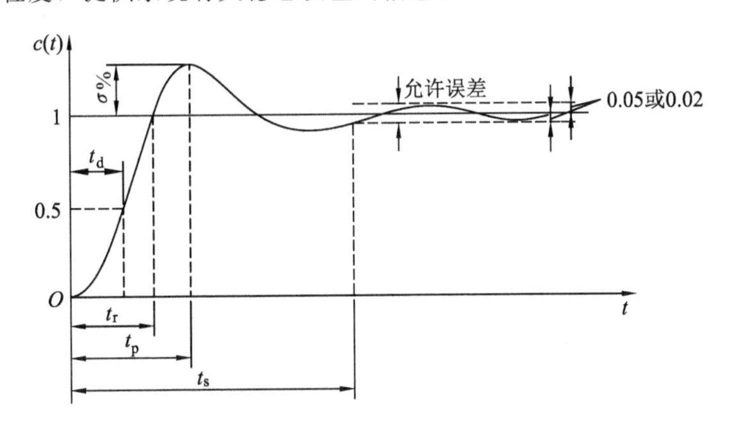

t_d—延迟时间；t_r—上升时间；t_p—峰值时间；t_s—调节时间

图 3-2　单位阶跃响应

3.1.2.1　动态性能

系统动态性能是以系统阶跃响应为基础来衡量的。一般认为阶跃输入对系统而言是比较严峻的工作状态，若系统在阶跃函数作用下的动态性能满足要求，则系统在其他形式的输入作用下，其动态响应也能满足要求。

动态性能指标通常描述如下：

延迟时间 t_d：阶跃响应第一次达到终值的 50%所需的时间。

上升时间 t_r：阶跃响应从终值的 10%上升到终值的 90%所需的时间。对有振荡的系统，也可定义为从 0 到第一次达到终值所需的时间。

峰值时间 t_p：阶跃响应越过终值达到第一个峰值所需的时间。

调节时间 t_s：阶跃响应到达并保持在终值±5%误差带内所需的最短时间。有时也用终值的±2%误差带来定义调节时间。除非特别说明，本书以后所说的调节时间均以终值的±5%误差带定义。

超调量 $\sigma\%$：峰值 $c(t_p)$超出终值 $c(\infty)$的百分比，即

$$\sigma\%=\frac{c(t_p)-c(\infty)}{c(\infty)}\times 100\% \tag{3-6}$$

若系统输出响应单调变化，则无超调量。

振荡次数 N_s：阶跃响应在调节时间 t_s 内偏离稳态值振荡的次数。若振荡周期为 T_s，则振荡次数为 $N_s=t_s/T_s$。

3.1.2.2　稳态性能

稳态性能指标主要以稳态误差进行描述，通常情况下在阶跃信号、斜坡信号或抛物

线信号作用下进行考查或计算。稳态误差是时间趋于无穷时系统实际输出与理想输出之间的误差，是系统控制精度或抗干扰能力的一种度量。稳态误差有不同定义(具体请参阅3.6节)，通常在典型输入下进行测定或计算。

在上述性能指标中，延迟时间 t_d、上升时间 t_r 和峰值时间 t_p 均表征系统响应初始阶段的快慢；调节时间 t_s 表征系统过渡过程的持续时间(反映“快”)；超调量 $\sigma\%$ 表征系统过渡过程的波动程度(反映“稳”)；稳态误差表征系统复现输入信号的最终精度(反映“准”)。

应当指出，系统性能指标的确定应根据实际情况而有所侧重。例如，民航客机要求飞行平稳，不允许有超调；歼击机则要求机动灵活，响应迅速，允许有适当的超调；对于一些启动之后便需要长期运行的生产过程(如化工过程等)则往往更强调稳态精度。

3.2 一阶系统的时域分析

控制系统的“阶次”，简称系统的“阶”，将系统按阶来分类，是定量分类系统的一种方法。在时域中，系统的阶是指在描述系统动力学方程中，被控制量导数的最高阶次。在复域中，系统的阶次是指系统的闭环传递函数分母多项式 s 的最高幂次。由于系统的开环传递函数和闭环传递函数的分母多项式的最高阶次是相同的，因此，通常是以系统开环传递函数分母多项式的最高次数来确定系统的阶。按阶把系统分为一阶系统、二阶系统、…、n 阶系统。系统的阶是区别系统复杂程度的重要参量，系统的阶次越高，系统越复杂。系统分析一般从低阶系统开始，直至高阶系统。这一节首先分析一阶系统的时域分析。

3.2.1 一阶系统的数学模型

凡控制系统的运动方程式用一阶微分方程式描述，称该系统为一阶系统。实际的物理系统中有较多的属一阶系统，如RC、RL电气网络、热力学系统(如室温调节系统、恒温箱等)、水位调节系统等。

一阶系统的典型结构如图3-3所示，K 是开环增益。

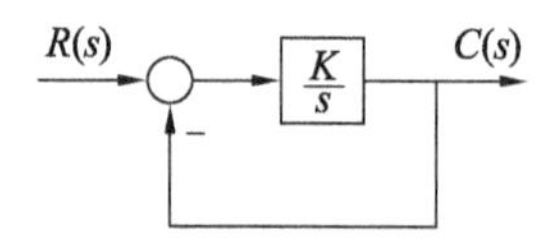

图3-3 一阶系统典型结构图

系统微分方程和传递函数的标准形式为

$$T\frac{\mathrm{d}c(t)}{\mathrm{d}t}+c(t)=r(t) \tag{3-7}$$

$$\Phi(s)=\frac{K}{s+K}=\frac{1}{Ts+1} \tag{3-8}$$

式中：T——一阶系统的时间常数，$T=1/K$，系统特征根 $\lambda=-1/T$。

3.2.2　一阶系统的单位阶跃响应

系统单位阶跃响应的拉普拉斯变换为

$$C(s)=\Phi(s)\cdot R(s)=\frac{1}{Ts+1}\cdot\frac{1}{s}=\frac{1}{s}-\frac{1}{s+\frac{1}{T}} \tag{3-9}$$

单位阶跃响应为

$$c(t)=L^{-1}\left[C(s)\right]=1-\mathrm{e}^{-\frac{t}{T}},\ t\geqslant 0 \tag{3-10}$$

由式(3-10)可知，一阶系统的单位阶跃响应由两部分组成：一部分是由输入信号引起的稳态分量 1；另一部分是由系统本身引起的动态分量 $-\mathrm{e}^{-\frac{t}{T}}$。响应的形式可通过数值计算求得（见表 3-2），响应曲线如图 3-4 所示。由图可知，一阶系统的单位阶跃响应曲线是单调上升的指数曲线。

表 3-2　响应数值计算

t	$c(t)$	t	$c(t)$
0	0	$4T$	0.98
T	0.632	$5T$	0.99
$2T$	0.865	⋮	⋮
$3T$	0.950	∞	1.00

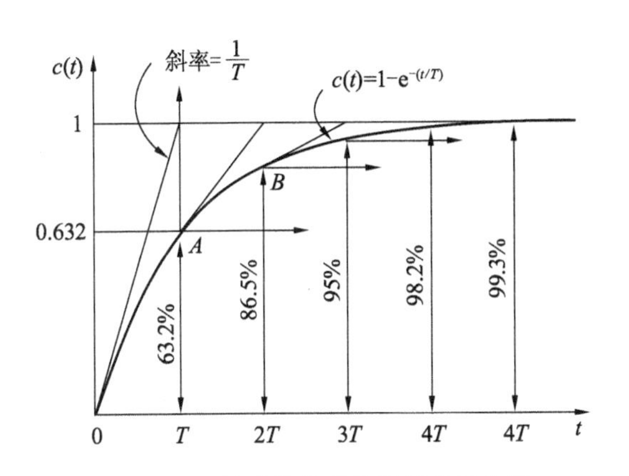

图 3-4　一阶系统的单位阶跃响应曲线

由图 3-4 可以求出响应曲线起始点切线的斜率，即初始变化率，也就是系统运动的初速度为

$$\left.\frac{\mathrm{d}c(t)}{\mathrm{d}t}\right|_{t=0}=\frac{1}{T}=v_0 \tag{3-11}$$

由计算可以看到，系统运动的初速度仅仅与参数 T 有关。如果系统始终以初速度进行运动，只需要一个时间常数 T 的时间，就可以到达稳态值。但是实际系统运动的变化率(即速度)随着时间的推移而递减，因此，响应是一条单调的按指数规律上升的曲线。

根据时域性能指标的定义，可求得一阶系统的时域性能指标。

由表 3-2 和图 3-4 可知，一阶系统的单位阶跃响应无超调。调节时间为

$$t_s=\begin{cases}3T, & \pm 5\%\text{误差带}\\ 4T, & \pm 2\%\text{误差带}\end{cases} \tag{3-12}$$

稳态误差为

$$e_{ss}=\lim_{t\to\infty}[r(t)-c(t)]=\lim_{t\to\infty}[1-(1-e^{-\frac{t}{T}})]=0 \tag{3-13}$$

综上所述，一阶系统的单位阶跃响应完全决定于系统本身的参数 T，由于 T 的存在，系统的响应才成为指数型的响应，因此也称一阶系统的响应为非周期响应。时间常数 T 是反映系统响应快慢的特征参数：T 愈小，系统极点越远离虚轴，响应愈快；T 愈大，响应愈慢。

3.2.3 一阶系统的单位斜坡响应

系统单位斜坡响应的拉普拉斯变换为

$$C(s)=\Phi(s)\cdot R(s)=\frac{1}{Ts+1}\cdot\frac{1}{s^2}=\frac{1}{s^2}-T\left(\frac{1}{s}-\frac{1}{s+\frac{1}{T}}\right) \tag{3-14}$$

单位斜坡响应为

$$c(t)=L^{-1}[C(s)]=t-T+Te^{-\frac{t}{T}},\ t\geqslant 0 \tag{3-15}$$

由式(3-15)可知，响应由稳态分量$(t-T)$和动态分量 $Te^{-\frac{t}{T}}$ 两部分组成。响应形式可通过数值计算求得，如图 3-5 所示。由图可以看出，响应是单调地按指数规律上升的曲线，当时间 t 趋于无穷时，实际输出与输入信号之差趋于常数 T，因此在位置上存在稳态跟踪误差。求得系统的稳态性能指标稳态误差为

$$e_{ss}=\lim_{t\to\infty}[r(t)-c(t)]=\lim_{t\to\infty}[t-(t-T+Te^{-\frac{t}{T}})]=T \tag{3-16}$$

由此可知，一阶系统对单位斜坡输入信号是存在误差的，误差为 T，可以通过减小时间常数 T 来减小差值，但不能消除它。在初始条件下，初始位置和初始斜率均为 0，输出速度和输入速度之间的误差最大。

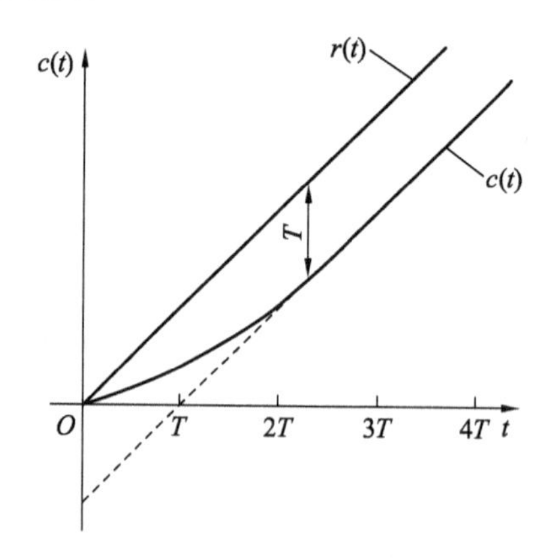

图 3-5 一阶系统的单位斜坡响应曲线

3.2.4　一阶系统的单位脉冲响应

系统单位脉冲响应的拉普拉斯变换为

$$C(s)=\Phi(s)\cdot R(s)=\frac{1}{Ts+1}=\frac{1}{T}\cdot\frac{1}{s+\frac{1}{T}} \tag{3-17}$$

单位脉冲响应为

$$c(t)=L^{-1}\left[C(s)\right]=\frac{1}{T}\mathrm{e}^{-\frac{t}{T}},\ t\geqslant 0 \tag{3-18}$$

单位脉冲响应曲线如图3-6所示。由图可知，响应是单调的按指数规律变化的曲线，随着时间的推移，系统响应的变化率逐渐衰减，且衰减过程完全决定于系统的参数T。同样可求出系统响应在曲线各处的斜率为

$$\left.\frac{\mathrm{d}c(t)}{\mathrm{d}t}\right|_{t=0}=-\frac{1}{T^2} \tag{3-19}$$

$$\left.\frac{\mathrm{d}c(t)}{\mathrm{d}t}\right|_{t=T}=-0.368\frac{1}{T^2} \tag{3-20}$$

$$\left.\frac{\mathrm{d}c(t)}{\mathrm{d}t}\right|_{t\to\infty}=0 \tag{3-21}$$

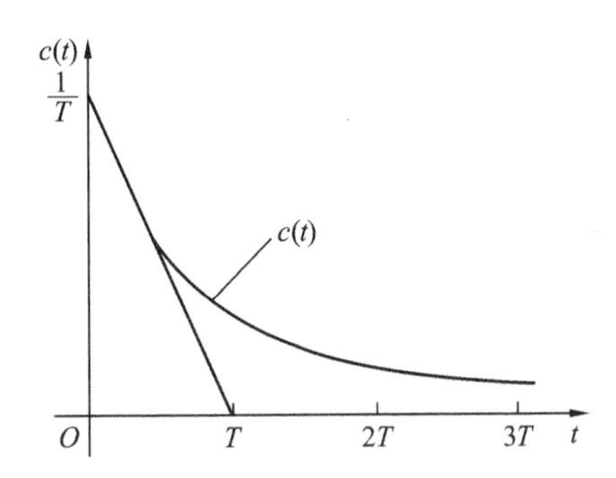

图3-6　一阶系统的单位脉冲响应曲线

3.2.5　一阶系统的单位抛物线响应

系统单位抛物线响应的拉普拉斯变换为

$$C(s)=\Phi(s)\cdot R(s)=\frac{1}{Ts+1}\cdot\frac{1}{s^3}=\frac{1}{s^3}-\frac{T}{s^2}+\frac{T^2}{s}-\frac{T^3}{Ts+1} \tag{3-22}$$

单位抛物线响应为

$$c(t)=L^{-1}\left[C(s)\right]=\frac{1}{2}t^2-Tt+T^2(1-\mathrm{e}^{-\frac{t}{T}}),\ t\geqslant 0 \tag{3-23}$$

跟踪误差为

$$e(t)=r(t)-c(t)=Tt-T^2(1-\mathrm{e}^{-\frac{t}{T}})$$

跟踪误差随时间推移而增大，直至无穷。因此，系统不能跟踪抛物线函数。

一阶系统在各种典型输入信号作用下的响应见表3-3。由表可知，线性系统输入信号微分的响应等于系统对输入信号响应的微分，系统对输入信号积分的响应等于系统对该输入信号响应的积分，这是线性定常系统的一个重要特性。这一特性适用于任何阶线性

定常连续系统，非线性系统及线性时变系统不具有这种特性。因此，研究线性定常系统的时间响应，不必对每种输入信号形式进行测定和计算，往往只取其中一种典型形式进行研究。

表 3-3　一阶系统对典型输入信号的响应结果

输入信号 $r(t)$	输入信号 $R(t)$	输出信号 $c(t)$	初值 $c(0)$	终值 $c(0)$	稳态误差
单位脉冲 $\delta(t)$	1	$\frac{1}{T}e^{-\frac{t}{T}}$	$\frac{1}{T}$	0	0
单位阶跃 $1(t)$	$\frac{1}{s}$	$1-e^{-\frac{t}{T}}$	0	1	0
单位斜坡 t	$\frac{1}{s^2}$	$t-T+Te^{-\frac{t}{T}}$	0	∞	T
单位抛物线 $\frac{1}{2}t^2$	$\frac{1}{s^3}$	$\frac{1}{2}t^2-Tt+T^2(1-e^{-\frac{t}{T}})$	0	∞	∞

【例 3-1】　已知一阶系统如图 3-7 所示，前置放大器的增益值 $K=1$，计算系统阶跃响应的调节时间 t_s。如果要实现调节时间 $t_s\leqslant 1$ s，确定前置放大器增益 K 值的大小。

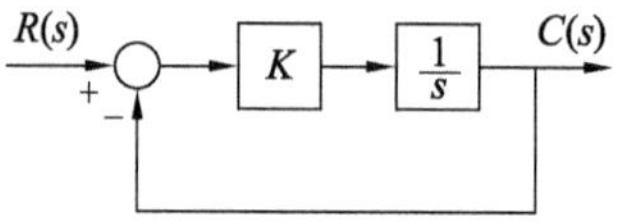

图 3-7　带前置放大器的一阶系统

解　系统闭环传递函数为

$$\Phi(s)=\frac{K\cdot\frac{1}{s}}{1+K\cdot\frac{1}{s}}=\frac{1}{\frac{1}{K}s+1}=\frac{1}{Ts+1}$$

所以系统的时间常数 T 为

$$T=\frac{1}{K}$$

系统阶跃响应的调节时间为

$$t_s=3T=3\cdot\frac{1}{K}\bigg|_{K=1}=3\ \text{s}，\pm 5\%\text{误差带}$$

$$t_s=4T=4\cdot\frac{1}{K}\bigg|_{K=1}=4\ \text{s}，\pm 2\%\text{误差带}$$

如果要求调节时间小于 1 s，则有

$$t_s=4T=1$$

因为

$$T=\frac{1}{4}=\frac{1}{K}$$

所以放大器增益为

$$K=4$$

由此可见，增大前置放大器的放大倍数 K，可以减小一阶系统的时间常数，使一阶系统的阶跃响应加速。

【例 3-2】　某温度计插入温度恒定的热水后，其显示温度随时间变化的规律为 $c(t)=1-e^{-\frac{t}{T}}$，实验测得当 $t=60$ s 时温度计读数达到实际水温的 95%，试确定该温度计的传递函数。

解　依题意，温度计的调节时间为

$$t_s=60=3T$$

故得

$$T=20\ \mathrm{s}$$

$$c(t)=1-e^{-\frac{t}{T}}=1-e^{-\frac{t}{20}}$$

由线性系统性质，有

$$g(t)=c(t)=\frac{1}{20}e^{-\frac{t}{20}}$$

由传递函数性质，有

$$\Phi(s)=L[g(t)]=\frac{1}{20s+1}$$

【例 3-3】　原系统传递函数为

$$G(s)=\frac{10}{0.2s+1}$$

现采用如图 3-8 所示的负反馈方式，欲将反馈系统的调节时间减小为原来的 1/10，并且保证原放大倍数不变。试确定参数 K_0 和 K_1 的取值。

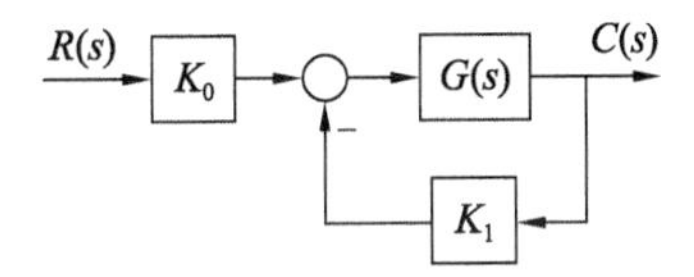

图 3-8　反馈系统结构图

解　依题意，原系统时间常数 $T=0.2$，放大倍数 $K=10$，要求反馈后系统的时间常数 $T_\Phi=0.2\times0.1=0.02$，放大倍数 $K_\Phi=K=10$。由结构可知，反馈系统传递函数为

$$\Phi(s)=\frac{K_0G(s)}{1+K_1G(s)}=\frac{10K_0}{0.2s+1+10K_1}=\frac{\frac{10K_0}{1+10K_1}}{\frac{0.2}{1+10K_1}s+1}=\frac{K_\Phi}{T_\Phi s+1}$$

应有

$$\begin{cases}K_\Phi=\dfrac{10K_0}{1+10K_1}=10\\[2ex] T_\Phi=\dfrac{0.2}{1+10K_1}=0.02\end{cases}$$

联立求解得

$$\begin{cases}K_1=0.9\\ K_0=10\end{cases}$$

3.3 二阶系统的时域分析

分析二阶系统的动态特性对于研究和理解自动控制系统的动态特性具有极其重要的意义，这是因为二阶系统在实际系统中大量存在(例如，RLC电路、电枢电压控制的直流电动机转速系统等)，特别是它的性能指标与系统参数之间有确定的定量关系，对分析和设计系统具有重要的指导价值。尽管实际系统大都是高于二阶的，但是在一定的条件下，忽略一些影响系统运动的次要因素，常常可以将高于二阶的系统降为二阶系统来处理，并不失其运动过程的基本特性。

3.3.1 二阶系统的数学模型

RLC串联电路就是典型的二阶系统，其微分方程的一般形式为

$$T^2\frac{\mathrm{d}^2c(t)}{\mathrm{d}t^2}+2\zeta T\frac{\mathrm{d}c(t)}{\mathrm{d}t}+c(t)=r(t) \tag{3-24}$$

令 $\omega_n=\frac{1}{T}$，则可得二阶系统微分方程的另一种形式

$$\frac{\mathrm{d}^2c(t)}{\mathrm{d}t^2}+2\zeta\omega_n\frac{\mathrm{d}c(t)}{\mathrm{d}t}+\omega_n^2c(t)=\omega_n^2r(t) \tag{3-25}$$

对应的传递函数分别为

$$\Phi(s)=\frac{C(s)}{R(s)}=\frac{1}{T^2s^2+2\zeta Ts+1} \tag{3-26}$$

$$\Phi(s)=\frac{C(s)}{R(s)}=\frac{\omega_n^2}{s^2+2\zeta\omega_n s+\omega_n^2} \tag{3-27}$$

ζ 和 ω_n 分别称为系统的阻尼比和无阻尼自然振荡频率，是二阶系统重要的特征参数。系统的结构图如图3-9所示。

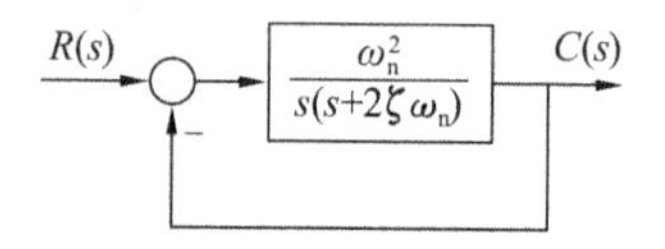

图3-9 二阶系统结构图

二阶系统闭环特征方程为

$$D(s)=s^2+2\zeta\omega_n s+\omega_n^2=0 \tag{3-28}$$

闭环特征根为

$$s_{1,2}=-\zeta\omega_n\pm\omega_n\sqrt{\zeta^2-1} \tag{3-29}$$

闭环系统特征根(即闭环极点)的形式主要取决于 ζ 和 ω_n 值。若系统阻尼比 ζ 取值范围不同，其特征根形式不同，响应特性也不同，由此可将二阶系统分类，见表3-4。

表 3-4　二阶系统(按阻尼比 ζ)分类

分类	特征根	特征根分布	模态
$\zeta>1$ 过阻尼	$s_{1,2}=-\zeta\omega_n\pm\omega_n\sqrt{\zeta^2-1}$	j；s_2 ×，s_1 ×；0	$e^{s_1 t}$ $e^{s_2 t}$
$\zeta=1$ 临界阻尼	$s_{1,2}=-\omega_n$	j；s ×；0	$e^{-\omega_n t}$ $te^{-\omega_n t}$
$0<\zeta<1$ 欠阻尼	$s_{1,2}=-\zeta\omega_n\pm j\omega_n\sqrt{1-\zeta^2}$	j；s_1 ×；0；s_2 ×	$e^{-\zeta\omega_n t}\sin\sqrt{1-\zeta^2}\,\omega_n t$ $e^{-\zeta\omega_n t}\cos\sqrt{1-\zeta^2}\,\omega_n t$
$\zeta=0$ 零阻尼	$s_{1,2}=\pm j\omega_n$	j；× s_1；0；× s_2	$\sin\omega_n t$ $\cos\omega_n t$

数学上，线性微分方程的解由特解和齐次微分方程的通解组成。通解由微分方程的特征根决定，代表自由响应运动。如果微分方程的特征根是 s_1，s_2，…，s_n 且无重根，则把函数 $e^{-s_1 t}$，$e^{-s_2 t}$，…，$e^{-s_n t}$ 称为该微分方程所描述运动的模态，也称为振型。

3.3.2　二阶系统的单位阶跃响应

系统单位阶跃响应的拉普拉斯变换为

$$C(s)=\Phi(s)\cdot R(s)=\frac{\omega_n^2}{s^2+2\zeta\omega_n s+\omega_n^2}\cdot\frac{1}{s} \tag{3-30}$$

单位阶跃响应

$$c(t)=L^{-1}\left[C(s)\right]=L^{-1}\left(\frac{\omega_n^2}{s^2+2\zeta\omega_n s+\omega_n^2}\cdot\frac{1}{s}\right) \tag{3-31}$$

拉普拉斯反变换的结果取决于二阶系统闭环特征根的具体类型。下面分几种情况进行讨论。

3.3.2.1　过阻尼($\zeta>1$)

当 $\zeta>1$ 时，称为过阻尼情况，这时系统具有 2 个不相等的负实根：

$$s_{1,2}=-\zeta(\omega_n)\pm\omega_n\sqrt{\zeta^2-1} \tag{3-32}$$

当单位阶跃输入时，系统输出量的拉普拉斯变换为

$$\begin{aligned}C(s)&=\frac{\omega_n^2}{(s+2\zeta\omega_n-\omega_n\sqrt{\zeta^2-1})(s+\zeta\omega_n-\omega_n\sqrt{\zeta^2-1})}\cdot\frac{1}{s}\\&=\frac{\omega_n^2}{(s-s_1)(s-s_2)}\cdot\frac{1}{s}\\&=\frac{1}{s}-\frac{1}{2\sqrt{\zeta^2-1}(\zeta-\sqrt{\zeta^2-1})}\cdot\frac{1}{s-s_1}+\frac{1}{2\sqrt{\zeta^2-1}(\zeta+\sqrt{\zeta^2-1})}\cdot\frac{1}{s-s_2}\end{aligned} \tag{3-33}$$

经拉普拉斯反变换，得输出响应表达式为

$$c(t)=1-\frac{\omega_n^2}{2\sqrt{\zeta^2-1}}\left(\frac{e^{s_1 t}}{-s_1}-\frac{e^{s_2 t}}{-s_2}\right),\quad t\geqslant 0 \tag{3-34}$$

式(3-34)表明，系统的动态响应会有两个单调衰减的指数项。它们的代数和绝不会超过稳态值1，因而过阻尼二阶系统的单位阶跃响应是无振荡的，过渡过程时间长，无稳态误差。如图3-10a所示，当ζ远大于1时，在s平面上，s_1与虚轴的距离比s_2与虚轴的距离近得多(即$|s_1|\ll|s_2|$)，因此，含有s_2的指数项比含s_1的指数项衰减快得多，则在近似解中可以忽略s_2，系统响应类似于一阶系统。

3.3.2.2　临界阻尼($\zeta=1$)

当$\zeta=1$时，称系统为临界阻尼情况。这时，系统有一对相等的负实根，此时二阶系统单位阶跃响应的拉普拉斯变换为

$$s_{1,2}=-\omega_n \tag{3-35}$$

$$C(s)=\frac{\omega_n^2}{(s+\omega_n)^2}\cdot\frac{1}{s}=\frac{1}{s}-\frac{\omega_n}{(s+\omega_n)^2}-\frac{1}{s+\omega_n} \tag{3-36}$$

经拉普拉斯反变换，得输出响应表达式为

$$c(t)=1-e^{-\omega_n t}(1+\omega_n t),\quad t\geqslant 0 \tag{3-37}$$

显然这是一个不振荡的单调过程，其稳态值为1，动态过程也会随时间的推移最终衰减为0，指数衰减系数为ω_n，称临界阻尼系数。系统特征是单调上升无振荡、无超调、无稳态误差，其曲线如图3-10b所示。

3.3.2.3　欠阻尼($0<\zeta<1$)

当$0<\zeta<1$时，称为欠阻尼情况。二阶系统的闭环特征根为一对共轭复根，且具有负的实部。常将具有一对共轭复根的系统称为二阶振荡环节。

$$s_{1,2}=-\zeta\omega_n\pm j\omega_n\sqrt{1-\zeta^2}=-\sigma\pm j\omega_d \tag{3-38}$$

式中：σ——衰减系统或振荡阻尼系数，$\sigma=\zeta\omega_n$；

ω_d——阻尼振荡角频率，具有角频率的量纲，$\omega_d=\omega_n\sqrt{1-\zeta^2}$。

可得二阶系统输出拉普拉斯变换为

$$\begin{aligned}C(s)&=\frac{\omega_n^2}{(s+\sigma-j\omega_d)(s+\sigma+j\omega_d)}\cdot\frac{1}{s}=\frac{1}{s}-\frac{s+2\sigma}{(s+\sigma)^2+\omega_d^{\ 2}}\\&=\frac{1}{s}-\frac{s+\sigma}{(s+\sigma)^2+\omega_d^{\ 2}}-\frac{\sigma}{(s+\sigma)^2+\omega_d^{\ 2}}\end{aligned} \tag{3-39}$$

对式(3-39)取拉普拉斯反变换，得

$$\begin{aligned}c(t)&=1-e^{-\sigma t}\left(\cos\omega_d t+\frac{\zeta}{\sqrt{1-\zeta^2}}\sin\omega_d t\right)\\&=1-\frac{e^{-\sigma t}}{\sqrt{1-\zeta^2}}\left(\sqrt{1-\zeta^2}\cos\omega_d t+\zeta\sin\omega_d t\right),\quad t\geqslant 0\end{aligned} \tag{3-40}$$

令$\sin\beta=\sqrt{1-\zeta^2}$，$\cos\beta=\zeta$，则式(3-40)可简化为

$$c(t)=1-\frac{e^{-\sigma t}}{\sqrt{1-\zeta^2}}\sin(\omega_d t+\beta)=1-\frac{e^{-\zeta\omega_n t}}{\sqrt{1-\zeta^2}}\sin\left(\omega_n\sqrt{1-\zeta^2}t+\beta\right),\quad t\geqslant 0 \tag{3-41}$$

式中：$\beta=\arctan\dfrac{\sqrt{1-\zeta^2}}{\zeta}$。

分析式(3-41)可知，欠阻尼二阶系统的单位阶跃响应由两部分组成：第一部分是稳态分量，其值与输入值相等，表明系统最终不存在稳态误差；第二部分是动态分量，是一个带有指数函数作为振幅的正弦振荡项，其振荡频率为 ω_d。振幅中 $e^{-\sigma t}$ 随着时间的推移而逐渐趋于 0，所以此振荡是衰减的。显然 $\sigma=\zeta\omega_n$ 越大，振幅衰减得越快。衰减系数 σ 和振荡频率 ω_d 决定了动态响应的性能，而这 2 个参数恰为闭环特征根的实部和虚部的绝对值。此时，系统的单位阶跃响应 $c(t)$是一条衰减振荡的曲线，特征根是一对共轭复根，位于 s 平面左半部，如图 3-10c 所示。

3.3.2.4　无阻尼($\zeta=0$)

当 $\zeta=0$ 时，称为无阻尼情况。这时系统的特征根为一对共轭虚根：

$$s_{1,2}=\pm j\omega_n \tag{3-42}$$

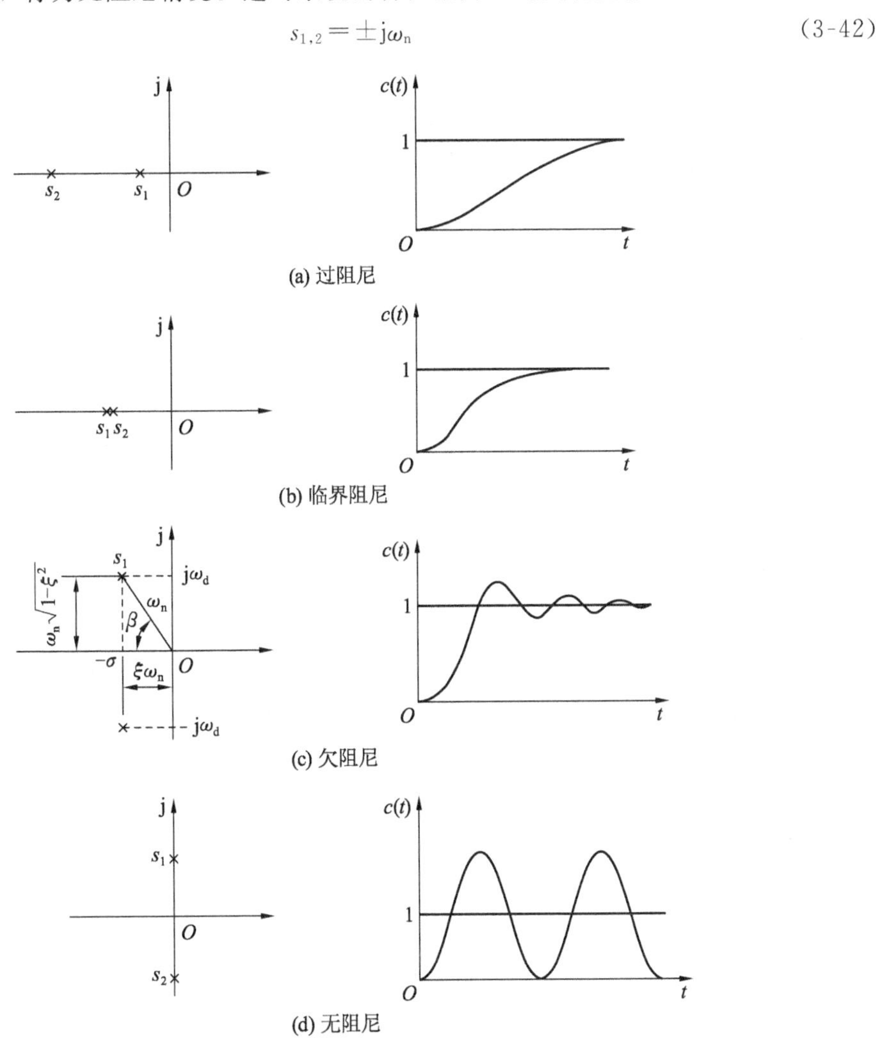

图 3-10　二阶系统单位阶跃响应

此时，系统的输出拉普拉斯变换为

$$C(s)=\frac{\omega_n^2}{s^2+\omega_n^2}\cdot\frac{1}{s}=\frac{1}{s}-\frac{s}{s^2+\omega_n^2} \tag{3-43}$$

$$c(t)=1-\cos\omega_n t \tag{3-44}$$

显然，这时的二阶系统响应曲线为一条等幅余弦振荡曲线，如图 3-10d 所示。无阻尼自然振荡频率 ω_n 与阻尼振荡频率 ω_d 相比，$\omega_d<\omega_n$，且随 ζ 的增加，ω_d 减少。

下面讨论典型二阶系统的参数 ζ 和 ω_n 对性能的影响。用 $\omega_n t$ 作为横坐标，$c(t)$作为纵坐标，可得如图 3-11 所示的二阶系统单位阶跃响应通用曲线，图示是不同 ζ 值的一簇单位阶跃响应曲线，曲线是和的函数。由图可知，临界阻尼和过阻尼时，$c(t)$为正值或等于 0，根据此曲线，可以更方便地分析参数 ζ 和 ω_n 对阶跃响应性能的影响。

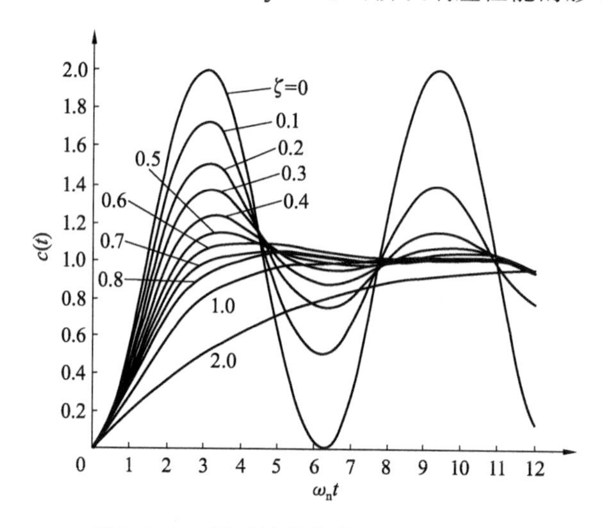

图 3-11 二阶系统单位阶跃响应通用曲线

① 平稳性。由曲线看出，阻尼比 ζ 越大，超调量越小，响应的振荡倾向越弱，平稳性越好。$\zeta\geqslant1$ 时，响应的振荡消失，变为单调的过程，平稳性最佳。反之，阻尼比 ζ 越小，振荡越强，平稳性越差。当 $\zeta=0$ 时，零阻尼的响应变为不衰减的等幅振荡过程。

② 快速性。由曲线可以看出，ζ 过大，如 ζ 值接近于 1，系统的响应迟钝，调节时间长，快速性差；ζ 过小，虽然响应的起始速度较快，但因为振荡强烈，衰减缓慢，所以调节时间亦长，快速性差。纵观全部曲线，当欠阻尼系统的 ζ 值为 0.5～0.8 时，其响应曲线可比响应无振荡的临界阻尼或过阻尼系统更快地达到稳态值。而在响应无振荡的系统中，临界阻尼系统具有最快的响应特性。过阻尼系统对任何输入信号的响应总是缓慢的。

③ 稳态精度。系统的动态分量(除无阻尼情况外)均是随时间 t 的增长而衰减到 0，而稳态分量等于 1。因此，上述典型二阶系统的单位阶跃响应不存在稳态误差。

由以上的分析可见，典型二阶系统在不同的阻尼比的情况下，它们的阶跃响应输出特性的差异是很大的。若阻尼比过小，则系统的振荡加剧，超调量大幅度增加；若阻尼比过大，则系统的响应过慢，又大大增加了调整时间。因此，怎样选择适中的阻尼比，以兼顾系统的稳定性和快速性，便成了研究自动控制系统的一个重要的课题。

3.3.3　二阶系统的单位阶跃响应性能指标

要达到既有充分的快速性又有足够的阻尼使系统平稳，比较理想的选择是欠阻尼系统。因此，在工程实际中人们常常调整参数，使系统工作在欠阻尼状态。下面来进一步定量计算欠阻尼系统各项动态指标。

① 上升时间 t_r。根据 t_r 的定义，当 $t=t_r$ 时，$c(t_r)=1$。由式(3-41)得

$$c(t_r)=1-\frac{e^{-\zeta\omega_n t_r}}{\sqrt{1-\zeta^2}}\sin(\omega_d t_r+\beta)=1$$

则

$$\frac{e^{-\zeta\omega_n t_r}}{\sqrt{1-\zeta^2}}\sin(\omega_d t_r+\beta)=0$$

由于在 $t=t_r$ 时，响应的动态分量振幅不会为 0，则必有

$$\omega_d t_r+\beta=k\pi$$

$$t_r=\frac{k\pi-\beta}{\omega_d}=\frac{\pi-\beta}{\omega_d}=\frac{\pi-\beta}{\omega_n\sqrt{1-\zeta^2}} \tag{3-45}$$

式中 k 取 1，因为按定义 $t_r>0$ 且第一次达到稳态值 1 时，$\beta=\arctan\left(\frac{\sqrt{1-\zeta^2}}{\zeta}\right)$。

显然，增大无阻尼自然振荡频率 ω_n 或减小阻尼比 ζ，均能减小 t_r，加快系统的初始响应速度。

② 峰值时间 t_p。将式(3-41)对时间求导，并令其为 0，可求得峰值时间。由于

$$\frac{dc(t)}{dt}=\frac{-1}{\sqrt{1-\zeta^2}}\left[\omega_d e^{-\zeta\omega_n t_p}\cos(\omega_d t_p+\beta)-\zeta\omega_n\omega_d e^{-\zeta\omega_n t_p}\sin(\omega_d t_p+\beta)\right]$$

则得

$$\tan(\omega_d t_p+\beta)=\frac{\sqrt{1-\zeta^2}}{\zeta}=\tan\beta$$

$$\omega_d t_p=k\pi$$

按 t_p 的定义，且响应第一次出现峰值，故取 $k=1$，结果为

$$t_p=\frac{\pi}{\omega_d}=\frac{\pi}{\omega_n\sqrt{1-\zeta^2}} \tag{3-46}$$

可见，峰值时间实际上即阻尼振荡周期 $t_p=\frac{\pi}{\omega_d}$ 的 1/2。

③ 最大超调量 $\sigma\%$。最大超调量发生在峰值时间 $t_p=\frac{\pi}{\omega_d}$。因此，按照定义可得

$$\begin{aligned}\sigma\%&=\frac{c(t_p)-c(\infty)}{c(\infty)}\times100\%=\frac{c(t_p)-1}{1}\times100\%\\&=\left[-\frac{e^{-\zeta\omega_n t_p}}{\sqrt{1-\zeta^2}}\sin(\pi+\beta)\right]\times100\%\\&=e^{-\zeta\omega_n t_p}\frac{\sin\beta}{\sqrt{1-\zeta^2}}\times100\%\\&=e^{\frac{-\zeta\pi}{\sqrt{1-\zeta^2}}}\times100\%\end{aligned} \tag{3-47}$$

可见，最大超调量为 ζ 的单值函数，ζ 越小，超调量越大，系统的稳定性越好。

④ 调节时间 t_s。欠阻尼单位阶跃响应的表达式为

$$c(t)=1-\frac{e^{-\zeta\omega_n t}}{\sqrt{1-\zeta^2}}\sin(\omega_d t+\beta)$$

式中，正弦函数的峰值为±1，即

$$\max\mid\sin(\omega_d t+\beta)\mid=1$$

因此，动态响应曲线的包络线为 $1+\frac{e^{-\zeta\omega_n t}}{\sqrt{1-\zeta^2}}$，响应曲线 $c(t)$ 总是被包含在一对包络线之内，如图 3-12 所示。

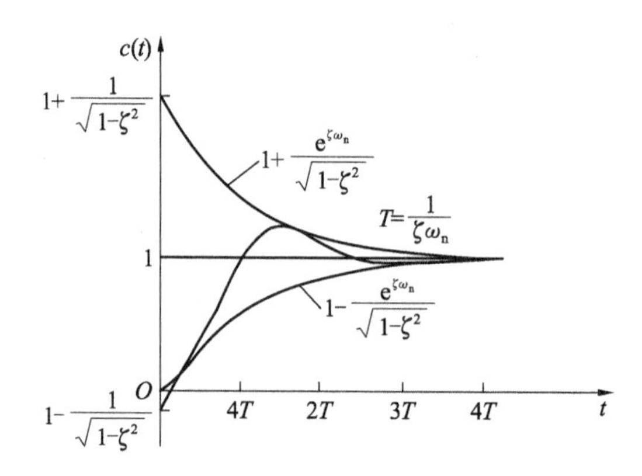

图 3-12 动态响应曲线的包络线

从包络线的表达式可知，它为一条指数衰减曲线，其时间常数为

$$T=\frac{1}{\zeta\omega_n} \tag{3-48}$$

包络线是趋于稳态值的，因此动态响应的衰减速度取决于时间常数 T。当系统允许的误差带确定之后，按照此时间常数，就可以估算系统的调节时间 t_s 为

$$t_s=3T=\frac{3}{\zeta\omega_n}，\pm5\%\text{误差带}$$

$$t_s=4T=\frac{4}{\zeta\omega_n}，\pm2\%\text{误差带}$$

调节时间与系统的阻尼比和无阻尼自然振荡频率的乘积是成反比的。因为 ζ 值通常根据对最大允许超调量的要求来确定，所以调节时间主要由无阻尼自然振荡频率 ω_n 确定。这表明：在不改变最大超调量的情况下，通过调整无阻尼自然振荡频率 ω_n 来改变动态响应的调节时间。

⑤ 振荡次数 N_s：在调整时间 t_s 内，输出量 $c(t)$ 在稳态值附近上下摆动的次数。

$$N_s=\frac{t_s}{T_s}=\frac{\frac{3\sim4}{\zeta\omega_n}}{\frac{2\pi}{\omega_d}}=\frac{1.5\sim2}{\pi}\cdot\frac{\sqrt{1-\zeta^2}}{\zeta} \tag{3-49}$$

在实际中，各项指标很难同时达到满意的要求，选择参数有时对各指标的要求相互矛盾。通过实际测试，在 ω_n 给定时，约在 $\zeta=0.76$(对于 2%允许误差标准)或 $\zeta=0.68$(对

于5%允许误差标准)时，调节时间达到最小值；然后随着ζ值的增大，调节时间几乎呈线性增大。在工程设计中，常取$\zeta=0.707$作为设计的依据，并称0.707为最佳阻尼参数。

【例3-4】　某系统闭环传递函数为

$$\Phi(s)=\frac{1\,000}{s^2+34.5s+1\,000}$$

试求其单位阶跃响应表达式及性能指标。

解　根据闭环传递函数表达式可求出自然振荡频率ω_n及阻尼比ζ分别为

$$\omega_n=\sqrt{1\,000}=31.6(\text{rad/s})$$

$$\zeta=\frac{34.5}{2\omega_n}=\frac{34.5}{2\times31.6}=0.546$$

系统工作在欠阻尼情况，其单位阶跃响应为

$$\begin{aligned}c(t)&=1-e^{-\sigma t}\left(\cos\omega_d t+\frac{\zeta}{\sqrt{1-\zeta^2}}\sin\omega_d t\right)\\&=1-\frac{e^{-\sigma t}}{\sqrt{1-\zeta^2}}\left(\sqrt{1-\zeta^2}\cos\omega_d t+\zeta\sin\omega_d t\right)\\&=1-1.19e^{-17.25t}(\sin 26.47t+0.993)\end{aligned}$$

性能指标为

$$t_r=\frac{k\pi-\beta}{\omega_d}=\frac{\pi-\beta}{\omega_d}=\frac{\pi-\beta}{\omega_n\sqrt{1-\zeta^2}}=\frac{\pi-0.993}{31.6\sqrt{1-0.546^2}}=0.085\text{ s}$$

$$t_p=\frac{\pi}{\omega_d}=\frac{\pi}{\omega_n\sqrt{1-\zeta^2}}=\frac{\pi}{31.6\sqrt{1-0.546^2}}=0.11\text{ s}$$

$$t_s=3T=\frac{3}{\zeta\omega_n}=\frac{3}{0.546\times31.6}=0.176\text{ s}(\pm5\%\text{误差带})$$

$$\sigma\%=e^{\frac{-\zeta\pi}{\sqrt{1-\zeta^2}}}\times100\%=e^{\frac{-0.546\pi}{\sqrt{1-0.546^2}}}\times100\%=12.9\%$$

【例3-5】　如图3-13所示，图中$k=4$，$T=1$ s，试求以下各项：(1) 自然振荡频率ω_n；(2) 阻尼比ζ；(3) 超调量和调节时间(5%误差带)；(4) 如果求$\zeta=0.707$，应如何改变系统的参数k的值?

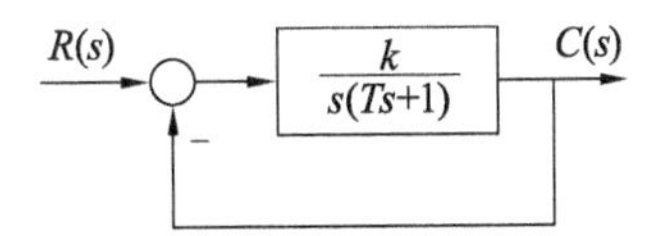

图3-13　伺服系统框图

解　系统的开环传递函数为

$$G_0(s)=\frac{4}{s(s+1)}$$

系统的闭环传递函数化为标准形式为

$$\Phi(s)=\frac{4}{s^2+s+4}=\frac{\omega_n^2}{s^2+2\zeta\omega_n s+\omega_n^2}$$

由此可得

① $\omega_n=4=2$ r/s；

② $2\zeta\omega_n=1$，$\zeta=\dfrac{1}{2\omega_n}=\dfrac{1}{2\times2}=0.25$；

③ $\sigma\%=\mathrm{e}-\dfrac{\pi\zeta}{\sqrt{1-\zeta^2}}\times100\%=47\%$，$t_s(5\%)=\dfrac{3}{\zeta\omega_n}=6$ s；

④ 当要求 $\zeta=0.707$ 时，$\omega_n=\dfrac{1}{\sqrt{2}}$，可得 $k=\omega_n^2=0.5$。

通过计算可知，如果求系统满足二阶工程最佳参数，必须减小系统的开环增益 K 的值。但需注意，减小开环增益将会使系统的稳态精度变差。

3.4 高阶系统的时域分析

用三阶或三阶以上的微分方程描述的控制系统称为高阶系统。在控制工程中，几乎所有的控制系统都是高阶系统，即用高阶微分方程描述的系统。对不能用一阶、二阶系统近似的高阶系统来说，其动态性能指标的确定是比较复杂的。时域分析中，主要对高阶系统进行定性分析，或者应用闭环主导极点的概念对高阶系统进行近似分析，把它们简化为低阶系统，实现对动态性能的近似估计。

3.4.1 高阶系统的单位阶跃响应

设 n 阶系统的闭环传递函数为

$$\Phi(s)=\frac{K\prod_{i=1}^{m}(s-z_i)}{\prod_{j=1}^{n_1}(s+p_j)\prod_{k=1}^{n_2}(s^2+2\zeta_k\omega_k s+\omega_k^2)},n=n_1+n_2,n\geqslant m \tag{3-50}$$

因此在输入为单位阶跃函数时，输出量的拉普拉斯变换可表示为

$$C(s)=\frac{K\prod_{i=1}^{m}(s-z_i)}{\prod_{j=1}^{n_1}(s-p_j)\prod_{k=1}^{n_2}(s^2+2\zeta_k\omega_k s+\omega_k^2)}\cdot\frac{1}{s} \tag{3-51}$$

式中：z_i——闭环传递函数的零点；

p_j——闭环传递函数的极点。

上述表达式可看成多个一阶系统和二阶系统响应的叠加，即

$$C(s)=\frac{A_0}{s}+\sum_{j=1}^{n_1}\frac{A_j}{(s+p_j)}+\sum_{k=1}^{n_2}\frac{B_k s+C_k}{(s^2+2\zeta_k\omega_k s+\omega_k^2)} \tag{3-52}$$

3.4.2 闭环零点、极点对系统性能的影响

极点至虚轴的相对距离对动态分量的影响：对于稳定的系统，闭环系统极点具有负实部，其动态分量随时间 t 增大而衰减至 0，其中远离虚轴的极点所对应的动态分量衰减很快，在整个系统到达稳态之前早已消逝，而那些离虚轴较近的极点所对应的动态分量

衰减很慢，在整个过渡过程中始终起作用。所以，过渡过程的主要特征取决于靠近虚轴的极点。经验证明，某些极点至虚轴的距离大于最靠近虚轴的极点至虚轴的距离 5 倍时，其对应的动态分量对过渡过程的影响可以忽略。

零点对过渡过程的影响：由闭环传递函数与开环传递函数的关系式可知，开环传递函数的零点将是闭环传递函数的零点，而闭环系统的零点影响系统动态分量的系数。当一对零极点的距离小于该极点至虚轴距离的十分之一时，其零点的影响可以忽略。

3.4.3　闭环主导极点和非主导零点对系统性能的影响

当部分极点与虚轴的距离远小于其他极点时，称其为主导极点(见图 3-14)，非主导极点的影响可以忽略。

主导极点应该满足 2 个条件：

① 在 s 平面上，距离虚轴比较近，且附近没有其他的零点和极点；

② 其实部的绝对值比其他极点实部绝对值小 5 倍以上。

非主导零点，如图 3-15 所示。当零点与虚轴的距离远大于主导极点与虚轴的距离时，这样的零点(非主导零点)可以忽略，依据是非主导零点所导致的微分分量远小于主导极点所对应的动态分量。

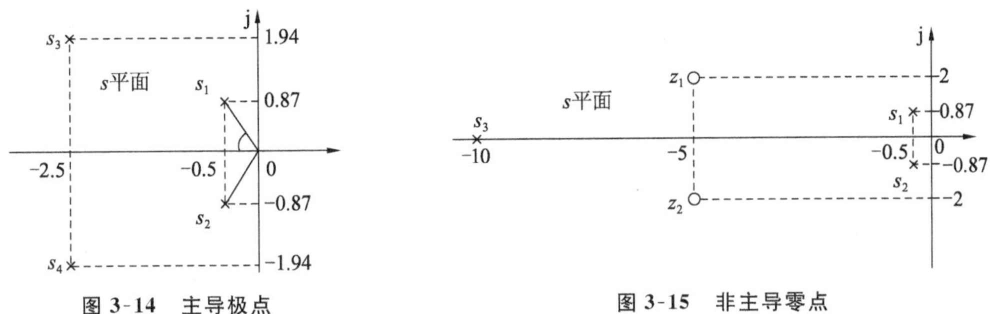

图 3-14　主导极点　　　　图 3-15　非主导零点

偶极子，如图 3-16 所示。相距很近的一对零点、极点叫作偶极子。远离原点的偶极子，其影响可忽略。因为偶极子所对应的动态分量系数很小，但比主导极点更接近原点的偶极子其影响必须考虑。

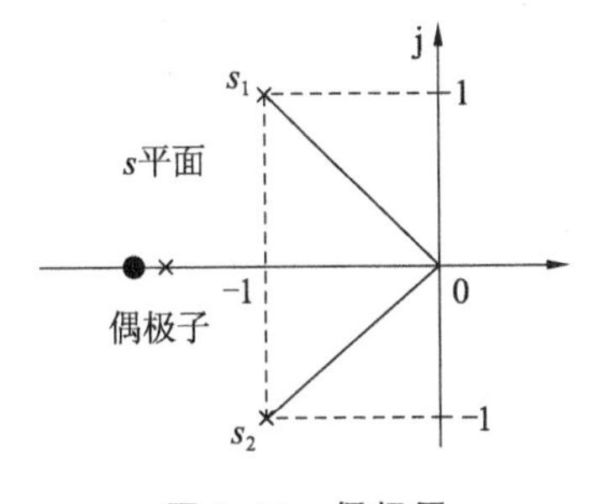

图 3-16　偶极子

3.5 线性系统的稳定性分析

稳定是控制系统的重要性能，也是系统正常工作的首要条件。控制系统在实际工作中，不可避免地受到各种扰动因素的影响(例如负载或参数变化、电源电压波动、环境条件改变等)。如果系统不稳定，就会在任何微小的扰动作用下，偏离原来的平衡状态，并随时间的推移而发散，致使系统无法正常工作，甚至会造成重大的设备及人身事故。因此，如何分析系统的稳定性并提出保证系统稳定的措施，是自动控制理论的基本任务之一。

3.5.1 稳定性的概念

稳定性概念是由俄国学者李雅普诺夫于1892年首先提出，并沿用至今。根据该稳定性理论，线性控制系统稳定性定义为：线性控制系统在初始扰动影响下，其动态过程随时间推移逐渐衰减并趋于0(或原平衡状态)，则称系统渐稳定，简称稳定；若在初始扰动影响下，其动态过程随时间推移而发散，则称系统不稳定；若在初始扰动影响下，其动态过程随时间的推移虽不能回到原平衡状态，但可以保持在原平衡状态附近的某一有限区域内运动，则称系统临界稳定。

如果系统的稳定性反映在扰动消失后的过渡过程，则又可定义为：若在扰动作用下系统偏离了原来的平衡状态，当扰动消失后，系统能够以足够的准确度恢复到原来的平衡状态，则系统是稳定的。否则，系统不稳定。

线性系统的稳定性是自身的固有特性，完全决定于系统本身，与外作用无关，系统的输入量或驱动函数仅影响输出量的稳态分量。系统产生稳定性问题的原因，主要是由于系统内总是不同程度地存在着惯性和滞后，并引入了反馈作用后出现的。

控制系统的稳定性包括绝对稳定性和相对稳定性2个方面：所谓绝对稳定性是指系统稳定与否；所谓相对稳定性是指稳定系统稳定的程度。对实际的控制系统，应是在保证绝对稳定性的前提下，使相对稳定性达到要求的性能。

3.5.2 系统稳定的充要条件

由稳定性的定义，线性系统的稳定性是其自身的固有特性，与外界输入无关。

设线性定常系统的输入输出时域描述为

$$a_0c^{(n)}(t)+a_1c^{(n-1)}(t)+\cdots+a_nc(t)=b_0r^{(m)}(t)+b_1r^{(m-1)}(t)+\cdots+b_mr(t) \tag{3-53}$$

由于稳定性与外作用无关，因而系统稳定性可按齐次微分方程来分析，即令式(3-53)右边为0来分析。对应的系统特征方程为

$$a_0s^n+a_1s^{n-1}+\cdots+a_n=0 \tag{3-54}$$

假设上式(3-54)有 q 个实根 $s_i(i=1,2,q)$，r 对共轭复根 $s_j=\sigma+\mathrm{j}\omega_i(j=1,2,\cdots,r)$，且 $q+r=n$，可求得系统的单位脉冲响应为

$$c(t)=\sum_{i=1}^{q}A_i\mathrm{e}^{s_it}+\sum_{j=1}^{k}\mathrm{e}^{\sigma_jt}\left(B_j\cos\omega_{\mathrm{d}j}t+\frac{C_j-B_j\zeta_j\omega_{\mathrm{n}j}}{\omega_{\mathrm{d}j}}\sin\omega_{\mathrm{d}j}t\right) \tag{3-55}$$

式中：A_i，B_j，C_j——特征根上的留数。

根据稳定性的定义可知，若要系统稳定，必须$\lim\limits_{t\to\infty}c(t)=0$，那么就取决于闭环特征根中的实根 s_i 和复根的实部σ_j 的取值范围。由式(3-55)可得出以下结论：

① 若 $s_i<0$，$\sigma_j<0$，$\omega_j\neq 0$，当 $t\to\infty$时，$\lim\limits_{t\to\infty}c(t)=0$，系统的输出为衰减振荡，最终能恢复到原平衡状态，则系统是稳定的。

② 若 $s_i<0$，$\sigma_j<0$，$\omega_j=0$，当 $t\to\infty$时，$\lim\limits_{t\to\infty}c(t)=0$，系统输出响应按指数规律衰减，最终能恢复到原平衡状态，则系统是稳定的。

③ 若 s_i 或σ_j 中有一个大于 0，$\omega_j=0$，当 $t\to\infty$时，$\lim\limits_{t\to\infty}c(t)\to\infty$，系统输出为增幅振荡或单调发散，则系统是不稳定的。

④ 若 s_i 中有一个以上为 0，或 σ_j 中有一个以上为 0(对应的特征根为纯虚根)，当 $t\to\infty$时，系统的输出为等幅振荡，则系统处于临界稳定状态。在工程实际中，认为系统是不稳定的。

经过上述分析可以得出，线性系统稳定的充分必要条件是，系统闭环特征方程的根必须全部具有负实部，或者说，系统的闭环极点必须全部位于 s 平面的左半部。

3.5.3　稳定性判据

前面叙述了线性定常系统稳定的充分必要条件，根据该条件可以判断一个控制系统是否稳定。但是，应用这个条件来确定系统的稳定性时，必须知道所有特征根的值，这对高阶系统来说是非常困难的。能否不用求解代数方程的根，根据某些已知条件来判别系统是否稳定，这样的方法称为稳定性判据。由于线性定常系统的特征方程是代数方程，它的各次项系数全部为常系数，并与代数方程的根有密切关系。因此，基于代数方程各次项系数判别系统稳定性的判据称为代数稳定性判据。

研究代数稳定性判据的学者很多，他们从不同的角度提出了各种判别方法。其中著名有 1877 年由英国数学家 Routh 提出的劳斯判据和 1895 年由德国数学家 Hurwitz 提出的吉尔维茨判据。本书重点介绍劳斯判据，劳斯判据更适用于高阶系统的稳定性判定。

3.5.3.1　*劳斯稳定判据*

劳斯稳定判据是根据特征方程的系数，直接判断系统的绝对稳定性。它的应用只能限于有限项多项式中。设线性系统的特征方程为

$$a_0 s^n + a_1 s^{n-1} + \cdots + a_{n-1} s + a_n = 0$$

将其系数排列成劳斯表

$$\begin{array}{cccccc}
s^n & a_0 & a_2 & a_4 & a_6 & \cdots \\
s^{n-1} & a_1 & a_3 & a_5 & a_7 & \cdots \\
s^{n-2} & b_1 & b_2 & b_3 & b_4 & \cdots \\
s^{n-3} & c_1 & c_2 & c_3 & c_4 & \cdots \\
\vdots & \vdots & \vdots & \vdots & \vdots & \vdots \\
s^1 & d_1 & & & & \\
s^0 & e_1 & & & &
\end{array}$$

表中从第三行开始的系数根据下列公式求得

$$b_1=\frac{a_1a_2-a_0a_3}{a_1},\ b_2=\frac{a_1a_4-a_0a_5}{a_1},\ b_3=\frac{a_1a_6-a_0a_7}{a_1},\ \cdots$$

$$c_1=\frac{b_1a_3-a_1b_2}{b_1},\ c_2=\frac{b_1a_5-a_1b_3}{b_1},\ c_3=\frac{b_1a_7-a_1b_4}{b_1},\ \cdots$$

…… ……

劳斯稳定判据的内容如下：

① 特征方程的根都在 s 平面左半部的充分必要条件是：特征方程式的各项系数都为正值，且劳斯表中第一列元素都是正值。

② 劳斯表中第一列元素符号改变的次数等于特征方程位于 s 右半平面根的数目。

【例 3-6】 设系统特征方程为

$$D(s)=s^4+2s^3+3s^2+4s+5=0$$

试用劳斯稳定判据判定系统的稳定性。

解 列劳斯行列表（系数没有的用 0 代替）为

$$\begin{array}{llll}
s^4 & 1 & 3 & 5 \\
s^3 & 2 & 4 & 0 \\
s^2 & \frac{2\times3-1\times4}{2}=1 & \frac{2\times5-1\times0}{2}=5 & \\
s^1 & \frac{1\times4-2\times5}{1}=-6 & 0 & \\
s^0 & \frac{-6\times5-1\times0}{-6}=5 & &
\end{array}$$

由于劳斯行列表中的第一列元素符号改变 2 次，故该系统不稳定，且有 2 个正实部根。

在计算过程中，如果某些系数不存在，则在阵列中可以用 0 来取代，当某行乘以或除以一个正数时，其结果不会改变。

3.5.3.2 劳斯稳定判据的两种特殊情况

在应用劳斯稳定判据判断系统稳定性时，可能会遇到以下 2 种特殊情况，使得劳斯表的计算无法继续进行，需要进行相应的数学处理。

（1）劳斯表中某一行的第一列项为 0，但其余各项不为 0，或不全为 0

此时，可以用一个很小的正数 ε 代替这个零元素，并据此计算出数组中其余各项。如果劳斯表第一列中 ε 上、下各项的符号相同，则说明系统存在一对虚根，系统处于临界稳定状态；如果 ε 上、下各项的符号不同，表明有符号变化，则系统不稳定。

【例 3-7】 系统的特征方程为

$$s^3+2s^2+s+2=0$$

试用劳斯稳定判据判定系统的稳定性。

解 写劳斯行列表为

s^3	1	1
s^2	2	2
s^1	$0\approx\varepsilon$	
s^0	2	

由于$\varepsilon>0$，第一列系数没有变号，虽然没有s右半平面的根，但实际上存在一对虚根$s=\pm\mathrm{j}$，该系统临界稳定。

【例3-8】　系统的特征方程为

$$s^4+3s^3+s^2+3s+1=0$$

试用劳斯稳定判据判定系统的稳定性。

解　写劳斯行列表为

s^4	1	1	1
s^3	3	3	0
s^2	$0\approx\varepsilon$	1	
s^1	$3-\dfrac{3}{\varepsilon}$		
s^0	1		

由于ε为很小的正数，则$3-\dfrac{3}{\varepsilon}<0$，第一列符号改变2次，方程有2个正实部的根，系统是不稳定的。

(2) 劳斯表中出现全零行

这种情况表明系统存在一些绝对值相同，但符号相异的特征根。如存在2个大小相等符号相反的实根和(或)2个共轭虚根，或存在更多的这种大小相等，但在s平面上位置方向相反的根，可用该全零行上面一行的系数构成一个辅助方程式$A(s)=0$，将对辅助方程式求导后的系数来取代该全零行的元素，便可以按劳斯稳定判据的要求继续计算其余各行。s平面中这些大小相等、方向相反的根可以通过辅助方程式得到。

【例3-9】　系统的特征方程为

$$s^5+2s^4+24s^3+48s^2-25s-50=0$$

试用劳斯稳定判据判定系统的稳定性。

解　写劳斯行列表为

s^5	1	24	-25	
s^4	2	48	-50	→辅助多项式$2s^4+48s^2-50$
s^3	0	0		→对s求导
	8	96		构成新行←$8s^3+96s$
s^2	24	-50		
s^1	112.70			
s^0	-50			

可以看出，第一列符号改变1次，故有1个正实部的根。若通过解辅助多项式方程：$s^4+48s^2-50=0$，可得到等值反号的对称根：$s=\pm1$，$s=\pm5\mathrm{j}$。显然，系统不稳定的主

要原因是有1个正根，其次是有一对虚根。

3.5.3.3 劳斯稳定判据的应用

代数稳定判据主要用来判断系统的稳定性，同时也可以检验系统的稳定裕量、求解系统的临界参数、分析系统的结构参数对稳定性的影响、鉴别延迟系统的稳定性等，并从中可以得到一些重要的结论。

(1) 判断系统内部参数变化对稳定性的影响

【例 3-10】 已知系统的闭环传递函数

$$\Phi(s)=\frac{K}{s^3+3s^2+2s+K}$$

试确定使系统稳定的 K 值范围。

解 系统特征方程式为

$$s^3+3s^2+2s+K=0$$

写劳斯行列表为

$$\begin{array}{lcc} s^3 & 1 & 2 \\ s^2 & 3 & K \\ s^1 & \dfrac{6-K}{3} & \\ s^0 & K & \end{array}$$

为了使系统稳定，K 必须为正值，并且第一列中所有系数必须为正值，因此 $0<K<6$。由此可见，加大系统增益对系统的稳定性不利。$K=6$ 为临界稳定值，此时系统存在虚根，使系统变为持续的等幅振荡。

此题表明，某些系统在一定的参数范围内是稳定的，超出这个范围就不稳定了，这类系统称为条件稳定系统。但有些系统，无论如何调整其他参数，系统也不稳定，这类系统称为结构不稳定系统，如特征方程式缺项，或者出现负系数等。对于结构不稳定系统，必须采用校正措施才能改善其稳定性。

(2) 相对稳定性或稳定裕量

对一个系统只判定是否稳定是不够的，实际工作中常常因为工作条件改变，参数发生某些变化而导致系统工作不稳定。应该了解它有多少稳定裕量，即离临界稳定的边界有多少余量。稳定裕量表示了系统的相对稳定性。从 s 平面上来说，当虚轴左移 σ_1，若各极点仍在虚轴左边，使系统仍保持稳定工作，则 σ_1 即为稳定裕量。显然，σ_1 愈大，稳定度愈高，相对稳定性愈好。

劳斯稳定判据可以用来判定代数方程式中位于 s 平面上给定垂线 $s=-\sigma_1$ 右侧根的数目。只要令 $s=z-\sigma_1$，并代入原方程中，得到以 z 为变量的特征方程式，然后用劳斯判据去判别该方程中是否有根位于垂直线 $s=-\sigma_1$ 右侧。用此法可以估计一个稳定系统的各根中最靠近右侧的根距离虚轴有多远，从而了解系统稳定的程度。

【例 3-11】 若系统的传递函数为

$$G(s)=s^3+5s^2+8s+6=0$$

原系统稳定，判断是否有 $\sigma_1=1$ 的稳定裕量。

解 将 $s=z-\sigma_1$ 代入特征方程，经化简整理后

$$G(z)=z^3+2z^2+z+2=0$$

列出以 z 为变量的劳斯表

z^3	1	1
z^2	2	2
z^1	$0(\varepsilon)$	
z^0	2	

第一列系数全正，但有一行为 0，说明有一对虚根。

$$G'(z)=2z^2+2=0,\ z=\pm \mathrm{j}$$

说明原系统刚好有 $\sigma_1=1$ 的裕量。

$$G(s)=(s^2+2s+2)(s+3)$$

$$s_{1,2}=-1\pm \mathrm{j},\ s_3=-3$$

3.6　线性系统的稳态误差

控制系统的稳态误差是描述系统控制精度的一种度量，是控制系统重要的时域指标。任何一个系统只有当其稳定的时候才存在稳态误差。对于一个实际的系统，由于系统结构、输入作用类型(给定输入或扰动输入)、输入函数形式(阶跃、斜坡或抛物线)等不同，导致系统产生稳态误差(原理性稳态误差)。此外，控制系统中会不可避免地存在摩擦、间隙、不敏感区、零位输出等非线性因素，也会造成系统的稳态误差(结构性稳态误差)。一般来说，在阶跃信号输入作用下，如果系统没有稳态误差，则称之为无差系统；而把存在稳态误差的系统，称为有差系统。

本节的研究对象是线性控制系统原理性稳态误差，因此满足线性系统的叠加性。为了便于分析，本节将系统的稳态误差分为 2 类：给定作用下的稳态误差和扰动作用下的稳态误差。针对这 2 类问题，分别研究系统结构、输入作用等影响下系统的稳态误差及其计算方法。

3.6.1　误差与稳态误差

控制系统结构图一般可用图 3-17a 所示形式表示，经过等效变换可以化成图 3-17b 所示形式。通常对系统的误差有 2 种定义方法：按输入端定义和按输出端定义。

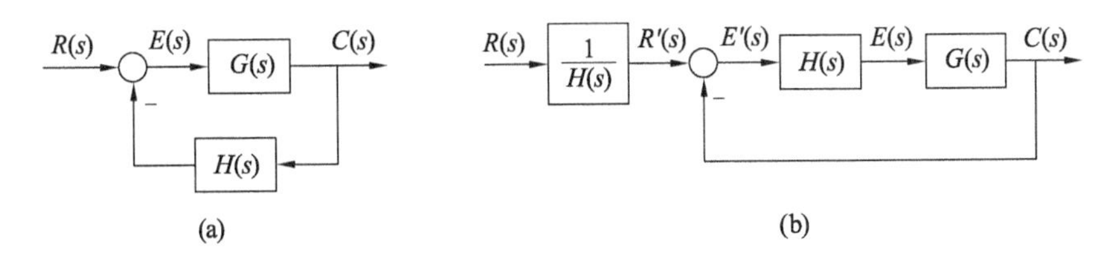

图 3-17　系统结构图

(1) 按输入端定义的误差，即把偏差定义为误差

$$E(s)=R(s)-H(s)C(s) \tag{3-56}$$

(2) 按输出端定义的误差

$$E'(s)=\frac{R(s)}{H(s)}-C(s) \tag{3-57}$$

按输入端定义的误差 $E(s)$(即偏差)通常是可测量的，有一定的物理意义，但其误差的理论含义不十分明显：按输出端定义的误差 $E'(s)$是“期望输出” $R'(s)$与实际输出 $C(s)$之差，比较接近误差的理论意义，但它通常不可测量，只有数学意义。两种误差定义之间存在如下关系：

$$E'(s)=\frac{E(s)}{H(s)} \tag{3-58}$$

对单位反馈系统而言，上述2种定义是一致的。除特别说明外，本书以后讨论的误差都是指按输入端定义的误差(即偏差)。

稳态误差通常有2种含义：一种是指时间趋于无穷时误差的值 $e_{ss}=\lim\limits_{t\to\infty}e(t)$，称为“静态误差”或“终值误差”；另一种是指误差 $e(t)$中的稳态分量 $e_s(t)$，称为“动态误差”。当误差随时间趋于无穷时，终值误差不能反映稳态误差随时间的变化规律，具有一定的局限性。

3.6.2 稳态误差的计算

计算稳态误差一般方法的实质是利用终值定理，它适用于各种情况下的稳态误差计算，既可以用于求给定输入作用下的稳态误差，也可用于求扰动作用下的稳态误差。具体计算分3步进行。

① 判定系统的稳定性。

稳定是系统正常工作的前提条件，系统不稳定时，求稳态误差没有意义。另外，计算稳态误差要用终值定理，终值定理应用的条件是除原点外，$sE(s)$在右半 s 平面及虚轴上解析。当系统不稳定，或 $R(s)$的极点位于虚轴上及虚轴右边时，该条件不满足。

② 求误差传递函数。

$$\Phi_{er}(s)=\frac{E(s)}{R(s)},\ \Phi_{en}(s)=\frac{E(s)}{N(s)} \tag{3-59}$$

③ 用终值定理求稳态误差。

$$e_{ss}=\lim_{s\to 0} s\left[\Phi_{er}(s)\ R(s)+\Phi_{en}(s)\ N(s)\right] \tag{3-60}$$

3.6.2.1 给定输入作用下稳态误差计算

如图3-18所示，对于给定输入作用下的稳态误差，假定扰动为0(即暂不考虑扰动输入情况)，结定误差可用 $e_{ss}=\lim\limits_{t\to\infty}e(t)$求得。但该式需要求系统在给定输入作用下的输出响应，对于高阶系统往往比较复杂，甚至无法求出，因此需寻求简便的方法。

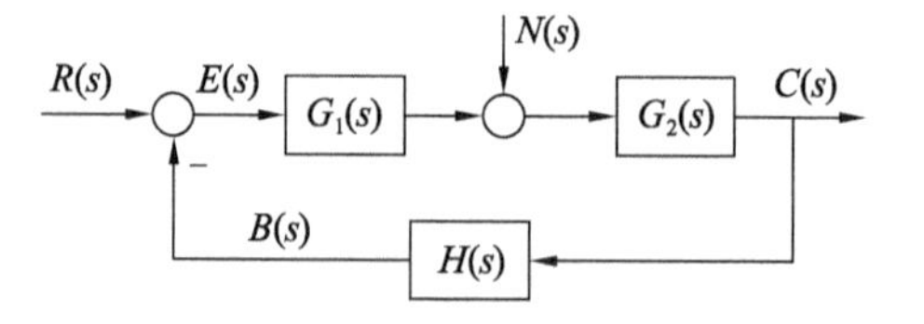

图3-18 典型控制系统结构图

由拉普拉斯终变换值定理可得

$$e_{ss}=\lim_{t\to\infty}e(t)=\lim_{s\to 0}sE(s) \tag{3-61}$$

误差传递函数为

$$\Phi_{er}(s)=\frac{E(s)}{R(s)}=\frac{1}{1+G_0(s)}$$

误差信号为

$$E(s)=\Phi_{er}(s)R(s)=\frac{R(s)}{1+G_0(s)} \tag{3-62}$$

稳态误差为

$$e_{ss}=\lim_{s\to 0}s\cdot\frac{R(s)}{1+G_0(s)} \tag{3-63}$$

由上式可知，系统的稳态误差与系统的结构、参数(即开环传递函数 $G_0(s)$)有关，还与给定输入信号的形式和大小有关。

设控制系统的开环传传递函数 $G_0(s)$的一般形式可写为

$$G_0(s)=\frac{K\prod_{i=1}^{m}(T_j s+1)}{s^v\prod_{i=1}^{n-1}(T_i s+1)} \tag{3-64}$$

将式(3-64)代入式(3-63)，整理可得系统稳态误差为

$$e_{ss}=\lim_{s\to 0}\frac{s^{v+1}}{s^v+K}R(s) \tag{3-65}$$

由式(3-65)可知，系统的稳态误差与系统的开环增益 K 和积分环节的个数 v 有关，还与给定输入信号有关。

为了便于讨论系统的稳态误差，可按系统中包含积分环节的数量来分类系统，将系统开环传递函数中包含积分环节的个数，称为系统的“型”。用“型”来区别系统，定量地将系统分为：

零型系统——系统没有积分环节(即 $v=0$)。

Ⅰ型系统——系统包含 1 个积分环节(即 $v=1$)。

Ⅱ型系统——系统包含 2 个积分环节(即 $v=2$)。

……　……

通常在实际控制系统中，Ⅲ型以上的系统是很少的。

根据式(3-61)可知，系统的稳态误差与给定输入有关，现分析计算系统对几种典型输入信号作用下的稳态误差。

(1) 阶跃函数输入

当输入为阶跃函数时，$r(t)=A\cdot 1(t)$，$R(s)=\frac{A}{s}$，A 为给定输入信号的幅值。由式(3-63)知稳态误差为

$$e_{ss}=\lim_{s\to 0}\frac{A}{1+G_0(s)}=\frac{A}{1+\lim_{s\to 0}G_0(s)}=\frac{A}{1+K_p} \tag{3-66}$$

式中：K_p——系统的静态位置误差系数，$K_p=\lim_{s\to 0}G_0(s)$。

式(3-66)清楚地表明，系统在阶跃信号作用下的稳态误差，与阶跃函数信号的大小 A 成正比，与静态位置误差系数成近似反比的关系。对型别不同的系统，静态位置误差系

数及稳态误差之间的关系为：

零型系统($v=0$)　$K_p=K$　$e_{ss}=\frac{A}{1+K}$

Ⅰ型系统($v=1$)　$K_p=\infty$　$e_{ss}=0$

Ⅱ型系统($v=2$)　$K_p=\infty$　$e_{ss}=0$

由上述分析可知，静态位置误差系数 K_p 的大小反映了系统在阶跃输入下的稳态精度，即跟随阶跃输入信号的能力，K_p 越大，稳态误差越小，稳态精度越高。同时，零型系统对阶跃输入信号的响应有误差，增大开环增益 K，可以减小稳态误差。如果要使系统对阶跃响应无误差，则系统至少要有一个积分环节，即阶跃输入要使稳态误差为 0，必须使用Ⅰ型或Ⅱ型系统，零型系统有误差。

(2) 斜坡函数输入

当输入为斜坡函数时，$r(t)=B\cdot t$，$R(s)=\frac{B}{s^2}$，B 为给定输入信号的幅值。由式(3-63)知稳态误差为

$$e_{ss}=\lim_{s\to 0}\frac{B}{s+sG_0(s)}=\frac{B}{\lim\limits_{s\to 0}sG_0(s)}=\frac{B}{K_v} \tag{3-67}$$

式中：K_v——系统的静态速度误差系数，$K_v=\lim\limits_{s\to 0}sG_0(s)$。

式(3-67)清楚地表明，系统在斜坡信号作用下的稳态误差与输入信号的幅值成正比，与静态速度误差系数成反比。对型别不同的系统，静态速度误差系数与稳态误差之间的关系为

零型系统($v=0$)　$K_v=0$　$e_{ss}=\infty$

Ⅰ型系统($v=1$)　$K_v=K$　$e_{ss}=\frac{B}{K}$

Ⅱ型系统($v=2$)　$K_v=\infty$　$e_{ss}=0$

Ⅲ型系统($v=3$)　$K_v=\infty$　$e_{ss}=0$

由上述分析可知，静态速度误差系数 K_v 的大小反映系统跟踪斜坡输入信号的能力，K_v 越大，稳态误差越小，系统的稳态精度越高。同时，零型系统不能跟随斜坡输入信号；Ⅰ型系统可以跟随，但是存在稳态误差，增大开环增益 K，可以减小稳态误差；如果要使系统对斜坡响应无误差，则系统至少要有 2 个积分环节，必须使用Ⅱ型或以上系统。

(3) 抛物线函数输入

当输入为抛物线函数时，$r(t)=C\cdot\frac{1}{2}t^2$，$R(s)=\frac{C}{s^3}$，$C$ 为给定输入信号的幅值。

由式(3-63)知稳态误差为

$$e_{ss}=\lim_{s\to 0}\frac{C}{s^2+s^2G_0(s)}=\frac{C}{\lim\limits_{s\to 0}s^2G_0(s)}=\frac{C}{K_a} \tag{3-68}$$

式中：K_a——系统的静态加速度误差系数，$K_a=\lim\limits_{s\to 0}s^2G_0(s)$。

式(3-68)清楚地表明，系统在抛物线信号作用下的稳态误差与输入信号的幅值成正比，与静态速度误差系数成反比。对型别不同的系统，静态加速度误差系数与稳态误差

之间的关系为：

零型系统($v=0$)　　$K_a=0$　　$e_{ss}=\infty$

Ⅰ型系统($v=1$)　　$K_a=0$　　$e_{ss}=\infty$

Ⅱ型系统($v=2$)　　$K_a=K$　　$e_{ss}=\dfrac{C}{K}$

Ⅲ型系统($v=3$)　　$K_a=\infty$　　$e_{ss}=0$

Ⅳ型系统($v=4$)　　$K_a=\infty$　　$e_{ss}=0$

由上述分析可知，静态加速度误差系数 K_a 的大小反映系统跟踪抛物线输入信号的能力，K_a 越大，跟随误差越小，稳态精度越高。同时，零型、Ⅰ型系统不能跟随抛物线输入信号；Ⅱ型系统可以跟随，但是存在稳态误差，增大开环增益 K，可以减小稳态误差；如果要使系统对抛物线响应无误差，系统至少要有 3 个积分环节。

综上所述，系统稳态误差与输入信号有关，与系统的型别和开环增益关系密切。系统的型别越高，稳态误差越小，稳态精度越高；系统的开环增益越大，稳态误差越小，稳态精度越高。但是，通过上面稳定性分析已知，系统的型别越高，开环增益越大，系统稳定性越差，甚至不稳定。表 3-5 列出了不同典型输入信号作用时各类系统的稳态误差和误差系数。

表 3-5　典型输入信号作用下的稳态误差和误差系数

系统型别	稳态误差系数			阶跃输入 $r(t)=A\cdot 1(t)$	斜坡输入 $r(t)=B\cdot t$	抛物线输入 $r(t)=\dfrac{C\cdot t^2}{2}$
	K_p	K_v	K_a	位置误差 $e_{ss}=\dfrac{A}{1+K_p}$	速度误差 $e_{ss}=\dfrac{B}{K_v}$	加速度误差 $e_{ss}=\dfrac{C}{K_a}$
零型	K	0	0	$\dfrac{A}{1+K}$	∞	∞
Ⅰ型	∞	K	0	0	$\dfrac{B}{K}$	∞
Ⅱ型	∞	∞	K	0	0	$\dfrac{C}{K}$

(4) 典型信号合成输入

当系统的输入由阶跃、斜坡和抛物线组成时，即

$$r(t)=A+Bt+\frac{1}{2}t^2C,\ R(s)=\frac{A}{s}+\frac{B}{s^2}+\frac{C}{s^3}$$

对这样的合成输入，除了可通过终值定理求出稳态误差外，还可以采用叠加原理，分别求出系统对阶跃、斜坡和抛物线输入下的稳态误差，然后再将所得结果叠加即可。

3.6.2.2　扰动作用下稳态误差计算

控制系统如图 3-18 所示，要求扰动误差，假设给定输入信号为 0(即暂不考虑给定输入，仅考虑扰动输入信号)。系统的扰动误差可以用 $e_{ss}=\lim\limits_{t\to\infty}e(t)$求得。

扰动误差传递函数

$$\Phi_{sn}(s)=\frac{E(s)}{N(s)}=\frac{-G_2(s)H(s)}{1+G_0(s)}$$

误差信号

$$E(s)=\Phi_{sn}(s)N(s)=\frac{-G_2(s)H(s)}{1+G_0(s)}\cdot N(s) \tag{3-69}$$

则扰动误差为

$$e_{ss}=\lim_{s\to 0}sE(s)=\lim_{s\to 0}\frac{-sG_2(s)H(s)}{1+G_0(s)}N(s) \tag{3-70}$$

式(3-70)清楚地表明，系统的扰动误差与系统的结构、参数有关，还与扰动信号$N(s)$的形式和大小有关，还与扰动信号作用在系统的位置有关。

3.6.2.3 给定输入加扰动信号同时作用下的稳态误差计算

实际控制系统中，给定输入和扰动往往是同时存在的。根据线性系统的叠加原理，可分别求出各自作用下的稳态误差值，然后相加，即

$$e_{ss}=e_{sr}+e_{sn} \tag{3-71}$$

由于作用在系统上的扰动方向会变化，因而，在实际设计中常取它们的绝对值相加作为系统的稳态误差，即

$$e_{ss}=|e_{sr}+e_{sn}| \tag{3-72}$$

【例 3-12】 控制系统如图 3-19 所示。已知输入信号 $r(t)=1(t)+2t+\frac{1}{2}t^2$，试求系统的稳态误差。

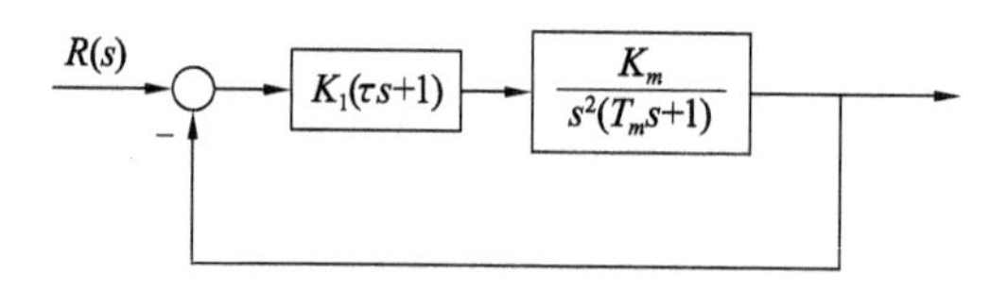

图 3-19 控制系统

解 第一步，判别稳定性。图中系统的闭环特征方程为

$$s^2(T_ms+1)+K_1K_m(\tau s+1)=0$$

$$T_ms^3+s^2+K_1K_m\tau s+K_1K_m=0$$

系统稳定条件：

① T_m、K_1、K_m 和 τ 均大于 0。

② 由劳斯表，第一列元素应大于 0，即

$$K_1K_m\tau-K_1K_mT_m>0$$

于是稳定条件为 $\tau>T_m$。

第二步，根据系统结构与稳态误差之间的关系，由于系统的开环传递函数中有 2 个积分环节，属Ⅱ型系统。由表 3-5 有

$$r_1=1(t)\text{ 输入时，}e_{ss1}=0$$

$$r_2=2t\text{ 输入时，}e_{ss2}=0$$

$$r_3=\frac{1}{2}t^2\text{ 输入时，}e_{ss3}=\frac{1}{K_1K_m}$$

所以，系统的稳态误差 $e_{ss}=e_{ss1}+e_{ss2}+e_{ss3}=\frac{1}{K_1K_m}$。

3.6.3 减小稳态误差的方法

通过上面的分析，可概括出为了减小系统给定或扰动作用下的稳态误差，一般采取以下几种方法：

(1) 增大系统的增益

通过以上分析计算可知，系统的稳态误差与系统的开环增益成反比，因此，增大系统的开环增益，将会减小系统的稳态误差；系统的扰动误差与扰动作用点至误差信号之间的增益成反比，因此，增大扰动作用点至误差信号之间的增益，将会减小系统的扰动误差。但是，由稳定性分析知道，增益不能任意增大，否则可能导致系统稳定性变差，甚至不稳定。所以，增大系统的增益是有限制的。

(2) 增加积分环节

通过以上分析计算可知，系统的稳态误差与系统前向通道包含积分环节的个数成反比，因此，增加系统前向通道积分环节的个数，将会消除系统的稳态误差；系统的扰动误差与扰动作用点至误差信号之间包含积分环节的个数成反比，因此，增加扰动作用点至误差信号之间积分环节的个数，将会消除系统的扰动误差。但是，由稳定性分析知道，积分环节不能任意增加，否则必将导致系统稳定性变差，甚至变为结构不稳定。因此，增加积分环节是有限制的。

(3) 复合控制补偿

上述方法对消除或减小系统误差是非常有效的，但是它们是有限制的，其主要原因是稳态误差与稳定性存在尖锐的矛盾，那么既要提高系统的精度，又不影响系统的稳定性，就需采用别的方法，其中补偿的方法是比较有效的方法之一。所谓补偿是指在作用于对象的控制信号中，除了偏差信号外，再引入与给定或扰动有关的补偿信号，用于补偿给定信号或扰动信号在输出产生的误差，以提高系统的控制精度，达到减小误差的目的，同时不能改变系统的稳定性。这种方法也称为前馈校正或复合控制。

① 给定补偿。由前面分析可知，系统的稳态误差与给定输入信号的形式和大小有关，如果引入给定输入信号的补偿信号，就可消除或减小由给定输入信号引起的误差，为了不影响系统的稳定性，必须在闭环以外引入补偿信号。

设系统的方框图如图 3-20a 所示，引入给定输入信号的补偿信号，方框图如图 3-20b 所示。

假定误差信号定义为

$$e(t)=r(t)-c(t)$$

由图 3-20b 可推得

$$\begin{aligned}E(s)&=R(s)-C(s)=R(s)\left[1-\frac{C(s)}{R(s)}\right]\\&=R(s)\left(1-\frac{G_1G_2(s)+G_c(s)G_2(s)}{1+G_2(s)G_1(s)}\right)=\frac{1-G_2(s)G_c(s)}{1+G_1(s)G_2(s)}\cdot R(s)\end{aligned}$$

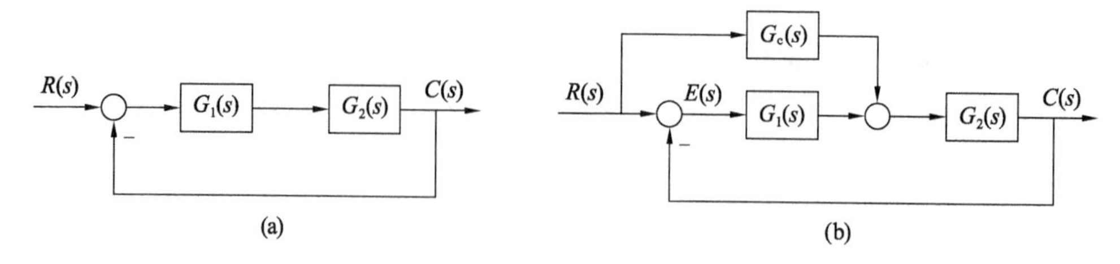

图 3-20　给定补偿控制系统方框图

根据终值定理可知，若要稳态误差为 0，也就是说系统在给定输入信号作用时输出无稳态误差，可得

$$G_C(s)=\frac{1}{G_2(s)} \tag{3-73}$$

综上所述，若要求系统的稳态误差为 0，即输出完全再现输入，不存在误差，引入的补偿环节的传递函数应为补偿信号作用点之后传递函数的倒数。这种误差完全补偿的作用称为全补偿。式(3-73)称为输出量对给定作用的不变性条件或全补偿条件，即若满足式(3-73)，任何输入在输出时都不会产生误差，而且这种补偿并不影响系统的稳定性。

② 扰动补偿。由前面的分析可知，系统的扰动误差与扰动作用的形式和大小有关，如果引入扰动信号的补偿信号，就可消除扰动作用在输出引起的误差，同时不影响系统的稳定性。

设系统的方框图如图 3-21a 所示，若扰动信号是可以测量的(直接测量或间接测量)，引入扰动信号的补偿信号，如图 3-21b 所示。

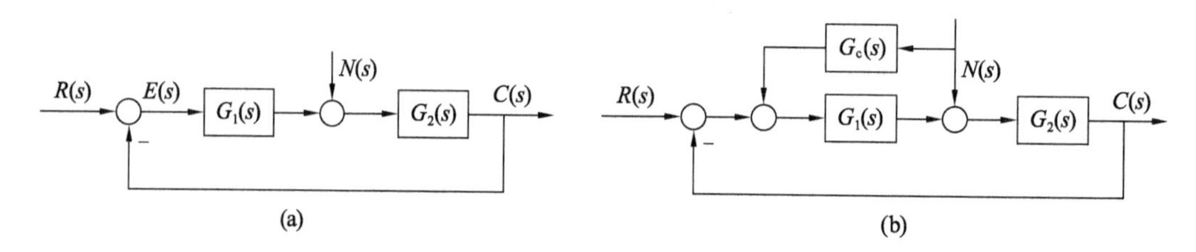

图 3-21　扰动补偿控制系统方框图

系统的误差信号定义为

$$e(t)=r(t)-c(t)$$

根据叠加原理，仅考虑扰动信号时

$$E(s)=R(s)-C(s)\xlongequal{\text{令 } R(s)=0}-C(s)$$

系统的误差传递函数为

$$\frac{E(s)}{N(s)}=-\frac{C(s)}{N(s)}=-\frac{G_2(s)+G_1(s)G_2(s)G_c(s)}{1+G_1(s)G_2(s)}$$

即

$$E(s)=-\frac{G_2(s)+G_1(s)G_2(s)G_c(s)}{1+G_1(s)G_2(s)}\cdot N(s)$$

由终值定理可知，若要求扰动误差为 0，就要求 $E(s)=0$，可得

$$G_c(s) = -\frac{1}{G_1(s)} \tag{3-74}$$

综上所述，若要求系统的扰动误差为 0，即系统输出量不受扰动信号的影响，引入的补偿环节的传递函数应为扰动作用点之前的传递函数的负倒数。式(3-74)称为系统的输出量对扰动信号的不变性条件或全补偿条件。即若满足式(3-74)，任何扰动在输出都不会产生误差，而且这种补偿并不影响系统的稳定性。必须注意的是，扰动补偿消除误差的方法应在扰动信号可测量的条件下方可实现。

应当指出的是，上述 2 种补偿方法都能完全消除由输入信号引起的系统误差，又不影响系统的稳定性，在理论上是非常完美的。然而，在实际系统中要真正达到全补偿条件是很困难的，甚至是不可能的，其主要原因是所使用的数学模型大多数是近似的。但实践证明，即使进行部分补偿，往往也能取得比较显著的效果，通常用于要求非常高的场合。

3.7　MATLAB 时域分析应用

3.7.1　稳定性分析

线性系统稳定的充分必要条件是：闭环系统特征方程的所有根均具有负实部。在 MATLAB 中可以调用 roots 命令求取特征根，进而判别系统的稳定性。

命令格式：p=roots(den)

其中 den 为特征多项式降幂排列的系数向量，p 为特征根。

3.7.2　动态性能分析

(1) 单位阶跃响应

命令格式：y=step(sys，t)

当不带输出变量 y 时，step 命令可直接绘制阶跃响应曲线；t 用于设定仿真时间，可缺省。

(2) 单位脉冲响应

命令格式：y=impulse(sys，t)

当不带输出变量 y 时，impulse 命令可直接绘制脉冲响应曲线；t 用于设定仿真时间，可缺省。

(3) 任意输入响应

命令格式：y=lsim(sys，u，t，x0)

当不带输出变量 y 时，lsim 命令可直接绘制响应曲线；其中 u 表示输入，x0 用于设定初始状态，默认为 0，t 用于设定仿真时间，可缺省。

(4) 零输入响应

命令格式：y=initial(sys，x0，t)

Initial 命令要求系统 sys 为状态空间模型。当不带输出变量 y 时，initial 命令可直接绘制响应曲线；其中 x0 用于设定初始状态，默认为 0，t 用于设定仿真时间，可缺省。

3.7.3 综合应用

【例 3-13】 已知系统的闭环传递函数为 $\Phi(s)=\dfrac{16}{s^2+8\zeta s+16}$，其中 $\zeta=0.707$，求二阶系统的单位脉冲响应、单位阶跃响应和单位斜坡响应。

解 MATLAB 文本如下：

```
zeta=0.707; num=[16]; den=[1 8*zeta 16];
sys=tf(num, den);
p=roots(den);
t=0:0.01:3;
figure (1)
impulse(sys, t); grid
xlabel('t'); ylabel('c(t)'); title('impulse response');
figure (2)
step(sys, t); grid
xlabel('t'); ylabel('c(t)'); title('step response');
figure (3)
u=t;
lsim(sys, u, t, 0); grid
xlabel('t'); ylabel('c(t)'); title('ramp response');
```

在 MATLAB 中运行上述 M 文本后系统的特征根为 $-0.2820\pm2.8289\mathrm{j}$，系统稳定。系统的单位脉冲响应、单位阶跃响应、单位斜坡响应分别如图 3-22、图 3-23、图 3-24 所示。在 MATLAB 运行得到的图 3-23 中，右击鼠标可得系统超调量 $\sigma\%=4.33\%$，上升时间 $t_r=0.537$，调节时间 $t_s=1.49(\Delta=2\%)$。

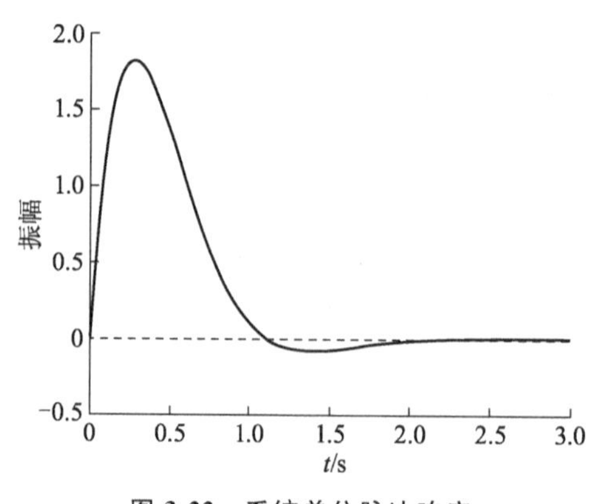

图 3-22 系统单位脉冲响应

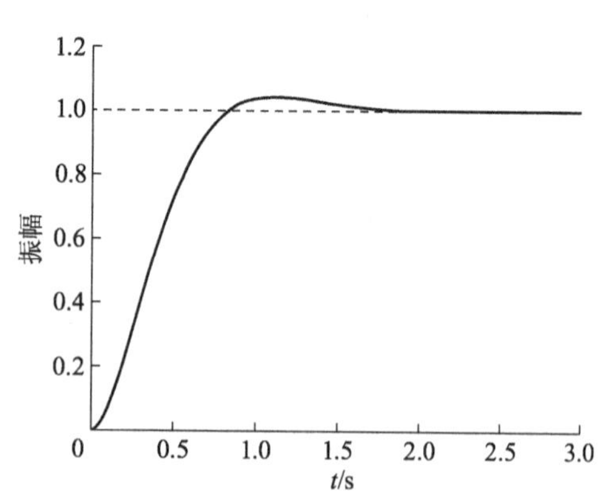

图 3-23 系统单位阶跃响应

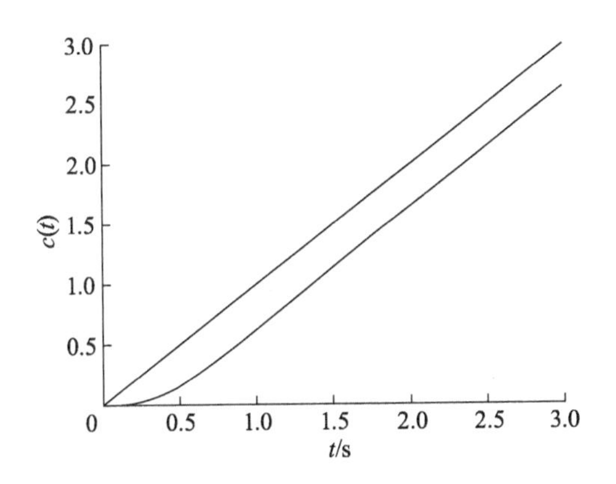

图 3-24　系统单位斜坡响应

习　题

3-1　已知一阶环节的传递函数为 $G(s)=\frac{20}{0.1s+1}$，若采用反馈的方法（见图 3-25），将调整时间 t_s 减小为原来的 1/20，并且保证总的放大系数不变，试选择 K_H 和 K_0 的值。

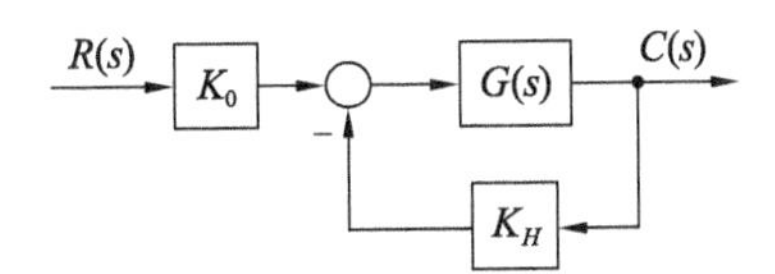

图 3-25　系统结构图

3-2　设一单位反馈控制系统的开环传递函数为

$$G_0(s)=\frac{K}{s(0.1s+1)}$$

试分别求出当 $K=10$ 和 $K=20$ 时系统的阻尼比 ζ，无阻尼自然频率 ω_n，单位阶跃响应的超调量 $\sigma\%$ 及峰值时间 t_p，并讨论 K 的大小对系统性能指标的影响。

3-3　机器人控制系统结构图如图 3-26 所示。试确定参数 K_1，K_2 值，使系统阶跃响应的峰值时间 $t_p=0.5$ s，超调量 $\sigma\%=2\%$。

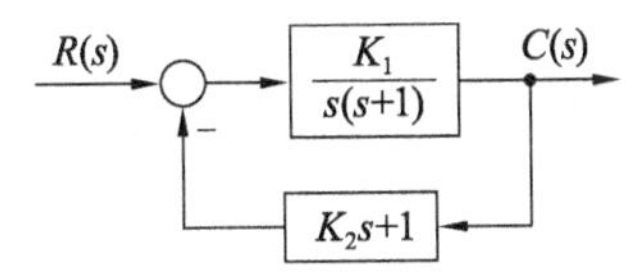

图 3-26　控制系统结构图

3-4　有一位置随动系统，结构图如图 3-27 所示，$K=40$，$\tau=0.1$。

(1) 求系统的开环和闭环极点；

(2) 当输入量 $r(t)$ 为单位阶跃函数时，求系统的自然振荡频率 ω_n，阻尼比 ζ 和系统的动态性能指标 t_r，t_s，$\sigma\%$。

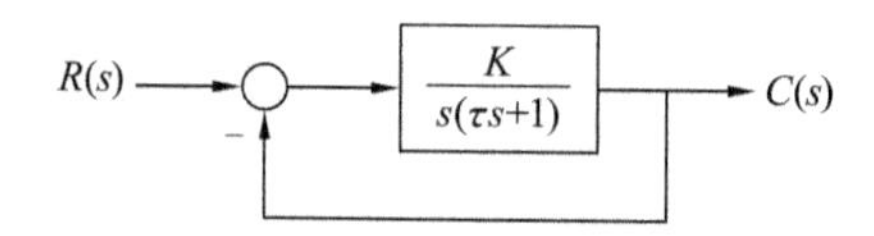

图 3-27 位置随动系统结构图

3-5 已知系统的结构图如图 3-28 所示，若 $r(t)=2\times 1(t)$，试求：

(1) 当 $k_f=0$ 时，系统的超调量 $\sigma\%$ 和调节时间 t_s；

(2) 当 $k_f\neq 0$ 时，若要使 $\sigma\%=20\%$，k_f 应为多大？此时的调节时间 t_s 为多少？

(3) 比较上述 2 种情况，说明内反馈 $k_f s$ 的作用？

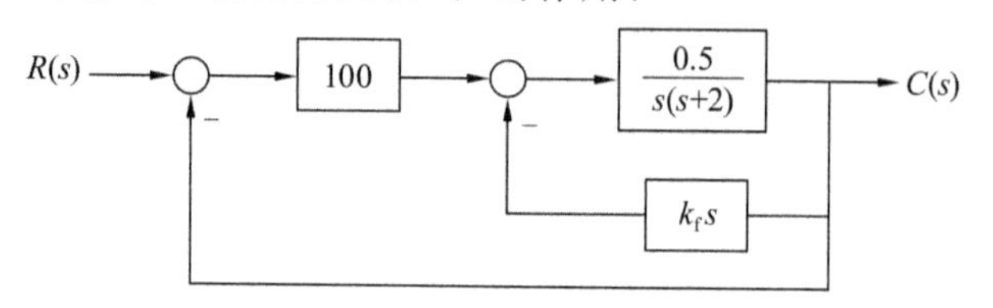

图 3-28 习题 3-5 系统结构图

3-6 试用代数判据确定具有下列特征方程的系统的稳定性：

(1) $s^3+20s^2+9s+100=0$；

(2) $s^3+20s^2+9s+200=0$；

(3) $3s^4+10s^3+5s^2+s+2=0$。

3-7 试确定图 3-29 所示系统的稳定性。

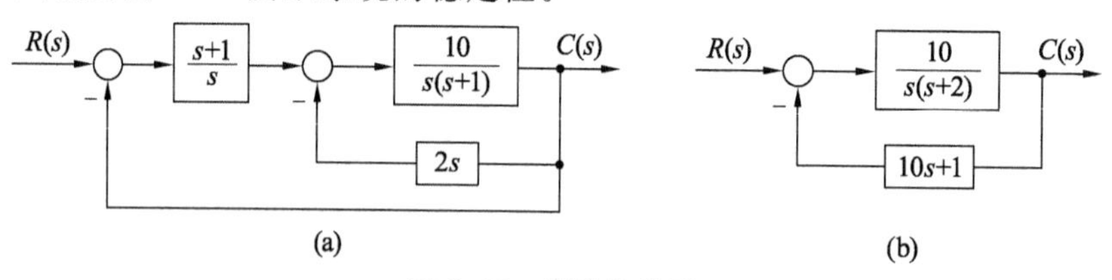

图 3-29 系统结构图

3-8 已知单位反馈系统的开环传递函数为

$$G_0(s)=\frac{K}{s(0.01s^2+0.2\zeta s+1)}$$

试求系统稳定时，参数 K 和 ζ 的取值关系。

3-9 已知单位反馈控制系统开环传递函数如下，试分别求出当输入信号为 $1(t)$，t 和 t^2 时系统的稳态误差。

(1) $G_0(s)=\dfrac{10}{(0.1s+1)(0.5s+1)}$；

(2) $G_0(s)=\dfrac{7(s+3)}{s(s+4)(s^2+2s+2)}$；

(3) $G_0(s)=\dfrac{8(0.5s+1)}{s^2(0.1s+1)}$。

3-10 设单位反馈系统的开环传递函数

$$G_0(s)=\frac{100}{s(0.1s+1)}$$

试求当输入信号 $r(t)=1+2t$ 时，系统的稳态误差。

3-11　系统如图 3-30a 所示，其单位阶跃响应 $c(t)$ 如图 3-30b 所示，系统的位置误差 $e_{ss}=0$，试确定 K，v 与 T 值。

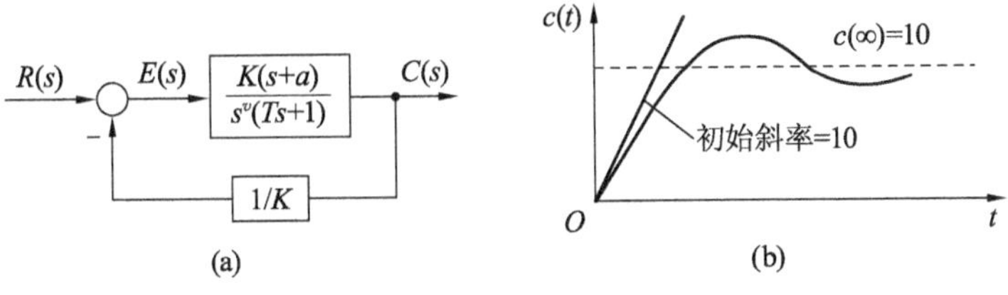

图 3-30　系统结构图

3-12　系统结构图如图 3-31 所示，要求：

(1) 扰动 $n(t)=5t$，稳态误差为 0；

(2) 输入 $r(t)=2t$ rad/s，稳态误差不大于 0.2 rad。

试各设计一个零极点形式最简单的控制器 $G_c(s)$ 的传递函数，以满足上述各自的要求，并确定 $G_c(s)$ 中各参数可选择的范围。

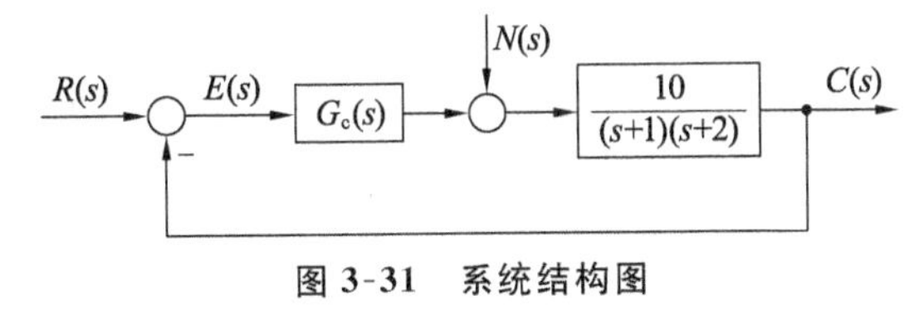

图 3-31　系统结构图

第 4 章　控制系统的根轨迹绘制及分析

因为 s 平面上的闭环特征根的位置分布对闭环系统性能的影响很大，所以通过改变闭环特征根的位置，就可以调整闭环系统的响应，使之具有预期的性能。因此，掌握系统参数变化对闭环特征根在 s 平面上位置的影响关系是非常有用的。根轨迹法就是利用参数与特征根关系分析和设计控制系统的一种非常简便的图解方法。

4.1　根轨迹的基本概念

根轨迹是分析和设计线性定常控制系统的图解方法，使用十分简便，特别在进行多回路系统的分析时，应用根轨迹法更为方便，因此在工程实践中获得了广泛应用。本节主要介绍根轨迹的基本概念，根轨迹与系统性能之间的关系，并从闭环零点、闭环极点与开环零点、开环极点之间的关系推导出根轨迹方程，然后将向量形式的根轨迹方程转化为常用的相角条件和模值条件形式，最后应用这些条件绘制简单系统的根轨迹。

4.1.1　根轨迹概念

根轨迹简称根迹，它是开环系统某一参数(如根轨迹增益、开环零点、开环极点等)从 0 变到无穷时，闭环系统特征方程式的根在 s 平面上变化的轨迹。

当闭环系统没有零点与极点相消时，闭环特征方程式的根就是闭环传递函数的极点，常简称为闭环极点。因此，从已知的开环零点、开环极点位置及某一变化的参数来求取闭环极点的分布，实际上就是解决闭环特征方程式的求根问题。

为了具体说明根轨迹的概念，设控制系统如图 4-1 所示，其闭环传递函数为

$$\Phi(s)=\frac{C(s)}{R(s)}=\frac{2K}{s^2+2s+2K}$$

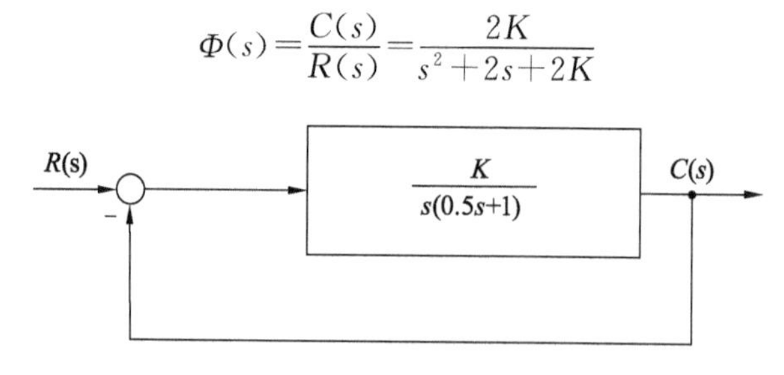

图 4-1　控制系统

开环极点有 2 个，无开环零点。

$$s_1=0,\ s_2=-2$$

于是特征方程式可写为

$$s^2+2s+2K=0$$

显然，闭环特征方程式的根是

$$s_1=-1+\sqrt{1-2K}$$

$$s_2=-1-\sqrt{1-2K}$$

从上式可以看出，由于系统开环增益 K 的不确定，闭环极点也不确定，即闭环系统的极点随着系统的某一参数的变化而变化，将这种关系以图示的方式表达出来，该图即为系统的根轨迹图。

如果令开环增益 K 从 0 变到无穷，如表 4-1 所示，可以用解析的方法求出闭环极点的全部数值，将这些数值标注在平面 s 上，并连成光滑的粗实线。

当 $0<K<0.5$ 时，s_1 和 s_2 为互不相等的 2 个实根。

当 $K=0.5$ 时，$s_1=s_2=-1$，为相等的 2 个实根。

当 $K>0.5$ 时，s_1 和 s_2 为共轭复数根，实部为 -1，虚部为 $\pm\sqrt{2K-1}\mathrm{j}$。

如图 4-2 所示。图中粗实线就称为系统的根轨迹，根轨迹上的箭头表示随着 K 值的增加，根轨迹的变化趋势，而标注的数值则表示与闭环极点位置相应的开环增益 K 的数值。

表 4-1　增益 K 与闭环系统的极点关系(解析法)

K	s_1	s_2
0	0	-2
0.5	-1	-1
1.0	$-1+\mathrm{j}$	$-1-\mathrm{j}$
2.5	$-1+2\mathrm{j}$	$-1-2\mathrm{j}$
…	…	…

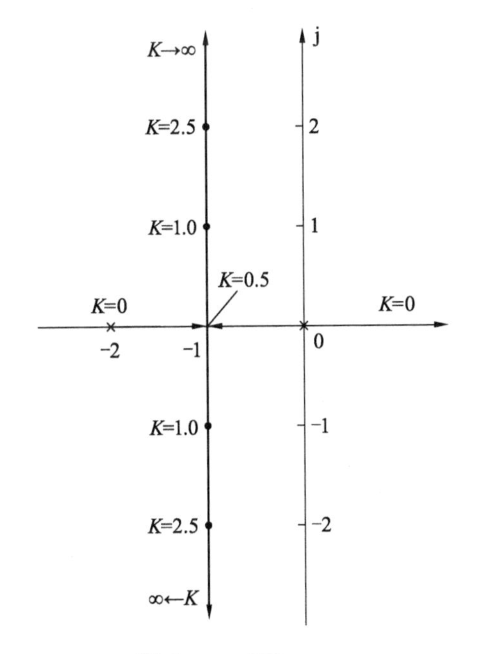

图 4-2　$\dfrac{C(s)}{R(s)}=\dfrac{2K}{s^2+2s+2K}$ 的根轨迹图

4.1.2 根轨迹与系统性能

有了根轨迹图，可以立即分析系统的各种性能。下面以图 4-2 为例进行说明。

（1）稳定性

当开环增益从 0 增大到无穷时，图 4-2 上的根轨迹不会越过虚轴进入右半 s 平面，因此系统对所有的 K 值都是稳定的，这与在第 3 章所得出的结论完全相同。如果分析高阶系统的根轨迹图，那么根轨迹有可能越过虚轴进入右半 s 平面，此时根轨迹与虚轴交点处的 K 值，就是临界开环增益。

（2）稳态性能

由图 4-2 可见，开环系统在坐标原点有一个极点，所以系统属Ⅰ型系统。如果给定系统的稳态误差要求，则由根轨迹图可以确定闭环极点位置的容许范围。在一般情况下，根轨迹图上标注出来的参数不是开环增益，而是根轨迹增益。开环增益和根轨迹增益之间仅相差一个比例常数，很容易进行换算。对于其他参数变化的根轨迹图，情况是类似的。

（3）动态性能

由图 4-2 可见，当 $0<K<0.5$ 时，所有闭环极点位于实轴上，系统为过阻尼系统，单位阶跃响应在非周期过程；当 $K=0.5$ 时，2 个闭环实数极点重合，系统为临界阻尼系统，单位阶跃响应仍为非周期过程，但响应速度较 $0<K<0.5$ 情况快；当 $K>0.5$ 时，闭环极点为复数极点，系统为欠阻尼系统，单位阶跃响应为阻尼振荡过程，且超调量将随 K 值的增大而增大，但调节时间的变化不显著。

上述分析表明，根轨迹与系统性能之间有着比较密切的联系。然而，对于高阶系统，用解析的方法绘制系统的根轨迹图显然是不适用的。希望我们能有简便的图解方法，可以根据已知的开环传递函数迅速绘出闭环系统的根轨迹。为此，需要研究闭环零点、闭环极点与开环零点、开环极点之间的关系。

4.2 根轨迹增益及根轨迹方程

4.2.1 根轨迹增益

对于一个控制系统，其开环系统的零点、极点是已知的，如果能建立起开环和闭环系统之间的零点、极点关系，并建立开环增益与根轨迹之间的关系，就可以更准确地绘制根轨迹图。

图 4-3 所示为一个控制系统的框图，从该框图中，可得其闭环传递函数为

$$\Phi(s)=\frac{C(s)}{R(s)}=\frac{G(s)}{1+G(s)H(s)} \tag{4-4}$$

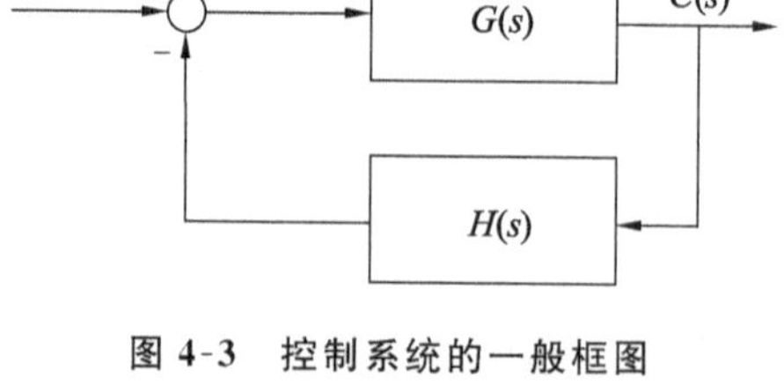

R(s)

−

G(s)

C(s)

H(s)

图 4-3 控制系统的一般框图

将 $G(s)$和 $H(s)$分别写为

$$G(s)=K_G\frac{\prod_{i=1}^{k}(\tau_i s+1)\prod_{j=1}^{l}(\tau_j^2 s^2+2\zeta_j\tau_j s+1)}{\prod_{i=1}^{r}(T_i s+1)\prod_{j=1}^{s}(T_j^2 s^2+2\zeta_j T_j s+1)} \tag{4-5}$$

$$H(s)=K_H\frac{\prod_{i=1}^{h}(\tau_i s+1)\prod_{j=1}^{t}(\tau_j^2 s^2+2\zeta_j\tau_j s+1)}{\prod_{i=1}^{f}(T_i s+1)\prod_{j=1}^{g}(T_j^2 s^2+2\zeta_j T_j s+1)} \tag{4-6}$$

以上两式中 K_G，K_H 分别为前向通道和反馈通道的增益。现将以上两式分别改写成

$$G(s)=K_G^*\frac{\prod_{j=1}^{u}(s-z_j)}{\prod_{i=1}^{v}(s-p_i)} \tag{4-7}$$

其中，$u=k+2l, v=r+2s$，

$$K_G^*=K_G\frac{\prod_{i=1}^{k}\tau_j\prod_{j=1}^{l}\tau_j^2}{\prod_{i=1}^{r}T_i\prod_{j=1}^{s}T_j^2} \tag{4-8}$$

$$H(s)=K_H^*\frac{\prod_{j=1}^{p}(s-z_j)}{\prod_{i=1}^{q}(s-p_i)} \tag{4-9}$$

其中，$p=h+2t$，$q=f+2g$，

$$K_H^*=K_H\frac{\prod_{i=1}^{h}\tau_j\prod_{j=1}^{t}\tau_j^2}{\prod_{i=1}^{q}T_i\prod_{j=1}^{g}T_j^2} \tag{4-10}$$

故图 4-3 所示系统的开环传递函数为

$$G_0(s)=G(s)H(s)=K_G^*\frac{\prod_{j=1}^{u}(s-z_j)}{\prod_{i=1}^{v}(s-p_i)}\times K_H^*\frac{\prod_{j=1}^{p}(s-z_j)}{\prod_{i=1}^{q}(s-p_i)}\overset{\text{def}}{=}K^*\frac{\prod_{j=1}^{u}(s-z_j)\prod_{j=1}^{p}(s-z_j)}{\prod_{i=1}^{v}(s-p_i)\prod_{i=1}^{q}(s-p_i)}$$

$$=K^*\frac{\prod_{j=1}^{m}(s-z_j)}{\prod_{i=1}^{n}(s-p_i)} \tag{4-11}$$

式中：$m=u+p$，$n=v+q$，$K^*=K_G^*K_H^*$。

在式(4-11)中，K^* 为根轨迹增益，K_G^* 为前向通道的根轨迹增益，K_H^* 为反馈通道的根轨迹增益。

将式(4-7)和式(4-11)代入式(4-4)中，可得

$$\Phi(s)=\frac{K_G^*\prod_{j=1}^{u}(s-z_j)\prod_{i=1}^{q}(s-p_i)}{\prod_{i=1}^{n}(s-p_i)+K^*\prod_{j=1}^{m}(s-z_j)} \tag{4-12}$$

由式(4-12)可得到如下结论：

① 闭环系统的根轨迹增益等于开环系统前向通道的根轨迹增益；对于单位反馈系统而言，闭环系统的根轨迹增益就等于开环系统的根轨迹增益。

② 闭环系统的零点由前向通道的零点和反馈通道的极点组成。

③ 闭环系统的极点则与前向通道的零点和极点、根轨迹增益及反馈通道的零点有关。

4.2.2 根轨迹方程

根轨迹方程在根轨迹分析中占有重要地位，根轨迹分析及根轨迹绘制的基本规则均是从根轨迹方程中演变而来的，深切理解其中的含义对于熟练掌握和运用根轨迹分析法很有必要。

图4-4所示为一个负反馈系统，从图中可以求出系统的闭环传递函数。现令其特征方程为0，则

$$D(s)=1+G(s)H(s)=0 \tag{4-13}$$

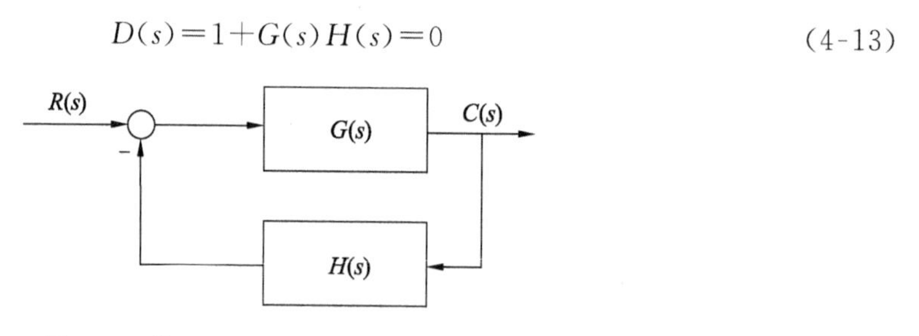

图4-4 带可变参数K的闭环控制系统

该式表明位于 s 平面内的所有系统特征根必须满足式(4-13)。将式(4-11)代入式(4-13)可得

$$D(s)=1+G(s)H(s)=1+K^*\frac{\prod_{j=1}^{m}(s-z_j)}{\prod_{i=1}^{n}(s-p_i)}=0 \tag{4-14}$$

式(4-14)也可以写成

$$-K^*=\frac{\prod_{i=1}^{n}(s-p_i)}{\prod_{j=1}^{m}(s-z_j)} \tag{4-15}$$

将开环传递函数表示成零点、极点形式，即

$$G_0(s)=G(s)H(s)=K^*\frac{\prod_{j=1}^{m}(s-z_j)}{\prod_{i=1}^{n}(s-p_i)},i=1,2,\cdots,n;j=1,2,\cdots,m;n\geqslant m$$

式中：z_j，p_i——开环传递函数的零点、极点；

K^*——系统的开环根轨迹增益。

将其代入闭环特征方程 $1+G(s)H(s)=0$ 中，整理得到系统的根轨迹方程为

$$K^*\frac{\prod_{j=1}^{m}(s-z_j)}{\prod_{i=1}^{n}(s-p_i)}=-1$$

4.3　绘制根轨迹基本条件及基本原则

4.3.1　绘制根轨迹的基本条件

由根轨迹方程

$$K^*\frac{\prod_{j=1}^{m}(s-z_j)}{\prod_{i=1}^{n}(s-p_i)}=-1, i=1,2,\cdots,n; j=1,2,\cdots,m; n\geqslant m \tag{4-16}$$

式中：z_j，p_i——开环传递函数的零点、极点；

K^*——系统的开环根轨迹增益。

可得幅值条件为

$$|G(s)H(s)|=K^*$$

$$K^*=\frac{\prod_{i=1}^{n}|s-p_i|}{\prod_{j=1}^{m}|s-z_j|} \tag{4-17}$$

相角条件为

$$\angle(G(s)H(s))=\pm 180^\circ(2k+1), k=0, 1, 2, \cdots$$

$$\sum_{j=0}^{m}\angle(s-z_j)-\sum_{i=0}^{n}\angle(s-p_i)=\sum_{j=0}^{m}\angle\alpha_j-\sum_{i=0}^{n}\angle\beta_i=\pm 180^\circ(2k+1), k=0,1,2,\cdots \tag{4-18}$$

式中：α_j——开环零点到 s 的矢量相角；

β_i——开环极点到 s 的矢量相角。在测量相角时，规定以逆时针方向为正。

相角条件是根轨迹存在的充分必要条件。幅值条件主要用来确定根轨迹上的各点对应的增益值。由根轨迹的相角条件可知，根据系统的开环零点、开环极点就可以绘制系统的根轨迹。利用幅值条件可以确定根轨迹上任一点对应的根轨迹增益。其中，规定从实轴正方向沿逆时针方向转动到该矢量所围成的夹角为相角的正方向。

【例 4-1】　已知开环系统的传递函数为

$$G_0(s)=\frac{K_g(s+z_1)}{s(s+p_2)(s+p_1)}=0$$

其中，$-z_1$ 为开环零点，0，$-p_1$，$-p_2$ 为开环极点。设 $-s_0$ 为该闭环系统的一个闭环极点，求其相应传递系数 K_{g0}。

解 在 s 平面上以符号"×"表示开环极点，"○"表示开环零点。该系统有 3 个开环极点和 1 个开环零点，如图 4-5 所示。设 $-s_0$ 是闭环极点，以符号"▽"表示，根据相角条件，在图 4-5 上量的各相角必满足

$$\alpha_1-\beta_1-\beta_2-\beta_3=\pm 180^\circ(2k+1),\ k=1,2,3,\cdots$$

再按照幅值条件求得 $-s_0$ 点的根轨迹开环传递函数系数为

$$K_{g0}=\frac{L_1L_2L_3}{l_1}$$

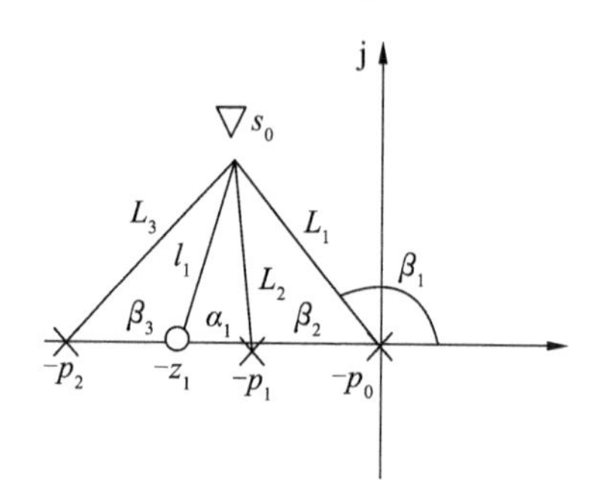

图 4-5 系统的极点、零点

【例 4-2】 图 4-6 所示为一个典型的二阶系统结构图，求该系统的根轨迹。

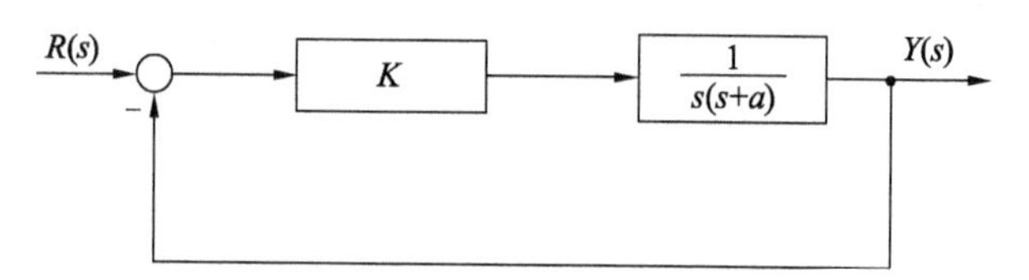

图 4-6 单位反馈闭环系统

解 从图 4-6 中可以看出，设系统 K 为常数，a 为可变参数，其闭环特征方程为

$$1+KG(s)=1+\frac{K}{s(s+a)}=0 \tag{4-19}$$

即

$$s^2+as+K=0 \tag{4-20}$$

将式(4-20)改写成式(4-13)的标准形式，即

$$1+\frac{as}{s^2+K}=0 \tag{4-21}$$

即

$$\frac{as}{s^2+K}=-1$$

在此根轨迹上任选一点 s_1，根据幅值条件可得

$$\frac{a|s_1|}{|s_1^2+K|}=1 \tag{4-22}$$

根据相角条件又可得

$$\angle s_1-\angle(s_1+\mathrm{j}K)-\angle(s_1-\mathrm{j}K)=(2k+1)\pi,\ k=0,\ \pm 1,\ \pm 2 \tag{4-23}$$

理论上，可以通过式(4-23)确定 s 平面内满足特征方程式(4-21)条件的根轨迹图(见

图 4-7)。当给定一点 s_1 时，参数在该点的值可由式(4-22)求得

$$a=\frac{|s_1-\mathrm{j}\sqrt{K}||s_1+\mathrm{j}\sqrt{K}|}{|s_1|} \tag{4-24}$$

得到如图 4-7 所示的根轨迹后，就可以知道在任何增益下闭环极点的位置，从而大致预言闭环系统的性质。譬如说，在实轴上的点 $s_2=\sigma_2$ 处，闭环 2 个极点重合，系统处于临界阻尼状态，此时，参数 a 的值为

$$a=\frac{|\sigma_2-\mathrm{j}\sqrt{K}||\sigma_2+\mathrm{j}\sqrt{K}|}{|\sigma_2|}=\frac{\sigma_2^2+K}{\sigma_2} \tag{4-25}$$

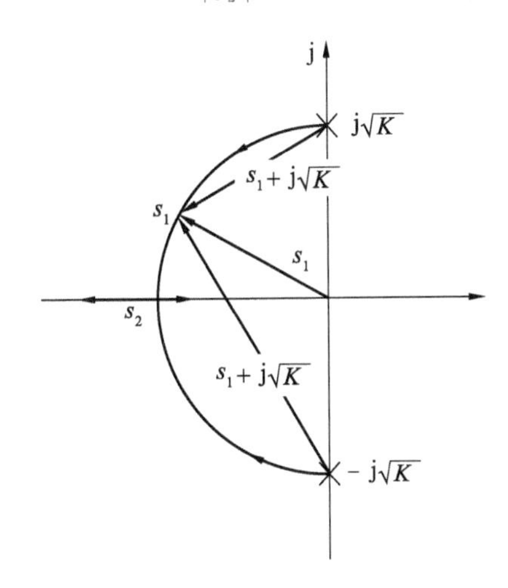

图 4-7　单位反馈的根轨迹图

当 a 超过上述临界值时，闭环系统具有 2 个不同的实极点，一个大于 σ_2，另一个小于 σ_2，此时的系统变成过阻尼系统；当 a 小于临界值时，闭环系统具有一对共轭极点，此时的系统是欠阻尼系统。因此，对于标准的二阶系统而言，可从闭环极点的位置大致得知系统阶跃响应的主要动态指示。

4.3.2　绘制根轨迹的基本规则

下面简单介绍以开环传递系数为可变参量的常规根轨迹的绘制规则。

规则 1　根轨迹的连续性和对称性。当参数变量 K 从 $0\to\infty$ 连续变化时，代数方程的根也连续变化，所以特征方程的根轨迹是连续的。实际的物理系统的特征方程的系数是实数，其特征根必定是实数或者是共轭复数，因此根轨迹必然对称于实轴。

规则 2　根轨迹的分支数与开环有限零点数 m 和有限极点数 n 中的大者相等。

$$\text{分支数}=\max(m,\ n)$$

规则 3　根轨迹的起点和终点。根轨迹起于开环极点，终于开环零点。

规则 4　根轨迹在实轴上的分布。实轴上的某一区域，若其右边开环实数零点、极点个数之和为奇数，则该区域必是根轨迹。

规则 5　根轨迹的渐近线。当开环有限极点数 n 大于有限零点数 m 时，有 $n-m$ 条根轨迹分支沿着与实轴交角为 φ_a、交点为 σ_a 的一组渐近线趋向无穷远处，且有

$$\varphi_a=\frac{(2k+1)\pi}{n-m},\ k=0,\ 1,\ 2,\ \cdots,\ n-m-1$$

$$\sigma_a=\frac{\sum_{i=1}^{n}p_i-\sum_{j=1}^{m}z_j}{n-m}$$

规则 6 根轨迹的分离点与分离角。两条或两条以上根轨迹分支在 s 平面上相遇又立即分开的点，称为根轨迹的分离点。

分离点的坐标 d 是下列方程的解：

$$\sum_{j=1}^{m}\frac{1}{d-z_j}=\sum_{i=1}^{n}\frac{1}{d-p_i}$$

式中：z_j——各开环零点的数值；

p_i——各开环极点的数值。

分离点与汇合点也可以按照下式进行计算：

$$G(s)H(s)=K_g\frac{N(s)}{D(s)},\ K_g>0$$

$$D(s)N'(s)-D'(s)N(s)=0$$

上式的解即为分离点与汇合点的坐标，分离角为$(2k+1)\pi/l$（$k=1,\ 2,\ \cdots,\ l$，l 为根轨迹分支数），如图 4-8 所示。

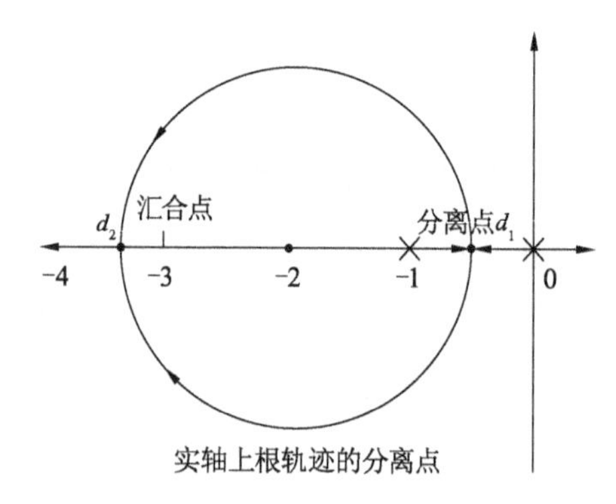

图 4-8 根轨迹的分离点与分离角示意图

规则 7 根轨迹的起始角与终止角。

① 根轨迹离开开环复数极点处的切线与正实轴的夹角，称为起始角，以 θ_{p_i} 表示；

② 根轨迹进入开环复数零点处的切线与正实轴的夹角，称为终止角，以 φ_{z_j} 表示。

起始角与终止角存在如下关系：

$$\theta_{p_i}=(2k+1)\pi+\sum_{j=1}^{m}\varphi_{z_jp_i}-\sum_{\substack{j=1\\ i\neq j}}^{n}\theta_{p_jp_i},k=0,\pm1,\pm2,\cdots$$

$$\varphi_{z_j}=(2k+1)\pi-(\sum_{\substack{j=1\\ i\neq j}}^{m}\varphi_{z_jz_i}-\sum_{j=1}^{n}\theta_{p_jz_i}),k=0,\pm1,\pm2,\cdots$$

规则 8 根轨迹与虚轴的交点。若根轨迹与虚轴相交，则交点上的 k^* 值与 w 值可用劳斯判据确定，也可令闭环特征方程中的 $s=\mathrm{j}\omega$，然后分别令其实部分与虚部为 0 而求得。

规则 9 根之和。当 $n-m\geqslant2$ 时，开环 n 个极点之和总等于闭环特征方程 n 个根之和。

$$\sum_{l=1}^{n} s_l = \sum_{i=1}^{n} p_i, n-m \geqslant 2$$

注意：满足该式的不一定是分离点、汇合点，但分离点、汇合点必须满足该式。在开环极点确定的情况下，这是一个不变的常数，所以，当开环增益 K 增大时，若闭环某些根在 s 平面上向左移动，则另一部分根必向右移动。此法则对判断根轨迹的走向很适用。

综上所述，绘制根轨迹的基本规则见表 4-2。

表 4-2　绘制根轨迹的基本规则

序号	名称	规则
1	根轨迹的连续性和对称性	根轨迹具有连续性，且关于实轴对称
2	根轨迹的分支数	根轨迹的分支数与开环有限零点数 m 和有限极点数 n 中的大者相等
3	根轨迹的起点和终点	根轨迹的各条分支始于开环极点，终于开环零点 当 $n>m$ 时，起点为 n 个开环极点；终点为 m 个开环有限零点和 $n-m$ 个开环无限零点
4	实轴上的根轨迹	对于实轴上的某一区段，若其右侧实轴上的开环零点、开环极点数目之和为奇数，则该段实轴必为根轨迹
5	根轨迹的渐近线	$n-m$ 条根轨迹渐近线与实轴的夹角和交点分别如下： 夹角：$\varphi_a=\frac{(2k+1)\pi}{n-m}$，$k=0, 1, 2, \cdots, n-m-1$ 交点：$\sigma_a=\frac{\sum_{i=1}^{n} p_i-\sum_{j=1}^{m} z_j}{n-m}$
6	根轨迹的分离点和汇合点	分离点或汇合点坐标由下列公式之一确定： (1) $\sum_{i=1}^{n}\frac{1}{s-p_i}=\sum_{j=1}^{m}\frac{1}{s-z_j}$； (2) $A(s)B'(s)=A'(s)B(s)$
7	根轨迹的起始角和终止角	起始角：$\theta_{p_i}=(2k+1)\pi+\sum_{j=1}^{m}\varphi_{z_j p_i}-\sum_{\substack{j=1\\ i\neq j}}^{n}\theta_{p_j p_i}, k=0, \pm 1, \pm 2, \cdots$ 终止角：$\varphi_{z_j}=(2k+1)\pi-\left(\sum_{\substack{j=1\\ i\neq j}}^{m}\varphi_{z_j z_i}-\sum_{j=1}^{n}\theta_{p_j z_i}\right), k=0, \pm 1, \pm 2, \cdots$
8	根轨迹与虚轴的交点	根轨迹与虚轴交点的坐标和临界开环根轨迹增益 K^*，可由下列方法之一确定： (1) 利用劳斯判据计算； (2) 用 $s=j\omega$ 代入闭环特征方程式求解

续表

序号	名称	规则
9	根之和与根之积	根之和：$\sum_{l=1}^{n} s_l = \sum_{i=1}^{n} p_i$，$n-m\geqslant 2$ 根之积：$(-1)^n \prod_{l=1}^{n} s_l = (-1)^n \prod_{i=1}^{n} p_i + (-1)^m K^m \prod_{j=1}^{m} z_j$ $(-1)^n \prod_{l=1}^{n} s_l = (-1)^n \prod_{i=1}^{n} p_i + K^*$（系统无开环零点时）

4.3.3 系统参量根轨迹绘制步骤及分析

在控制系统中，除了根轨迹增益 K 外，还存在其他形式的参变量，所有的这些根轨迹统称为广义根轨迹。不论是哪种参数的广义根轨迹，其绘制步骤是一样的。

① 确定需要考察的系统参量。在控制系统中，除了根轨迹增益 K 外，还存在其他形式的参变量。有时候，一个系统可以有多个可变参数，每个可变参数均会对系统性能产生影响。绘制参量根轨迹之前，先确定一个考察参数，其他的参数均设为已知的固定数值。

② 求出原系统的特征方程。

③ 以特征方程中不含该参量的各项除特征方程，得等效系统的开环传递函数。

$$G_0(s)=\frac{K_g N(s)}{D(s)},\ K_g:\ 0\to\infty$$

$D(s)+K_g N(s)=0\Rightarrow$特征方程式根的变化，即常规根轨迹。

绘制除 K_g 以外的其他参数(如开环零点、开环极点、时间常数、反馈系数等)变化时，闭环系统根轨迹——参量根轨迹，也称为广义根轨迹。

开环传递函数为

$$G_0(s)=K_0\frac{N(s)}{D(s)}$$

闭环传递函数为

$$\frac{G_0(s)}{1+G_0(s)}=\frac{K_0\dfrac{N(s)}{D(s)}}{1+K_0\dfrac{N(s)}{D(s)}}\Rightarrow 1+K_0\frac{N(s)}{D(s)}=0\Rightarrow D(s)+K_0 N(s)=0$$

若可变参数为 α，则

$$1+\alpha\frac{N'(s)}{D'(s)}=0$$

$$D'(s)+\alpha N'(s)=D(s)+K_0 N(s)=0$$

故，等效系统的开环传递函数为

$$G_0'(s)=\alpha\frac{N'(s)}{D'(s)}$$

④ 根据前面介绍的根轨迹绘制规则，绘制等效系统的根轨迹。

利用根轨迹分析法可以对系统进行性能分析，涉及参数变化对系统稳定性的影响，计算系统的瞬态和稳态性能及根据性能要求确定系统参数等方面内容。

4.3.4 绘制根轨迹及根轨迹例题

【例 4-3】 绘制下列开环传递函数所对应负反馈系统的根轨迹。

$$G_0(s)=\frac{K^*(s+2)}{(s^2+2s+3)}$$

解 ① 该系统的根轨迹共有 2 条，起始于开环极点 $-p_1=-1+\sqrt{2}\mathrm{j}$，$-p_2=-1-\sqrt{2}\mathrm{j}$；随着 K^* 增大至∞，一条根轨迹趋向于开环零点 $z_1=-2$，另一条则趋向无穷远处。

② 实轴上根轨迹段：(−∞，−2]。

③ 2 条渐近线与实轴的夹角和交点分别为

$$\varphi_a=\frac{180°(1+2k)}{2-1}=180°,\ k=n-m-1=2-1-1=0$$

$$\sigma_a=\frac{\sum_{i=1}^{n}p_i-\sum_{j=1}^{m}z_j}{n-m}=0$$

④ 分离点与汇合点

$$K^*=\frac{s^2+2s+3}{(s+2)}$$

令 $\frac{\mathrm{d}K^*}{\mathrm{d}s}=0$，即

$$s^2+4s+1=0$$

解之得 $s_1=-0.27$(舍)，$s_2=-3.73$(分离点)。

绘出常规根轨迹图（见图 4-9），复平面上的根轨迹是以零点(−2，j0)为圆心，以极点到零点的距离为半径的圆弧。

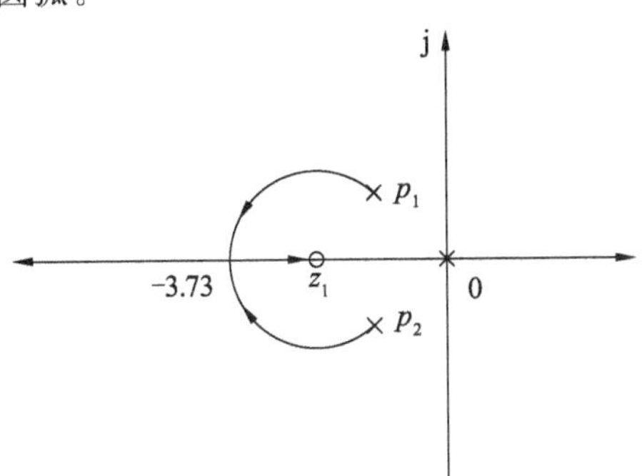

图 4-9 根轨迹曲线

由根轨迹曲线图 4-9 可知，所有的特征根均位于虚轴的左边，故系统在 K^* 由 0→∞，系统均稳定。

【例 4-4】 绘制开环传递函数

$$G_0(s)=\frac{K^*(s+1)}{s(s+2)(s+3)}$$

所对应负反馈系统的根轨迹。

解 ① 根轨迹共有 3 条，起始于开环极点 $p_1=0$，$p_2=-2$，$p_3=-3$；随着 K^* 增大至∞，一条根轨迹趋向于开环零点 $z_1=-1$，另 2 条则趋向无穷远处。

② 实轴上根轨迹段：[−3，−2]，[−1，0]。

③ 根轨迹的渐近线条数为 $n-m=2$，渐近线倾角为

$$\varphi_1=90^\circ,\quad \varphi_2=-90^\circ$$

渐近线与实轴的交点为

$$\sigma_a=\frac{\sum_{i=1}^{n}p_i-\sum_{j=1}^{m}z_j}{n-m}=-2$$

④ 根轨迹的分离点为

$$\frac{1}{d}+\frac{1}{d+2}+\frac{1}{d+3}=\frac{1}{d+1}$$

用试探法求得分离点 $d=-2.47$。

由根轨迹曲线图 4-10 可知，所有的特征根均位于虚轴的左边，故系统在 K^* 由 0→∞，系统均稳定。

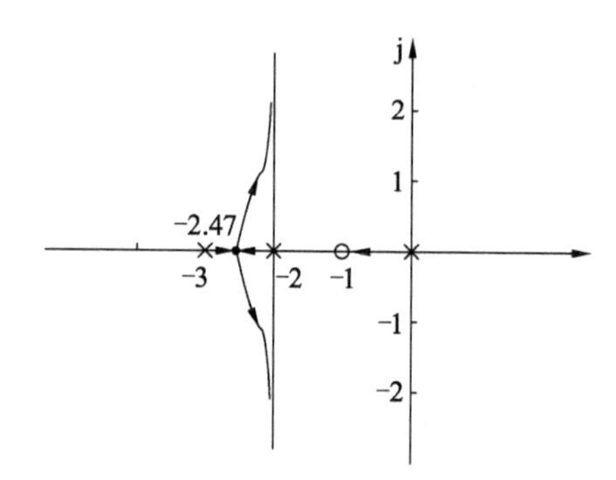

图 4-10　根轨迹曲线

【例 4-5】　已知单位负反馈系统的开环传递函数为 $G_0(s)=\frac{(s+p)}{s(s+1)^2}$，试绘制以 p 为参变量的根轨迹。

解　闭环系统特征方程为

$$s(s+1)^2+s+p=s^3+2s^2+2s+p=0$$

$$1+\frac{p}{s(s^2+2s+2)}=0$$

等效开环传递函数为

$$G_0^*(s)=\frac{p}{s(s^2+2s+2)}=\frac{p}{s(s+1+\mathrm{j})(s+1-\mathrm{j})}$$

① $n=3$，根轨迹共有 3 条，起点分别为 $p_1=0$，$p_2=-1+\mathrm{j}$，$p_3=-1-\mathrm{j}$，3 条根轨迹均趋于无穷远处。

② 实轴上的根轨迹为$(-\infty,\ 0]$。

③ 根轨迹有 3 条渐近线，$n-m=3$，则

$$\sigma_a=\frac{-1+\mathrm{j}-1-\mathrm{j}}{3}=-\frac{2}{3}$$

$$\varphi_a=\frac{(2k+1)\pi}{n-m}=\frac{(2k+1)\pi}{3}=-\frac{\pi}{3},\ \frac{\pi}{3},\ \pi$$

④ 根轨迹与虚轴交点：

s^3	1	2
s^2	2	p
s^1	$2-\frac{p}{2}$	0
s^0	p	

令 $s_1=0$，则 $p=4$，由辅助方程

$$2s^2+4=0$$

解得 $s_{1,2}=\pm\sqrt{2}\mathrm{j}$。

绘制系统的根轨迹如图 4-11 所示。

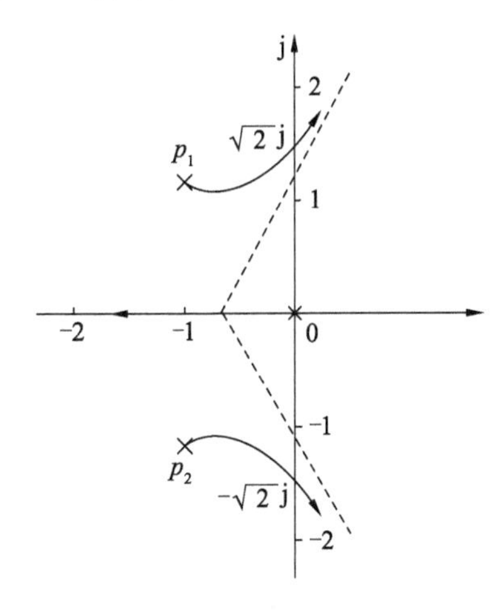

图 4-11　根轨迹曲线

由根轨迹曲线可知，$p\in(0,\ 4)$，系统稳定，$p>4$ 系统不稳定。

把参数在一定范围内取值才能使得系统稳定的系统称为条件稳定系统。对于条件稳定系统可由根轨迹图确定使系统稳定的参数取值范围。

【例 4-6】　设单位负反馈系统的开环传递函数为

$$G_0(s)=\frac{k}{s^2+as}$$

试绘制系统分别以 k，a 为参变量的根轨迹。

解　开环系统特征方程为

$$1+G_0(s)=1+\frac{k}{s^2+as}=0,$$

(1) 先设 k 为参变量，且 $k\in(0,\ \infty)$，a 为定量，特征方程式为

$$s^2+as+k=0$$

$$s_1=-\frac{a}{2}+\sqrt{\left(\frac{a}{2}\right)^2-k}$$

$$s_2=-\frac{a}{2}-\sqrt{\left(\frac{a}{2}\right)^2-k}$$

分析可得根轨迹如图 4-12 所示。

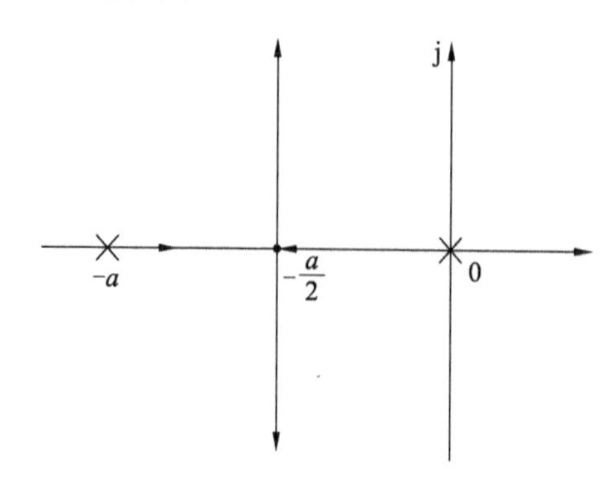

图 4-12 根轨迹曲线

(2) 设 a 为参变量，$a\in(0,\ \infty)$，k 为定量，特征方程式为

$$D(s)=s^2+as+k$$

$$1+a\frac{N'(s)}{D'(s)}=0$$

$$D'(s)+aN'(s)=s^2+as+k=0$$

$$\Rightarrow N'(s)=s,\ D'(s)=s^2+k$$

故

$$1+a\cdot\frac{s}{s^2+k}=0$$

等效系统的开环传递函数为

$$G'_0(s)=\frac{as}{s^2+k}$$

① 开环零点为 0，极点为 $\pm\mathrm{j}\sqrt{k}$；

② 根轨迹分支条数：2 条；

③ 分离点：

$$a^2+k^2=(\omega\mathrm{j})^2+k^2=0$$

$$\Rightarrow a=\mathrm{j}\sqrt{k}$$

④ 利用相角条件，令特征根为 $s=\sigma_b+\mathrm{j}\omega$

$$\angle s-\angle(s+\sqrt{k}\mathrm{j})-\angle(s-\sqrt{k}\mathrm{j})=180°$$

$$\angle(\sigma_b+\omega\mathrm{j})-\angle[s+(\sqrt{k}+\omega)\mathrm{j}]-\angle[s-(\sqrt{k}+\omega)\mathrm{j}]=180°$$

令

$$a=\angle\sigma_b+\omega\mathrm{j},\beta=\angle[s+(\sqrt{k}+\omega)\mathrm{j}],\theta=\angle[s-(\sqrt{k}+\omega)\mathrm{j}]$$

$$\tan a=\frac{\omega}{\sigma_b}$$

$$\tan\beta=\frac{\sqrt{k}+\omega}{\sigma_b}$$

$$\tan\theta=\frac{-\sqrt{k}+\omega}{\sigma_b}$$

$$\tan(\alpha-\beta)=\tan(180^\circ+\theta)=\tan\theta$$

$$\frac{\tan\alpha-\tan\beta}{1+\tan\alpha\tan\beta}=\tan\theta\Rightarrow\frac{\frac{\omega}{\sigma_b}-\frac{\sqrt{k}+\omega}{\sigma_b}}{1+\frac{\omega(\sqrt{k}+\omega)}{\sigma_b^2}}=\frac{\omega-\sqrt{k}}{\sigma_b}\Rightarrow\omega^2+\sigma_b^2=k$$

⑤ 根轨迹轨迹起于极点，终止于零点。绘制出系统根轨迹曲线，如图 4-12 所示。当 k 取不同值时，其系统根轨迹如图 4-13 所示。

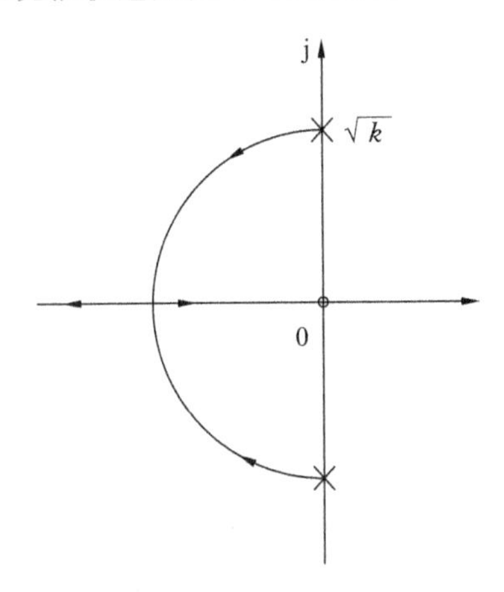

图 4-13　根轨迹曲线

【例 4-7】　已知单位负反馈系统的闭环传递函数为 $G_B(s)=\frac{as}{s^2+as+16}(a>0)$：

(1) 绘制以 a 为参变量的根轨迹；

(2) 确定当 $\varepsilon=0.5$ 时的 a 值。

解　系统的特征方程式为

$$s^2+as+16=0$$

根轨迹方程为

$$\frac{as}{s^2+16}=-1$$

(1) 绘制根轨迹。

① $n=2$，根轨迹共有 2 条，起点为 $p_1=4\mathrm{j}$，$p_2=-4\mathrm{j}$；终点为开环零点 $z_1=0$ 和无穷远零点；

② 实轴上的根轨迹为 $[-\infty, 0]$；

③ 根轨迹的会合点 $\frac{1}{d-4\mathrm{j}}+\frac{1}{d+4\mathrm{j}}=\frac{1}{d}$，解得 $d_1=4$(舍)，$d_2=-4$。

根轨迹如图 4-14 所示，由于系统为二阶带零点的系统，因此根轨迹是以零点(即原点)为圆心，以 4 为半径的一个半圆。由于根轨迹均在 s 平面虚轴左侧，因而只需满足 $a>0$，系统总是稳定的。

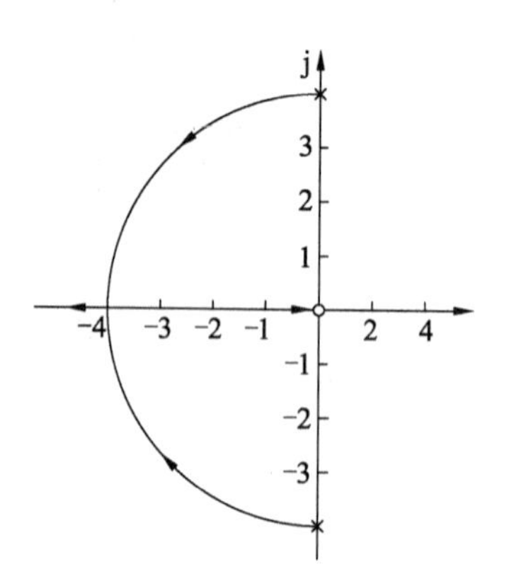

图 4-14　根轨迹曲线

（2）当 $\varepsilon=0.5$ 时的 a 值可由特征方程求取：

$$s^2+as+16=s^2+2\varepsilon\omega_n s+\omega_n^2$$

其中，$\omega_n=4$，$2\varepsilon\omega_n=a$，则当 $\varepsilon=0.5$ 时，$a=4$。

4.4　根轨迹与系统性能的关系

在 4.3 中介绍了系统根轨迹绘制的基本法则，下面以典型的控制系统为例，介绍系统根轨迹与系统性能的关系。

图 4-15 所示为典型的二阶控制系统的方框图，它的开环传递函数为 $G_0(s)=\dfrac{K_g}{s(s+a)}$，由前文可知有 2 种不同的方法绘制该系统的根轨迹曲线。

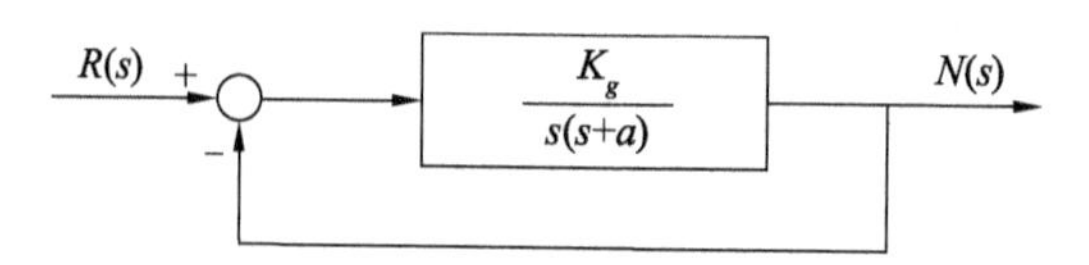

图 4-15　二阶控制系统的方框图

方法 1：系统的开环传递函数为

$$G_0(s)=\frac{K_g}{s(s+a)}$$

无开环零点，开环极点 $p_1=0$，$p_2=a$。

系统的特征方程式为

$$D(s)=s^2+as+K_g$$

故可得其特征根为

$$s_{1,2}=-\frac{a}{2}\pm\sqrt{\left(\frac{a}{2}\right)^2-K_g}$$

分析特征根可知，K_g：$0\to\infty$，$0\leqslant K_g\leqslant\dfrac{a^2}{4}$，$s_1$，$s_2=-\dfrac{a}{2}\pm\sqrt{\left(\dfrac{a}{2}\right)^2-K_g}\in(-a,\ 0)$，$K_g=\dfrac{a^2}{4}$，$s_1=s_2=-\dfrac{a}{2}$，$\dfrac{a^2}{4}\leqslant K_g\leqslant\infty$，共轭复数根，实部为 $-\dfrac{a}{2}$。故可得其根轨迹曲线如

图 4-16 所示。

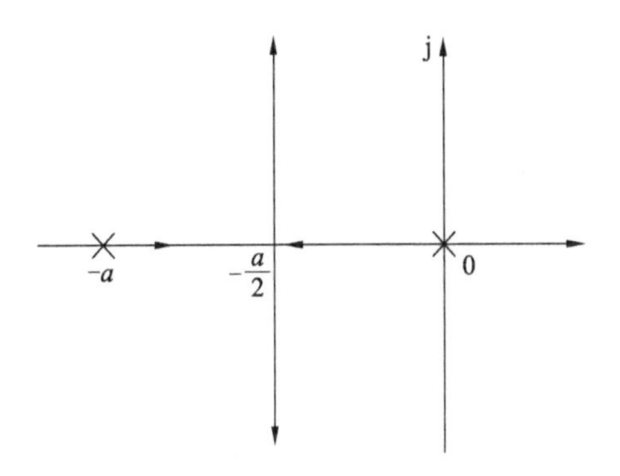

图 4-16　系统根轨迹

方法 2：用根轨迹规则绘制曲线。

① 无开环零点，开环极点为 $p_1=0$，$p_2=-a$。

② 在实轴上的区间，若某段右边开环零点、极点个数为奇数，则此段有根轨迹，故 $[-a, 0]$ 有根轨迹。

③ 根轨迹为连续的，且起于极点，终于零点或无穷远处。

④ 分离点：$\sum \frac{1}{d-z} = \sum \frac{1}{d-p}, \frac{1}{d} + \frac{1}{d+a} = 0 \Rightarrow d = -\frac{a}{2}$。

⑤ 渐近线：

$$\varphi_a = \frac{(2k+1)\pi}{n-m}, \quad k=0, 1, 2, \cdots, n-m-1$$

$$\sigma_a = \frac{\sum_{i=1}^{n} p_i - \sum_{j=1}^{m} z_j}{n-m} = -\frac{a}{2}$$

⑥ 条数：$\max(n, m)=2$。

说明根轨迹为过点$(-\frac{a}{2}, 0)$，垂直于实轴的线，如图 4-16 所示。

下面考察开环零点、极点对根轨迹的影响。

(1) 增加极点个数

如图 4-17 所示，在图 4-15 所示系统上增加一个极点。

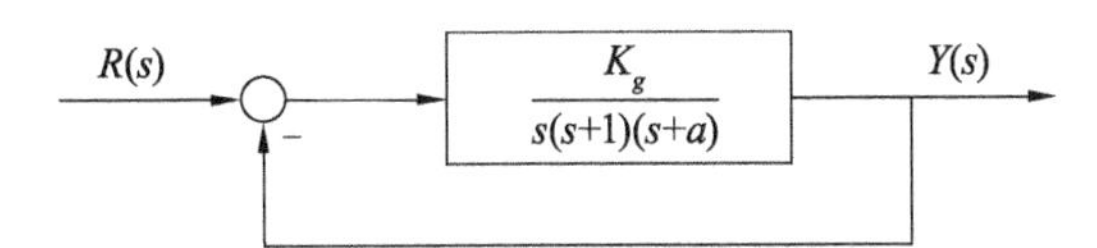

图 4-17　变动极点后的方框图

$$G_0(s) = \frac{K_g}{s(s+a)(s+1)}$$

令 $a=4$，

① 无开环零点，开环极点为 $p_1=0$，$p_2=-1$，$p_3=-4$。

② 在实轴上的区间，若某段右边开环零点、用极点个数为奇数，则此段有根轨迹。

故在（$-\infty$，4］与［-1，0］之间存在根轨迹。

③ 分离点：$\sum \frac{1}{d-z} = \sum \frac{1}{d-p}, \Rightarrow \frac{1}{d+4} + \frac{1}{d+1} + \frac{1}{d} = 0 \Rightarrow d_1 = 0.467, d_2 = -2.87$(舍)。

④ 渐近线：

$$\varphi=\frac{(2k+1)\ \pi}{n-m},\ k=0,\ 1,\ 2,\ \cdots,\ n-m-1$$

$$\varphi=\frac{\pi}{3},\ \pi,\ \frac{5\pi}{3}$$

$$\sigma_a = \frac{\sum_{i=1}^{n} p_i - \sum_{j=1}^{m} z_j}{n-m} = -\frac{0+4+1}{3} = -\frac{5}{3}$$

⑤ f 与虚轴交点：令 $s=\omega j$，

$$D(s)=s(s+1)(s+4)+K_g=0=\omega j(\omega j+1)(\omega j+4)+K_g=0$$

$$\begin{cases}K_g-5\omega^2=0\\4\omega-\omega^3=0\end{cases}\Rightarrow\begin{cases}\omega=\pm 2\\K_g=20\end{cases}$$

检验条数 $\max(n,\ m)=3$。

系统增加极点后的根轨迹曲线如图 4-18 所示。

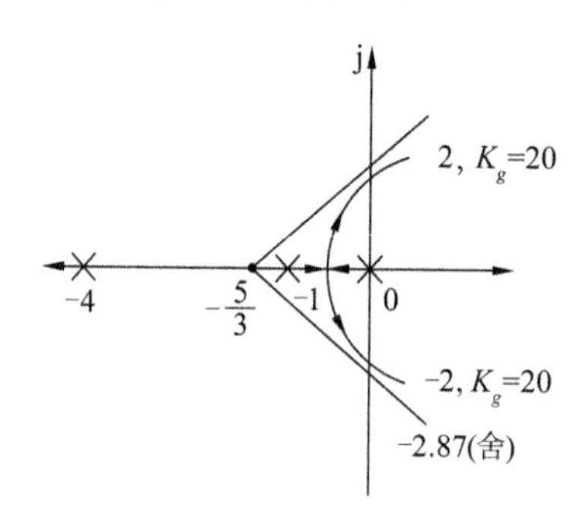

图 4-18　系统增加极点后的根轨迹曲线

需要注意的是，在系统中附加一个极点，K_g 增加，使根轨迹向右变化，当 $K_g>20$，系统不稳定。

(2) 增加开环零点个数

如图 4-19 所示，在图 4-15 所示系统上增加一个开环零点。

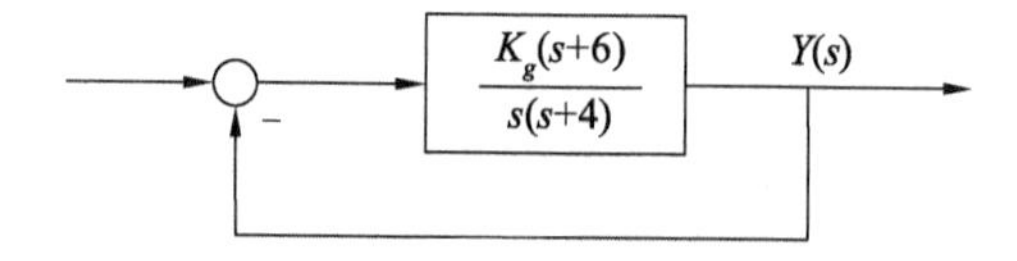

图 4-19　变化零点后的方框图

$$G_0(s)=\frac{K_g(s+6)}{s(s+4)}$$

① 开环零点：$z=-6$，$p_1=0$，$p_2=-4$，条数 $\max(n,\ m)=2$。

② 根轨迹实轴上的区间(−∞，−6]，[−4，0]。

③ 连续且起点为极点，终点为开环零点。

④ 分离点：$\sum \frac{1}{d-z}=\sum \frac{1}{d-p}, \Rightarrow \frac{1}{d+4}+\frac{1}{d}=\frac{1}{d+6} \Rightarrow d_1=-2.53, d_2=-9.47$。

⑤ 相角条件：$\sum_{i=1}^{m} \angle(s-z_i)-\sum_{j=1}^{n} \angle(s-p_j)=180^\circ$

$$\angle(s+6)-\angle s-\angle(s+4)=180^\circ$$

令 $s=\sigma_b+\omega \mathrm{j}$，

$$\angle(\sigma_b+\omega \mathrm{j}+6)-\angle(\sigma_b+\omega \mathrm{j})-\angle(\sigma_b+\omega \mathrm{j}+4)=180^\circ$$

反正切公式

$$\arctan \frac{\frac{\omega}{6+\sigma_b}-\frac{\omega}{\sigma_b}}{1+\frac{\omega^2}{\sigma_b(6+\sigma_b)}}=180^\circ+\arctan \frac{\omega}{4+\sigma_b}$$

则 $(6+\sigma_b)^2+\omega^2=12$，系统增加开环零点的根轨迹如图 4-20 所示，圆心为(−6，0)，半径为 3.46 的圆。

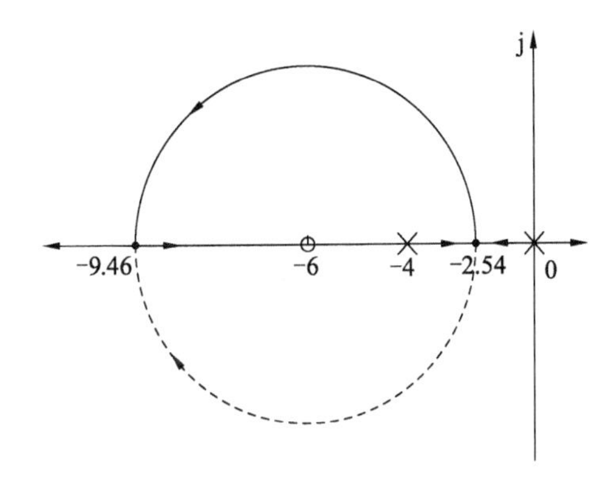

图 4-20　系统增加开环零点的根轨迹曲线

说明： 若无开环零点，根轨迹在复平面上一条垂线，特征根靠近虚轴；若引进零点，K_g 增加，根沿圆弧向左变化，动态指标得到改善；有时会正向通道上适当引入零点，可改善动态品质。

4.5　使用 MATLAB 绘制根轨迹

MATLAB 是一款功能十分强大的工程计算及数值分析软件，主要用于工程计算、控制设计、信号处理与通信、图像处理、信号检测等领域。

利用 MATLAB 软件可以方便地绘制精确的根轨迹图，并且获取关键点的相关参数。

4.5.1　MATLAB 中的根轨迹绘制函数

在 MATLAB 绘制根轨迹之前，必须把系统数学模型整理成标准根轨迹方程，即

$$1+K\frac{\mathrm{num}(s)}{\mathrm{den}(s)}=0$$

式中：K——根轨迹增益；

num(s)——系统开环传递函数 $G_0(s)$的分子多项式；

den(s)——开环传递函数 $G_0(s)$的分母多项式。

绘制系统的根轨迹图的 MATLAB 函数是 rlocus()，其调用格式如下所述：

rlocus(num, den)	绘制开环增益 K 从零到无穷大的系统根轨迹
rlocus(sys)	绘制开环增益 K 从零到无穷大的系统根轨迹
rlocus(sys, K)	开环增益 k 的范围由人工设定
rlocus(sys1, …, sysN)	绘制多个系统的根轨迹，每个系统根轨迹设定不同属性，例如不同颜色、不同线段，如 rlocus(sys1,'r', sys2,'y', sys3,'gx')

r=rlocus(num, den, K)or [r, K] =rlocus(num, den)

具体使用什么函数，可查阅 MATLAB 手册。

根据开环增益 K，返回闭环特征根矩阵 $\boldsymbol{r}$，每行对应某个 K 值时的所有闭环极点。

4.5.2 例 题

【例 4-8】 已知系统 1 的开环传递函数 $G_0(s)=K\frac{(s+10)}{s^3+4s^2+2s+9}$，试绘制系统的常规根轨迹，并比较系统 2：$G_0(s)=K\frac{(s+2)}{s^3+4s^2+2s+9}$、系统 3：$G_0(s)=K\frac{(s+2)}{s^3+4s^2+2s+20}$的常规根轨迹。

解 因为系统 1 给定的开环传递函数形式是多项式形式，在 MATLAB 的命令窗中直接键入以下语句：

```
≫ num= [1 10]; den= [1 4 2 9]; rlocus(num, den);
```

可得如图 4-21a 所示结果。当鼠标在曲线上滑动时，就会出现根轨迹相关参数的提示，各参数的含义如下：

Gain:	根轨迹增益K 的值
Pole:	当前点的坐标值
Damping:	阻尼系数
Overshoot:	超调量
Frequency:	该条根轨迹分支当前点对应的频率值

对于系统 2，开环函数为

$$G_0(s)=K\frac{(s+1)}{s^3+4s^2+2s+9}$$

在 MATLAB 命令窗中直接键入以下语句：

```
≫num= [1  2]; den= [1  4  2  9]; rlocus(num, den);
```

可得到如图 4-21b 所示结果。

对于系统 3，开环传递函数为

$$G_0(s)=K\frac{(s+2)}{b^3+4s^2+2s+20}$$

在 MATLAB 命令窗中直接键入如下语句：

```
≫num= [1  2]; den= [1  4  2  20]; rlocus(num, den);
```

可得如图 4-21c 所示结果。

由图 4-21 可知，开环极点和开环零点的位置对系统的稳定性有很大影响。

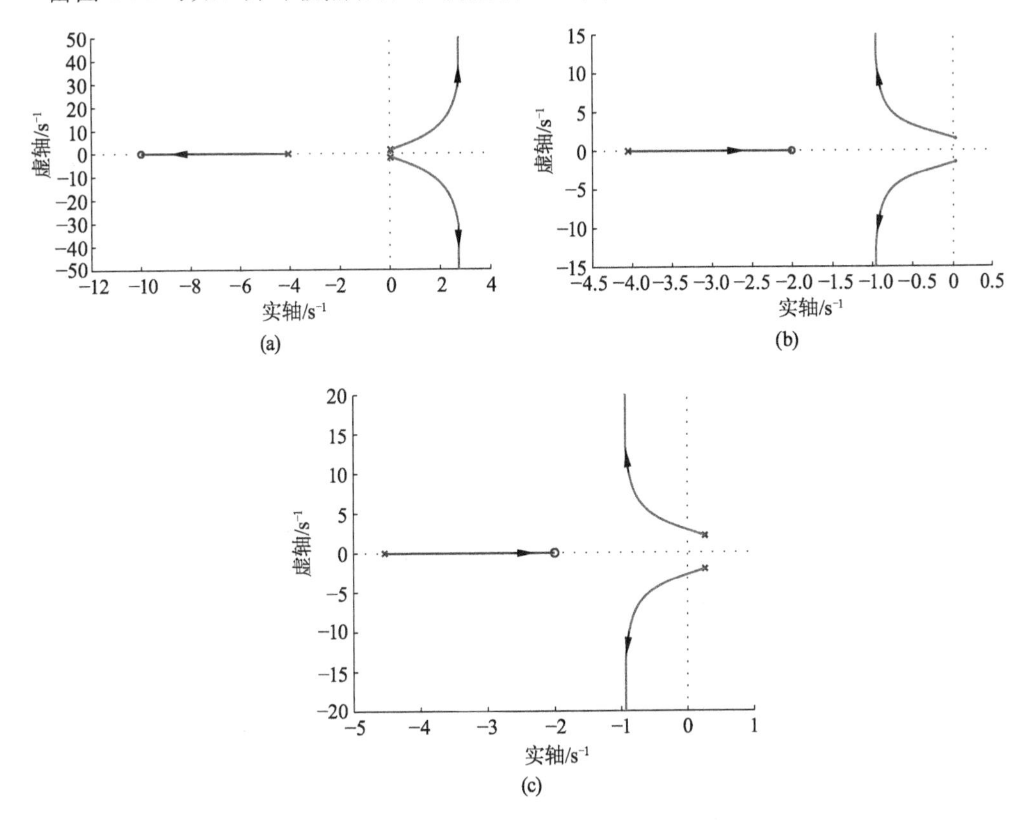

图 4-21 根轨迹曲线

提示： 在 MATLAB 运行出来的图形当中的空白处双击鼠标左键，可编辑横、纵坐标名称和数轴范畴、标题名称、字体样式、是否添加网格线等。单击鼠标右键，可添加或取消网格线、全图显示、特征参数修改等。为获取曲线关键位置处的精确值，可连续点击图形放大图标，滑动鼠标读取相关信息。

【例 4-9】 已知系统 1 的开环传递函数 $G_0(s)=K\dfrac{s+6}{s^3+3s^2+6s}$，试绘制 K 在(1，10)的根轨迹图。系统 2 的开环传递函数为 $G_0(s)=K\dfrac{(s+6)(s+1)}{s^3+3s^2+6s}$，试绘制 K 在(1，10)的根轨迹。

解 在 MATLAB 的命令窗中键入系统 1 的开环传递函数系数：

```
≫num= [1 6]; den= [1 3 6 0]; k= [1: 0.5: 10]; rlocus(num, den, k);
```

可得如图 4-22a 所示结果。

将系统 2 开环传递函数简化后，在 MATLAB 的命令窗中键入

```
≫num= [1  7  6]; den= [1  3  6  0]; k= [1: 0.5: 10]; rlocus(num, den, k);
```

可得如图 4-22b 所示结果。

由此可见开环极点、开环零点对系统的稳定性有很大的影响。

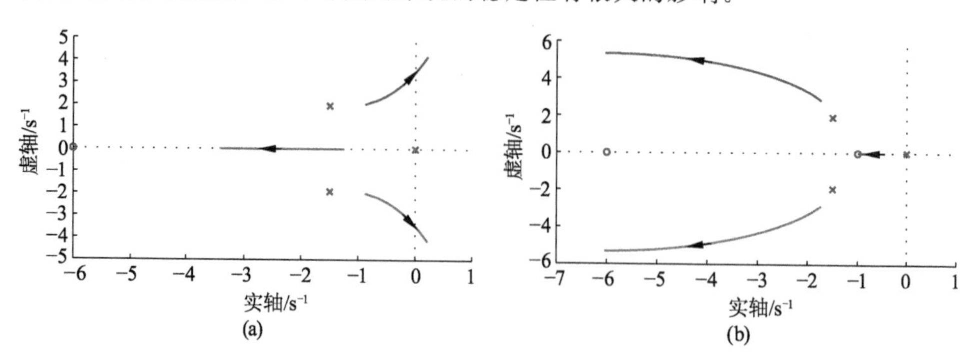

图 4-22　根轨迹曲线

若希望获得系统在 $K=3$ 时的闭环极点值，可输入如下命令：

```
≫num= [1 6]; den= [1 3 6 0]; r=rlocus(num, den, 3);
```

可得“−0.306 1+2.728 5i　−0.306 1−2.728 5i　−2.387 8”。

【例 4-10】　已知，系统开环传递函数为 $G_0(s)=K\dfrac{s+4}{s^2+2s}e^{-s}$，试绘制系统根轨迹。

解　这个开环函数很复杂，按照根轨迹绘制规则，手工绘制比较难，可以用 MATLAB 软件来绘制根轨迹。

输入命令：

```
≫num= [1 4]; den= [1 2 0]; sl=tf(num, den); [ntao, dtao] =pade(1, 3); stao=tf(ntao, dtao); sys=sl*stao; rlocus(sys)。
```

运行结果如图 4-23 所示。

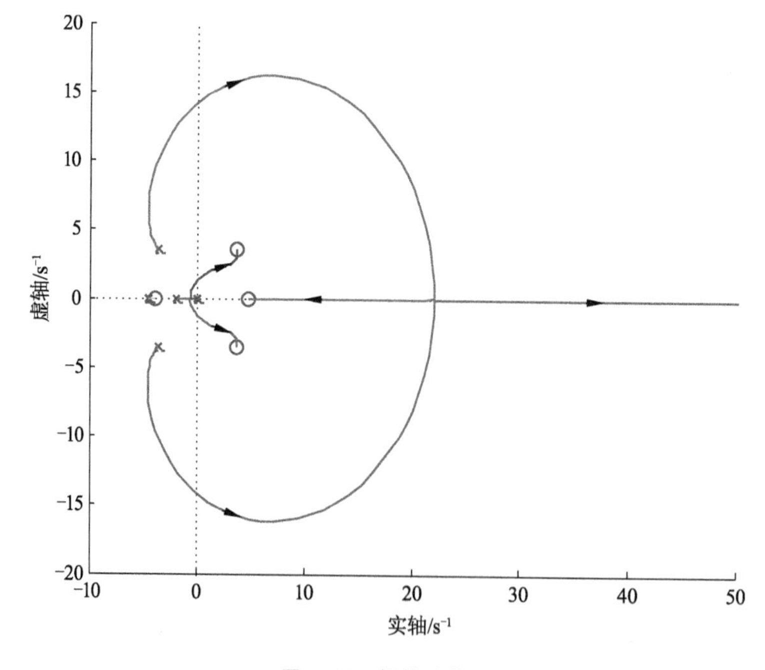

图 4-23　根轨迹曲线

习　题

4-1　系统的特征方程为

$$s^2(s+a)+k(s+1)=0$$

(1) 画出 $a=1$，$a=-2$，$a=6$，$a=9$，$a=10$ 时的根轨迹；

(2) 求出根轨迹在实轴上没有非零分离会合点时 a 的范围。

4-2　已知单位负反馈系统的开环传递函数为 $G_0(s)=\dfrac{K(1+T_a s)}{s(1+5s)^2}$，若 $K=5$，试绘制以 T_a 为变量闭环控制系统的参数根轨迹。

4-3　设某系统的开环传递函数为 $G_0(s)=\dfrac{K^*}{s(s+1)(s+10)}$，试概略绘制系统的根轨迹，并计算闭环系统产生纯虚根的开环增益。

4-4　设单位负反馈系统的开环传递函数为 $G_0(s)=\dfrac{K^*(1+s)}{s(s+2)}$，试概略绘制系统的根轨迹，并求使系统稳定的 K^* 值范围。

4-5　已知闭环系统特征方程式 $s^2+2s+K^*(s+4)=0$，试绘制系统根轨迹，并确定使系统无超调时的 K^* 值范围。

4-6　已知闭环系统特征方程式，试绘制系统根轨迹，并确定系统无超调时的 K^* 值范围。

$$s^3+3s^2+(K^*+2)s+10K^*=0$$

4-7　某带局部反馈系统的结构图如图 4-24 所示，试绘制参变量 K^* 从 $0\to\infty$ 时的根轨迹图，并确定使系统稳定的 K^* 值变化范围。

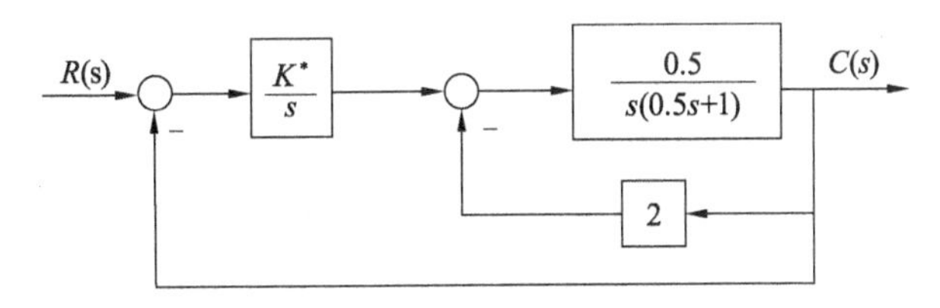

图 4-24　结构图

4-8　已知单位负反馈控制系统的开环传递函数为 $G_0(s)=\dfrac{K^*}{s^2(s+1)}$，试绘制该系统的根轨迹图，并判断闭环系统的稳定性。

4-9　已知闭环系统的特征方程式 $s^2+2s+K^*(s+4)=0$，试绘制系统的根轨迹，并确定使系统无超调时的 K^* 值范围。

第5章 控制系统的频率特性及频域分析

用时域分析法分析和研究系统的动态特性和稳态误差较为直观和准确，但实际系统大多为高阶系统，建立和求解高阶系统的微分方程比较困难。虽然借助于计算机仿真可以容易地获得高阶系统的时域响应数据或波形，然而，高阶系统的结构和参数与系统动态性能间还没有明确的函数关系，不易分析系统参数变化对系统动态性能的影响。当系统的动态性能不能满足生产要求的性能指标时，很难提出改善系统性能的途径。在工程实践中，往往并不需要准确计算系统响应的全部过程，而是希望避免大量、复杂的计算，就能够比较简单地分析出系统的结构、参数对性能的影响。

频域分析法是在20世纪30年代和40年代，由奈奎斯特、伯德、尼柯尔斯及许多其他学者共同研究发展起来的。频域分析法是基于频率特性或频率响应对系统进行分析和设计的一种图解方法，故又称为频率响应法，也称频率法。

频率法的优点是能比较方便地根据频率特性确定系统性能；当系统传递函数难以确定时，可以通过实验法确定频率特性；在一定条件下，它还能推广应用于某些非线性系统。因此，频率法在工程中得到了广泛的应用，它也是经典控制理论中的重要内容。

5.1 频率特性的基本概念

5.1.1 频率特性的定义

一般来说，稳定的线性定常系统对正弦输入的稳态响应称为频率响应，系统的频率响应与正弦输入信号之间的关系称为频率特性。

5.1.1.1 建立频率

以图5-1所示的RC电路为例，建立频率概念。设电路的输入、输出电压分别为$u_i(t)$和$u_o(t)$，输入信号为振幅为X、频率为ω的正弦信号，即

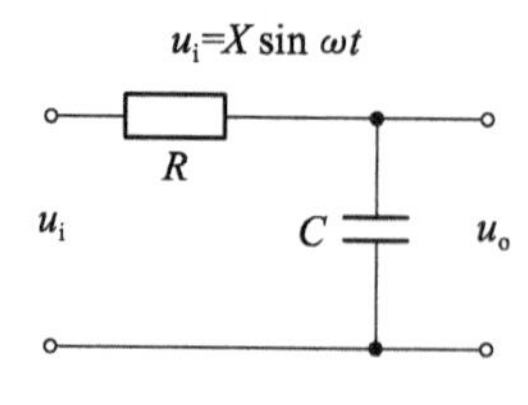

图5-1 RC电路示意图

由图可知

$$iR+u_o=u_i,\quad i=C\frac{\mathrm{d}u_o}{\mathrm{d}t}$$

得

$$RC\frac{du_o}{dt}+u_o=u_i$$

令 $T=RC$，则

$$T\frac{du_o}{dt}+u_o=u_i$$

可得电路的传递函数为

$$G(s)=\frac{U_o(s)}{U_i(s)}=\frac{1}{Ts+1} \tag{5-1}$$

对 u_i 取拉普拉斯变换，并代入初始条件 $u_o(0)=0$。

可得输入的拉普拉斯变化为

$$U_i(s)=\frac{X\omega}{s^2+\omega^2}$$

输出的拉普拉斯变换为

$$U_o(s)=\frac{1}{Ts+1}U_i(s)=\frac{1}{Ts+1}\cdot\frac{X\omega}{s^2+\omega^2} \tag{5-2}$$

对式(5-2)进行拉普拉斯反变换，得出输出时域解为

$$u_o(t)=\frac{XT\omega}{1+T^2\omega^2}e^{-\frac{t}{T}}+\frac{X}{\sqrt{1+T^2\omega^2}}\sin(\omega t-\arctan T\omega) \tag{5-3}$$

式(5-3)右端第一项是动态分量，第二项是稳态分量。当 $t\to\infty$时，第一项趋于 0，电路稳态输出为

$$u_{os}(t)=\frac{X}{\sqrt{1+T^2\omega^2}}\sin(\omega t-\arctan T\omega) \tag{5-4}$$

式(5-4)表明，RC 电路在正弦信号 $u_i(t)$的作用下，过渡过程结束后，输出的稳态响应仍是一个与输入信号同频率的正弦信号，只是幅值变为输入正弦信号幅值的 $1/\sqrt{1+T^2\omega^2}$倍，相位滞后了 $\arctan T\omega$。

令

$$A(\omega)=\frac{1}{\sqrt{1+T^2\omega^2}},\quad \varphi(\omega)=-\arctan T\omega$$

则式(5-4)变为

$$u_{os}(t)=XA(\omega)\sin[\omega t+\varphi(\omega)] \tag{5-5}$$

$A(\omega)$和 $\varphi(\omega)$分别反映 RC 电路在正弦信号的作用下，输出稳态分量的幅值和相位的变化，称为幅值比和相位差，皆为输入正弦信号频率 ω 的函数。

上述结论具有普遍意义。事实上，一般线性系统(或元件)在输入正弦信号 $x(t)=X\sin\omega t$ 的情况下，系统的稳态输出(即频率响应) $y(t)=Y\sin(\omega t+\varphi)$也一定是同频率的正弦信号，只是幅值和相角不一样。

5.1.1.2　幅频特性和相频特性

如果对输出、输入正弦信号的幅值比 $A=Y/X$ 和相角差 φ 做进一步的研究，则不难发现，在系统结构参数给定的情况下 A 和 φ 仅仅是 ω 的函数，它们反映出线性系统在不同频率下的特性，分别称为幅频特性和相频特性，分别以 $A(\omega)$和 $\varphi(\omega)$表示。

通常将幅频特性 $A(\omega)$ 和相频特性 $\varphi(\omega)$ 统称为系统(或元件)的频率特性。可对频率特性做如下定义：线性定常系统(或元件)的频率特性是零初始条件下稳态输出正弦信号与输入正弦信号的复数比，若采用电路理论的符号法将其表示为复数形式，即输入为 Xe^{j0}、输出为 $Ye^{j\varphi}$，其输出与输入的复数之比用 $G(j\omega)$ 表示，则有

$$G(j\omega)=\frac{Ye^{j\varphi}}{Xe^{j0}}=\frac{Y}{X}e^{j\varphi}=A(\omega)e^{j\varphi(\omega)}=A(\omega)\angle\varphi(\omega) \tag{5-6}$$

频率特性描述了在不同频率下系统(或元件)传递正弦信号的能力。不难证明，频率特性与传递函数之间有着确切的简单关系，即

$$G(j\omega)=G(s)\mid_{s=j\omega}=\mid G(j\omega)\mid\angle G(j\omega) \tag{5-7}$$

除了用式(5-6)的指数型或幅角型形式描述以外，频率特性 $G(j\omega)$ 还可用实部和虚部形式来描述，即

$$G(j\omega)=P(\omega)+jQ(\omega) \tag{5-8}$$

式中：$P(\omega)$，$Q(\omega)$——系统(或元件)的实频特性和虚频特性。

由图 5-2 的几何关系知，幅频、相频特性与实频、虚频特性之间的关系为

$$P(\omega)=A(\omega)\cos\varphi(\omega) \tag{5-9}$$

$$Q(\omega)=A(\omega)\sin\varphi(\omega) \tag{5-10}$$

$$A(\omega)=\sqrt{P(\omega)^2+Q(\omega)^2} \tag{5-11}$$

$$\varphi(\omega)=\arctan\frac{Q(\omega)}{P(\omega)} \tag{5-12}$$

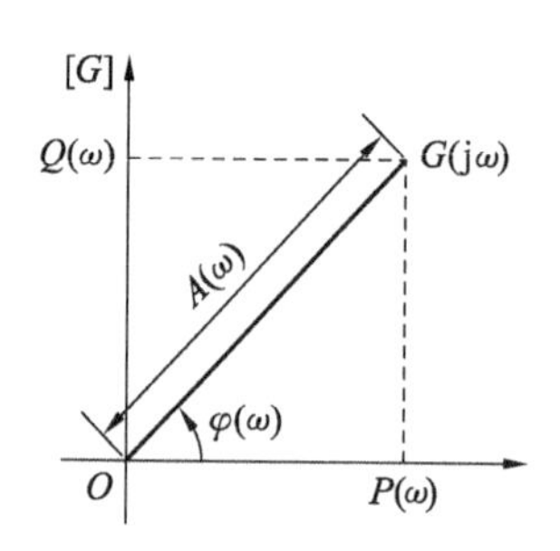

图 5-2　G(jω)在复平面上的表示

5.1.1.3　频率特性说明

① 频率特性仅取决于系统的结构及元件参数，与系统的外界输入和各初始条件无关。它同微分方程、传递函数一样，是描述系统动态特性的数学模型，成为系统频域分析的理论依据。系统的 3 种数学模型的关系如图 5-3 所示。

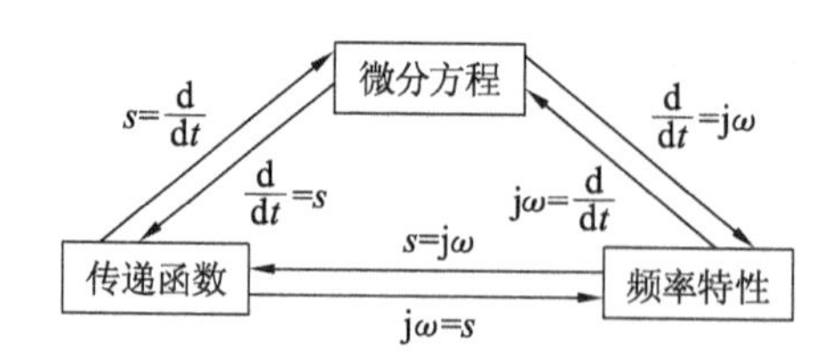

图 5-3　3 种数学模型的相互关系

② 频率特性是在系统稳定的前提下求得的，不稳定系统则无法直接观察到稳态响应。

从理论上讲，系统动态过程的稳态分量总可以分离出来，而且其规律并不依赖于系统的稳定性。可将频率特性的概念扩展为线性系统正弦输入作用下，输出稳态分量和输入的复数比，因此，频率特性是一种稳态响应。

③ $G(j\omega)$，$|G(j\omega)|$，$\angle G(j\omega)$都是频率 ω 的函数，都随着输入频率的变化而变化，而与输入幅值无关。

④ 频率特性反映了控制系统的性能，不同的性能指标，对控制系统的频率特性提出不同的要求。反之，根据控制系统的频率特性就能确定控制系统的性能指标。

⑤ 大多数自动控制系统具有低通滤波器的特性，随着 ω 增大，幅频特性 $A(\omega)$衰减，即当 $\omega\to\infty$时，$|G(j\omega)|$ 多趋于 0。

⑥ 频率特性仅适用于线性系统(或元件)。

5.1.2　频率特性的表示方法

系统频率特性的表示方法很多，其本质上都是一样的，只是表示形式不同。由于图形表示的方法可方便、迅速地获得问题的近似解，用频率法分析、设计控制系统时，常常不是从频率特性的函数表达式出发，而是将频率特性绘制成曲线，借助于这些曲线对系统进行图解分析。频率特性的图形表示是描述系统的输入频率 ω 从 0 到∞变化时频率响应的幅值、相位与频率之间关系的一组曲线，每一种图形表示都基于某一形式的坐标图表示法。这里以图 5-1 所示电路为例，介绍控制工程中常见的 4 种频率特性图示法，具体见表 5-1，其中第 2、3 种图示方法在实际中应用最为广泛，是本章学习的重点。

表 5-1　常见频率特性图示法

序号	名称	图形常用名	坐标系
1	幅频特性曲线 相频特性曲线	频率特性图	直角坐标
2	幅相频率特性曲线	极坐标图、奈奎斯特图	极坐标
3	对数幅频特性曲线 对数相频特性曲线	对数坐标图、伯德图	半对数坐标
4	对数幅相频率特性曲线	对数幅相图、尼柯尔斯图	对数幅相坐标

5.1.2.1　频率特性和幅相频率特性曲线

(1) 频率特性曲线

频率特性曲线包括幅频特性曲线和相频特性曲线。幅频特性是频率特性幅值$|G(j\omega)|$随ω 的变化规律；相频特性描述频率特性相角$\angle G(j\omega)$随 ω 的变化规律。图 5-1 所示电路的频率特性如图 5-4 所示。

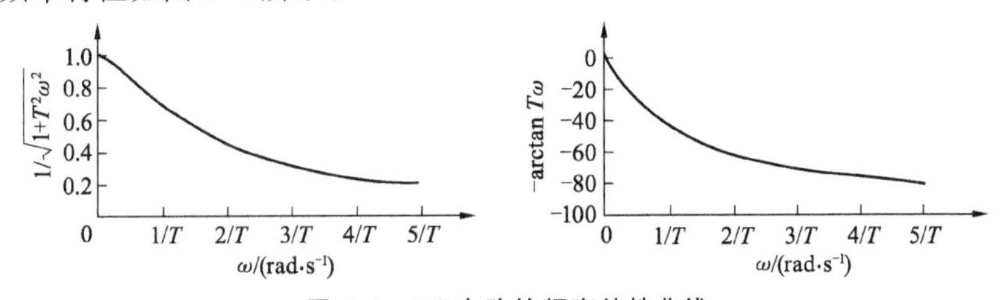

图 5-4　RC 电路的频率特性曲线

(2) 幅相频率特性曲线

幅相频率特性曲线又称奈奎斯特(Nyquist)曲线(简称幅相特性或奈氏曲线)，是正弦传递函数在复平面上以极坐标的形式表示的。由式(5-6)可知，对于某个特定频率 ω_i 下的频率特性 $G(j\omega_i)$，可以用复平面 G 上的向量表示，向量的长度为 $A(\omega_i)$，相角为 $\varphi(\omega_i)$。当 $\omega=0\to\infty$ 变化时，向量 $G(j\omega)$ 的端点在复平面 G 上描绘出来的轨迹就是幅相频率特性曲线。通常把 ω 作为参变量标在曲线相应点的旁边，并用箭头表示 ω 增大时特性曲线的走向。奈奎斯特图的优点是能够在一幅图上表示出系统在整个频率范围内的频率响应特性。

图 5-5 中的实线就是图 5-1 所示电路的幅相频率特性曲线。

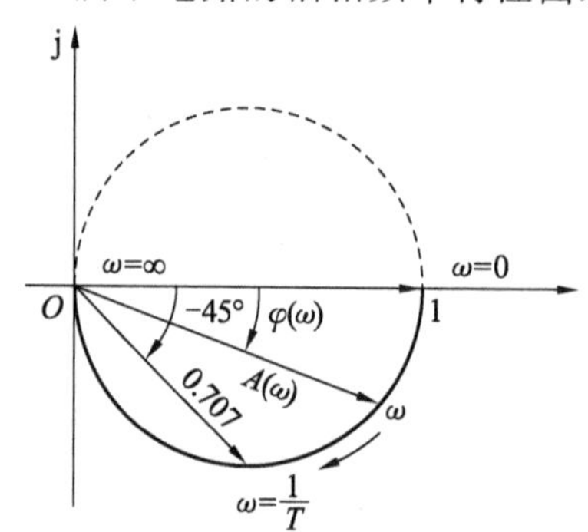

图 5-5　RC 电路的幅相频率特性曲线

5.1.2.2　对数频率特性曲线

对数频率特性曲线又叫伯德(Bode)图。它由对数幅频特性和对数相频特性 2 条曲线组成，是频率法中应用最广泛的一种表示方法。伯德图是在半对数坐标纸上绘制出来的，其横坐标采用对数刻度，纵坐标采用线性的均匀刻度。伯德图表示的优点是能够展示系统中单个环节对系统整体特性所产生的影响。

在伯德图中，对数幅频特性是 $G(j\omega)$ 的对数值 $20\lg|G(j\omega)|$ 与频率 ω 的关系曲线；对数相频特性则是 $G(j\omega)$ 的相角 $\varphi(\omega)$ 与频率 ω 的关系曲线。在绘制伯德图时，为了作图和读数方便，常将 2 条曲线画在一起，采用同一横坐标作为频率轴，横坐标虽采用对数刻度，但以 ω 的实际值标定，单位为 rad/s(弧度/秒)。

画对数频率特性曲线时，必须注意对数刻度的特点。尽管在频率 ω 轴上标明的数值是实际的 ω 值，但坐标上的距离却是按 ω 值的常用对数 $\lg\omega$ 来刻度的。坐标轴上任何两点 ω_1 和 ω_2(设 $\omega_2>\omega_1$)之间的距离为 $\lg\omega_2-\lg\omega_1$，而不是 $\omega_2-\omega_1$。横坐标上若 2 对频率间距离相同，则其比值相等。

频率 ω 每变化 10 倍称为一个 10 倍频程，又称“旬距”，记作 dec。每个 dec 沿横坐标走过的间隔为一个单位长度，如图 5-6 所示。

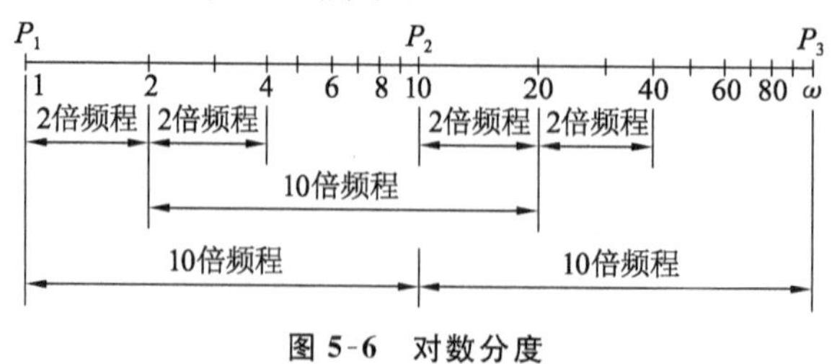

图 5-6　对数分度

对数幅频特性的纵坐标为 $L(\omega)=20\lg A(\omega)$，称为对数幅值，单位是dB(分贝)。由于纵坐标 $L(\omega)$ 已做过对数转换，故纵坐标按分贝值是线性刻度的。$A(\omega)$ 的幅值每增大10倍，对数幅值 $L(\omega)$ 就增加20 dB。

对数相频特性的纵坐标为相角 $\varphi(\omega)$，单位是度(°)，采用线性刻度。

图5-1所示电路的对数频率特性的Bode图的绘制方法如图5-7所示。

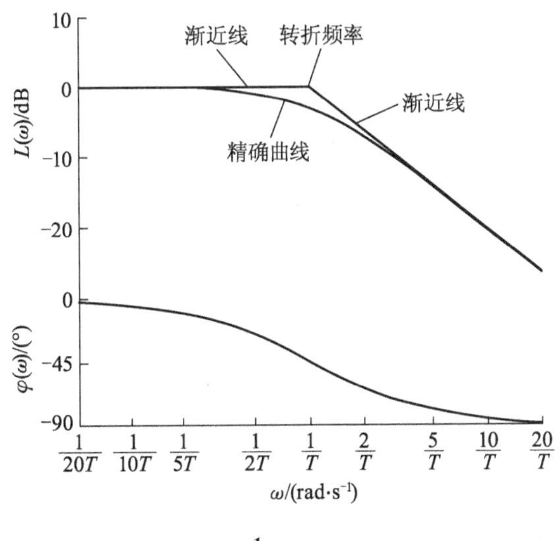

图5-7　$\dfrac{1}{\mathrm{j}T\omega+1}$ 对数频率特性

采用对数坐标图的优点较多，主要表现在以下几方面：

① 横坐标采用对数刻度，相对拓宽了低频段(低频段频率特性的形状对于控制系统性能的研究具有较重要的意义)，相对压缩了高频段。因此，可以在较宽的频段范围中研究系统的频率特性。

② 对数可将乘除运算变成加减运算。当绘制由多个环节串联而成的系统的对数幅频特性时，只要将各环节的对数幅频特性叠加起来即可，从而简化了作图的过程。

③ 在对数坐标图上，所有典型环节的对数幅频特性乃至系统的对数幅频特性均可用分段直线近似表示。这种近似具有相当的精确度。若对分段直线进行修正，即可得到精确的特性曲线。

④ 若将实验所得的频率特性数据整理并用分段直线画出对数频率特性，很容易写出实验对象的频率特性表达式或传递函数。

5.1.2.3　对数幅相特性曲线

对数幅相特性曲线又称尼柯尔斯(Nichols)曲线。对数幅相特性是由对数幅频特性和对数相频特性合并而成的曲线。对数幅相坐标的横轴为相角 $\varphi(\omega)$，单位是(°)，纵轴为对数幅频值 $L(\omega)=20\lg A(\omega)$，单位是dB。横坐标和纵坐标均是线性刻度。图5-1所示电路的对数幅相特性如图5-8所示(取 $T=1$)。尼柯尔斯图的优点是能够迅速地确定闭环系统的稳定性，并且易于解决系统的校正问题。

采用对数幅相特性可以利用尼柯尔斯图线方便地求得系统的闭环频率特性及其有关的特性参数，用以评估系统的性能。

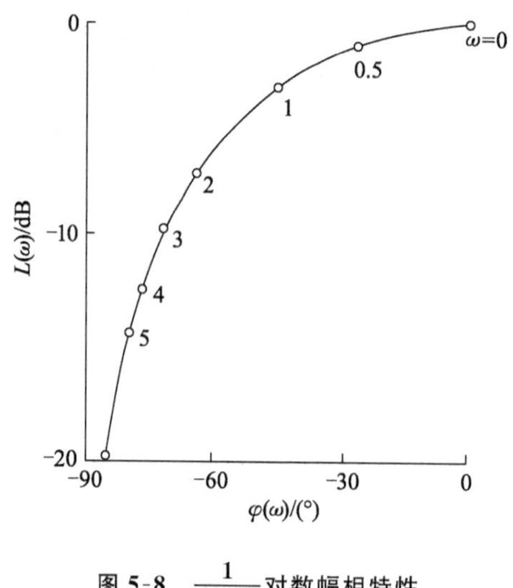

图 5-8 $\frac{1}{j\omega+1}$对数幅相特性

5.2 典型环节的频率特性

通常，控制系统的开环传递函数 $G(s)H(s)$的分子和分母多项式都可以分解成若干个因子相乘的形式，这些相乘的形式称为典型环节。任何一个复杂的控制系统都可以看成由若干典型环节组合而成，熟悉和掌握各个典型环节的频率特性，对了解系统的频率特性和分析系统的动态性能有很大的帮助。本节着重讨论常见典型环节的幅相频率特性曲线和对数频率特性曲线的绘制及特点。

5.2.1 比例环节

比例环节的传递函数为

$$G(s)=K \tag{5-13}$$

其频率特性为

$$G(\mathrm{j}\omega)=K+\mathrm{j}0=K\mathrm{e}^{\mathrm{j}0} \tag{5-14}$$

5.2.1.1 幅相频率特性曲线

幅频特性为

$$A(\omega)=|G(\mathrm{j}\omega)|=K \tag{5-15}$$

相频特性为

$$\varphi(\omega)=\angle G(\mathrm{j}\omega)=0^\circ \tag{5-16}$$

可见，比例环节的幅频特性和相频特性都是与 ω 无关的常量。在极坐标频率特性中其频率特性曲线为正实轴上坐标为(K，j0)的一个点，它表明比例环节稳态正弦响应的振幅是输入信号的 K 倍，且响应与输入同相角。特性曲线如图 5-9a 所示。

5.2.1.2 对数频率特性曲线

对数幅频特性为

$$L(\omega)=20\lg A(\omega)=20\lg K \tag{5-17}$$

对数相频特性为

$$\varphi(\omega)=\angle G(j\omega)=0° \tag{5-18}$$

可见，比例环节的对数幅频特性 $L(\omega)$ 和对数相频特性 $\varphi(\omega)$ 也都是与 ω 无关的水平直线。$L(\omega)$ 是一条纵坐标为 $20\lg K$，平行于横轴的直线，$\varphi(\omega)$ 也是一条与0°线重合的直线。特性曲线如图5-9b所示。

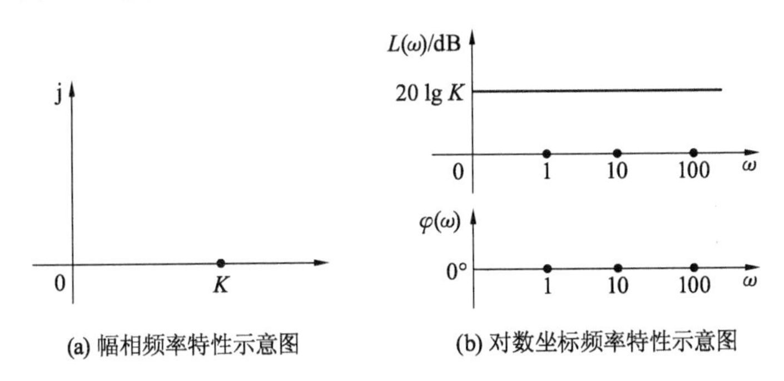

(a) 幅相频率特性示意图　　(b) 对数坐标频率特性示意图

图5-9　比例环节的幅相频率特性和对数频率特性示意图

比例环节放大倍数 K 变化，则系统的 $L(\omega)$ 上下平移。若 $K>1$，则 $L(\omega)$ 为正值，水平直线在横轴上方；若 $K=1$，则 $L(\omega)=0$ dB，水平直线与横轴重合，所以横轴又称零分贝线；若 $K<1$，则 $L(\omega)$ 为负值，水平直线在横轴下方。增设比例环节后，将使系统的 $L(\omega)$ 向上（或向下）平移，而不会改变 $L(\omega)$ 的形状，对系统 $\varphi(\omega)$ 将不产生任何影响。这是比例环节的一大特点。比例环节是自动控制系统中应用最多的一种，能立即成比例地响应输入量的变化，例如，电子放大器、齿轮减速器、杠杆机构、弹簧、电位器等均具有比例特性。

5.2.2　微分环节

微分环节的传递函数为

$$G(s)=s \tag{5-19}$$

其频率特性为

$$G(j\omega)=0+j\omega=\omega e^{j90°} \tag{5-20}$$

5.2.2.1　幅相频率特性曲线

幅频特性为

$$A(\omega)=\omega \tag{5-21}$$

相频特性为

$$\varphi(\omega)=90° \tag{5-22}$$

可见，微分环节的幅值变化与 ω 成正比，即当 $\omega=0$ 时，$A(\omega)=0$；当 $\omega\to\infty$ 时，$A(\omega)\to\infty$；而相角 $\varphi(\omega)$ 则恒为90°，为相位超前环节。因此，微分环节的幅相特性曲线应从 G 平面的原点起始，一直沿虚轴趋于 $+j\infty$ 处。特性曲线如图5-10a所示。

5.2.2.2　对数频率特性曲线

对数幅频特性为

$$L(\omega)=20\lg\omega \tag{5-23}$$

对数相频特性为

$$\varphi(\omega)=90^\circ \tag{5-24}$$

对数幅频曲线在 $\omega=1$ 处通过 0 dB 线，斜率为 20 dB/dec，且是每 10 倍的频程增加 20 dB 的一条斜线；对数相频特性为 $+90^\circ$ 直线。特性曲线如图 5-10b 所示。

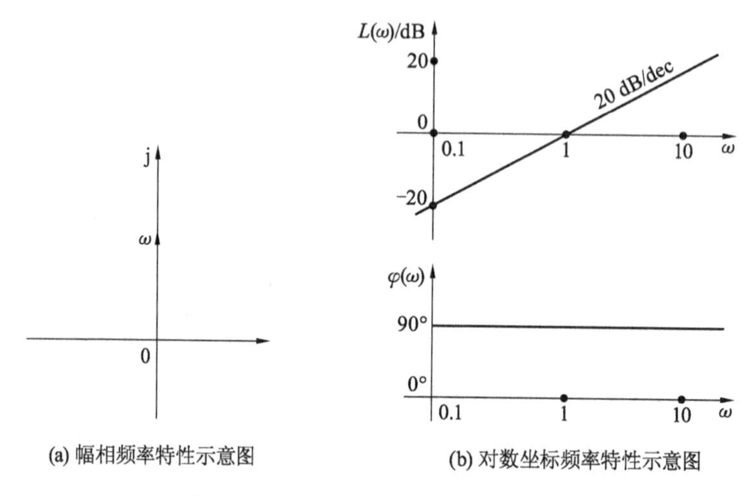

图 5-10　微分环节的幅相频率特性和对数频率特性示意图

5.2.3　积分环节

积分环节的传递函数为

$$G(s)=\frac{1}{s} \tag{5-25}$$

其频率特性为

$$G(j\omega)=0+\frac{1}{j\omega}=\frac{1}{\omega}e^{-j90^\circ} \tag{5-26}$$

5.2.3.1　幅相频率特性曲线

幅频特性为

$$A(\omega)=\frac{1}{\omega} \tag{5-27}$$

相频特性为

$$\varphi(\omega)=-90^\circ \tag{5-28}$$

可见，积分环节的幅值与 ω 成反比，即当 $\omega=0$ 时，$A(\omega)=0$；当 $\omega\to\infty$ 时，$A(\omega)\to\infty$，而相角 $\varphi(\omega)$ 则恒为 -90°。因此，微分环节的幅相特性曲线应从虚轴 $-j\infty$ 处出发，沿负虚轴逐渐趋于坐标原点，特性曲线如图 5-11a 所示。

5.2.3.2　对数频率特性曲线

对数幅频特性为

$$L(\omega)=-20\lg\omega \tag{5-29}$$

对数相频特性为

$$\varphi(\omega)=-90^{\circ} \tag{5-30}$$

对数幅频曲线在 $\omega=1$ 处通过 0 dB 线，斜率为 −20 dB/dec，是每 10 倍的频程增加 20 dB 的一条斜线；对数相频特性为 −90°直线。特性曲线如图 5-11b 所示。积分环节输出且与输入量间的关系与微分环节相反，传递函数互为倒数，对数幅频特性和对数相频特性仅差一个符号，因此它们的伯德图镜像对称于横轴。积分环节实例的逆过程就是微分过程。

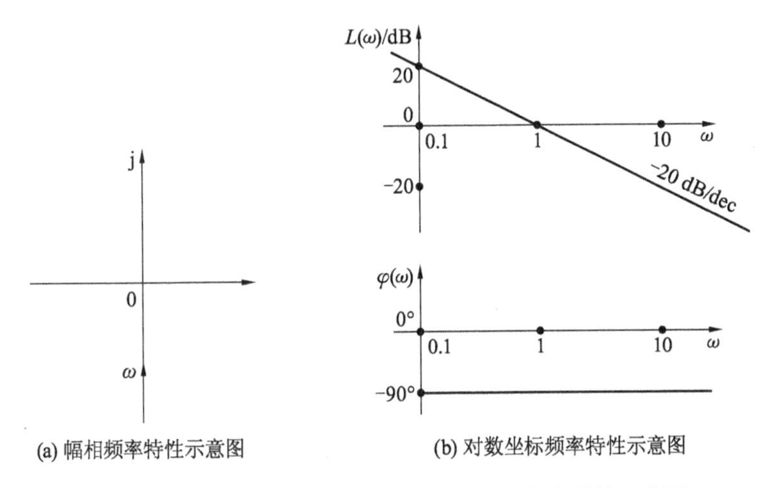

图 5-11　积分环节的幅相频率特性和对数频率特性示意图

积分环节的特点是它的输出量为输入量对时间的积累。因此，凡是输出量对输入量有储存和积累特点的元件一般都含有积分环节。例如，水箱的水位与水流量、烘箱的温度与热流量(或功率)、机械运动中的转速与转矩、位移与速度、速度与加速度、电容的电量与电流等。积分环节也是自动控制系统中应用最多的环节之一。

5.2.4　惯性环节

惯性环节的传递函数为

$$G(s)=\frac{1}{Ts+1} \tag{5-31}$$

其频率特性为

$$G(\mathrm{j}\omega)=\frac{1}{1+\mathrm{j}T\omega}=\frac{1}{\sqrt{1+T^{2}\omega^{2}}}\mathrm{e}^{-\mathrm{j}\arctan T\omega} \tag{5-32}$$

5.2.4.1　幅相频率特性曲线

幅频特性为

$$A(\omega)=\frac{1}{\sqrt{1+T^{2}\omega^{2}}} \tag{5-33}$$

相频特性为

$$\varphi(\omega)=-\arctan T\omega \tag{5-34}$$

可见，当 ω 由 $0\rightarrow\infty$ 时，幅值 $A(\omega)$ 由 1 衰减至 0，当 $\omega=\frac{1}{T}$ 时，$A(\omega)=\frac{1}{\sqrt{2}}$；而相角

$\varphi(\omega)$由 0°→−90°，当 $\omega=\frac{1}{T}$时，$\varphi(\omega)=45°$。一阶惯性环节是一个相位滞后环节，其最大滞后相角为 90°。

由式(5-32)可得

$$G(j\omega)=\frac{1}{1+jT\omega}=\frac{1-jT\omega}{1+T^2\omega^2}=X+jY$$

其中

$$X=\frac{1}{1+T^2\omega^2}$$

$$Y=\frac{-T\omega}{1+T^2\omega^2}=-T\omega X$$

得

$$-T\omega=\frac{Y}{X}$$

整理后可得

$$(X-\frac{1}{2})^2+Y^2=\left(\frac{1}{2}\right)^2$$

因此，惯性环节幅相特性曲线是一半圆，圆心为$\left(\frac{1}{2}, j0\right)$，半径为$\frac{1}{2}$，且位于直角坐标图的第四象限，具体如图 5-12a 所示。同时，一阶惯性环节可视为一个低通滤波器，低频信号容易通过，而高频信号通过后幅值衰减较大。

5.2.4.2 对数频率特性曲线

对数幅频特性为

$$L(\omega)=20\lg A(\omega)=20\lg\frac{1}{\sqrt{1+T^2\omega^2}}=-20\lg\sqrt{1+T^2\omega^2} \tag{5-35}$$

对数相频特性为

$$\varphi(\omega)=-\arctan T\omega \tag{5-36}$$

当 $\omega\ll\frac{1}{T}$时，略去式(5-35)根号中的 $T\omega$ 项，则有 $L(\omega)\approx-20\lg 1=0$ dB，表明 $L(\omega)$的低频渐近线是 0 dB 水平线。当 $\omega\gg\frac{1}{T}$时，略去式(5-35)根号中的“1”项，则有 $L(\omega)=-20\lg T\omega$，表明 $L(\omega)$高频部分的渐近线是斜率为−20 dB/dec 的直线，两条渐近线的交点频率$\frac{1}{T}$称为转折频率，通常用 ω_1 表示。

图 5-12b 绘出惯性环节对数幅频特性的渐近线、精确曲线及对数相频曲线。由图可见，最大幅值误差发生 $\omega_1=\frac{1}{T}$处，其值为 $L(\omega)=-20\lg\sqrt{2}=-3.03$ dB，可用图 5-12c 所示的误差曲线来进行修正。因此，用渐近线代替实际曲线的误差是不大的。惯性环节的对数相频特性从 0°变化到−90°，并且关于点(ω_1，−45°)对称。

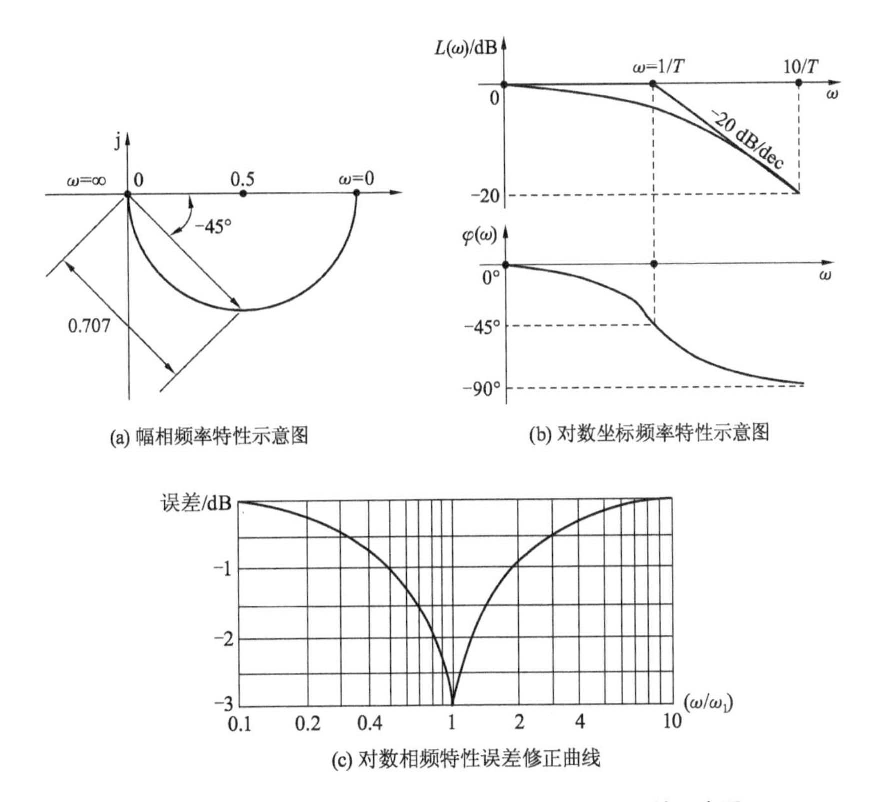

(a) 幅相频率特性示意图

(b) 对数坐标频率特性示意图

(c) 对数相频特性误差修正曲线

图 5-12　惯性环节的幅相频率特性和对数频率特性示意图

RL 电路、RC 电路、惯性调节器和弹簧阻尼系统都具有惯性，当输入量发生突变时，输出量不能突变，只能按指数规律逐渐变化。

5.2.5　一阶微分环节

一阶微分环节的传递函数为

$$G(s)=Ts+1 \tag{5-37}$$

其频率特性为

$$G(\mathrm{j}\omega)=1+\mathrm{j}T\omega=\sqrt{1+T^2\omega^2}\ \mathrm{e}^{\mathrm{j}\arctan T\omega} \tag{5-38}$$

5.2.5.1　幅相频率特性曲线

幅频特性为

$$A(\omega)=\sqrt{1+T^2\omega^2} \tag{5-39}$$

相频特性为

$$\varphi(\omega)=\arctan\ T\omega \tag{5-40}$$

可见，当 ω 由 0 到∞时，惯性环节的幅频特性 $A(\omega)$ 由 1 衰减至 0，相频特性 $\varphi(\omega)$ 由 0°→90°。因此，一阶微分环节的极坐标频率特性曲线是一条平行于虚轴的射线，其顶点在(1，j0)处，曲线如图 5-13a 所示。

5.2.5.2　对数频率特性曲线

对数幅频特性为

$$L(\omega)=20\lg A(\omega)=20\lg\sqrt{1+T^2\omega^2} \tag{5-41}$$

对数相频特性为

$$\varphi(\omega)=\arctan T\omega \tag{5-42}$$

因为一阶微分环节的传递函数与惯性环节的传递函数互为倒数，所以一阶微分环节与惯性环节的对数幅频特性曲线和对数相频特性曲线分别关于 0 和 0°线对称，如图 5-13b 所示。

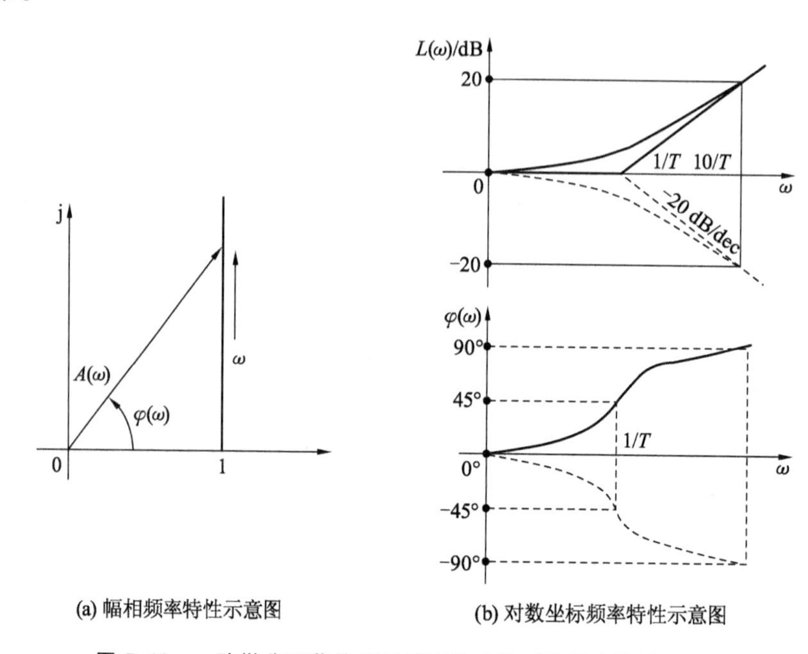

(a) 幅相频率特性示意图　(b) 对数坐标频率特性示意图

图 5-13　一阶微分环节的幅相频率特性和对数频率特性示意图

5.2.6　二阶振荡环节

二阶振荡环节的传递函数为

$$G(s)=\frac{1}{T^2s^2+2T\zeta s+1}=\frac{\omega_n^2}{s^2+2\zeta\omega_n+\omega_n^2},\quad 0<\zeta<1 \tag{5-43}$$

式中：ω_n——无阻尼自然振荡频率，$\omega_n=1/T$；

ζ——阻尼比，$0<\zeta<1$。

其频率特性为

$$G(j\omega)=\frac{1}{(1-\frac{\omega^2}{\omega_n^2})+j2\zeta\frac{\omega}{\omega_n}} \tag{5-44}$$

5.2.6.1　幅相频率特性曲线

幅频特性为

$$A(\omega)=\frac{1}{\sqrt{\left(1-\frac{\omega^2}{\omega_n^2}\right)^2+4\zeta^2\frac{\omega^2}{\omega_n^2}}} \tag{5-45}$$

相频特性为

$$\varphi(\omega)=-\arctan\frac{2\zeta\frac{\omega}{\omega_n}}{1-\frac{\omega^2}{\omega_n^2}} \tag{5-46}$$

可见，当 $\omega=0$ 时，$G(j0)=1\angle 0°$；当 $\omega=\omega_n$ 时，$G(j\omega_n)=1/(2\zeta)\angle -90°$；当 $\omega=\infty$ 时，$G(j\infty)=0\angle 180°$。

当 ω 由 0 增大到∞时，惯性环节的幅频特性 $A(\omega)$由 1 衰减至 0，相频特性 $\varphi(\omega)$由 0°$\rightarrow -180°$；当 $\omega=\omega_n$ 时，$A(\omega_n)=\frac{1}{2\zeta}$，$\varphi(\omega)=-90°$。因此，振荡环节的极坐标频率特性曲线当 $\omega=\omega_n$ 时与负虚轴相交，且阻尼比 ζ 越大交点越靠近原点，曲线如图 5-14a 所示。

5.2.6.2　对数频率特性曲线

对数幅频特性为

$$L(\omega)=-20\lg\sqrt{\left[1-\left(\frac{\omega}{\omega_n}\right)^2\right]^2+\left(2\zeta\frac{\omega}{\omega_n}\right)^2} \tag{5-47}$$

对数相频特性为

$$\varphi(\omega)=-\arctan\frac{\frac{2\zeta\omega}{\omega_n}}{1-(\frac{\omega}{\omega_n})^2} \tag{5-48}$$

当$\frac{\omega}{\omega_n}\ll 1$时，略去式(5-47)根号中的“$\left(\frac{\omega}{\omega_n}\right)^2$”和“$2\zeta\frac{\omega}{\omega_n}$”项，则有 $L(\omega)\approx-20\lg 1=0$ dB，表明 $L(\omega)$的低频渐近线是 0 dB 水平线。当$\frac{\omega}{\omega_n}\gg 1$时，略去式(5-47)根号中的“1”和“$2\zeta\frac{\omega}{\omega_n}$”项，则有 $L(\omega)=-20\lg\left(\frac{\omega}{\omega_n}\right)^2=-40\lg\frac{\omega}{\omega_n}$，表明 $L(\omega)$高频部分的渐近线是过点(ω_n，0)，斜率为-40 dB/dec 的一条直线。显然，当$\frac{\omega}{\omega_n}=1$，即 $\omega=\omega_n$ 是 2 条渐近线的相交点，该处的实际值为 $L(\omega)=-20\lg 2\zeta$ dB，所以，振荡环节的自然频率 ω_n 就是其转折频率。在 $\omega=\omega_n$ 处，$0.4<\zeta<0.7$ 时，误差小于 3 dB，可以不对渐近线进行修正，但当 $\zeta\leqslant 0.4$ 或 $\zeta\geqslant 0.7$ 时，误差较大，必须对渐近线进行修正。

二阶振荡环节的对数幅频特性不仅与$\frac{\omega}{\omega_n}$有关，而且与阻尼比 ζ 有关，因此在转折频率附近一般不能简单地用渐近线近似代替，否则可能引起较大的误差，图 5-14b 给出当 ζ 取不同值时对数幅频特性曲线和渐近线，由图可见，在 $\zeta<0.707$ 时，曲线出现谐振峰值，ζ 值越小，谐振峰值越大，它与渐近线之间的误差越大(如需修正，可以应用误差计算公式以获取修正后的曲线)。工程上常用简便的渐近线来代替实际的曲线，如图 5-14c 所示。

由式(5-48)可知，相角 $\varphi(\omega)$也是 ω/ω_n 和 ζ 的函数，当 $\omega=0$ 时 $\varphi(\omega)=0$；当 $\omega\rightarrow\infty$时，$\varphi(\omega)=-180°$，当 $\omega=\omega_n$ 时，不管 ζ 值的大小，$\varphi(\omega)$总是等于$-90°$，而且相频特性曲线关于点(ω_n，$-90°$)对称，如图 5-14b 所示。

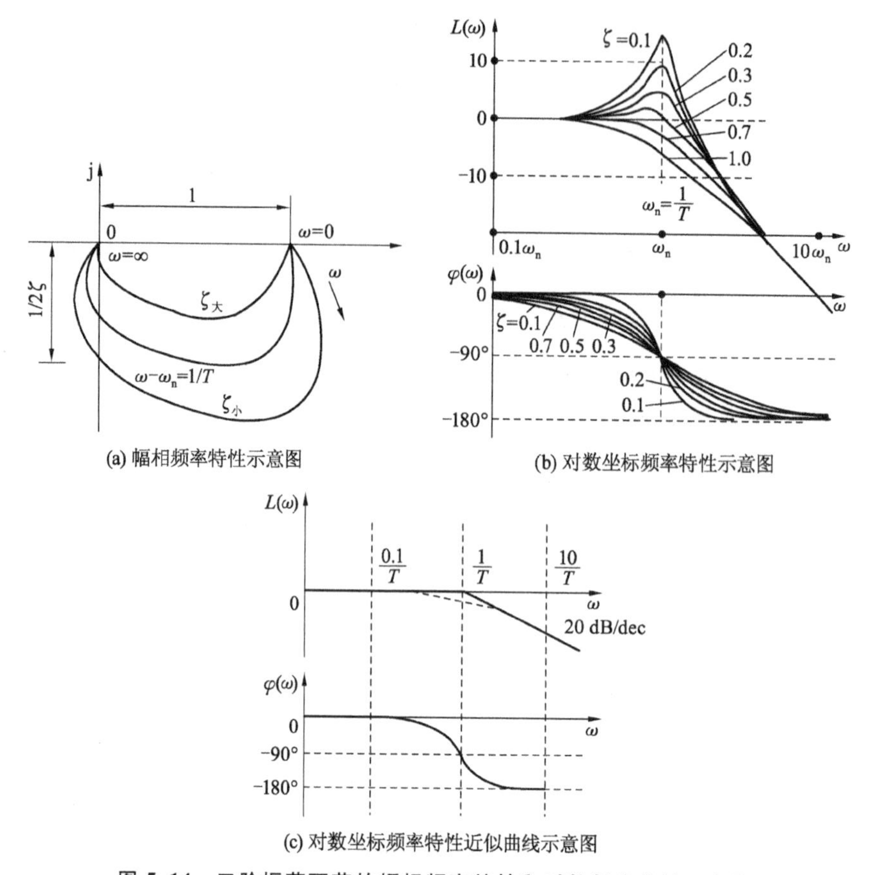

(a) 幅相频率特性示意图

(b) 对数坐标频率特性示意图

(c) 对数坐标频率特性近似曲线示意图

图 5-14　二阶振荡环节的幅相频率特性和对数频率特性示意图

5.2.7　二阶微分环节

二阶微分环节的传递函数为

$$G(s)=T^2s^2+2\zeta Ts+1=\frac{s^2}{\omega_n^2}+2\zeta\frac{s}{\omega_n}+1 \tag{5-49}$$

其频率特性为

$$G(j\omega)=\left(1-\frac{\omega^2}{\omega_n^2}\right)+j2\zeta\frac{\omega}{\omega_n} \tag{5-50}$$

5.2.7.1　幅相频率特性曲线

幅频特性为

$$A(\omega)=\sqrt{\left(1-\frac{\omega^2}{\omega_n^2}\right)^2+4\zeta^2\frac{\omega^2}{\omega_n^2}} \tag{5-51}$$

相频特性为

$$\varphi(\omega)=\arctan\frac{2\zeta\frac{\omega}{\omega_n}}{1-\frac{\omega^2}{\omega_n^2}} \tag{5-52}$$

二阶微分环节的幅相频率特性曲线如图 5-15a 所示。

5.2.7.2 对数频率特性曲线

对数幅频特性为

$$L(\omega)=20\lg\sqrt{\left[1-(\frac{\omega}{\omega_{n}})^{2}\right]^{2}+(2\zeta\frac{\omega}{\omega_{n}})^{2}} \tag{5-53}$$

对数相频特性为

$$\varphi(\omega)=\arctan\frac{\frac{2\zeta\omega}{\omega_{n}}}{1-(\frac{\omega}{\omega_{n}})^{2}} \tag{5-54}$$

可知，二阶微分环节与二阶振荡环节成倒数关系，其伯德图与二阶振荡环节伯德图关于频率轴对称。同样，与二阶振荡环节一致的是，二阶微分环节在工程上也常用简便的对数频率特性渐近线来代替实际的曲线，如图5-15b所示。

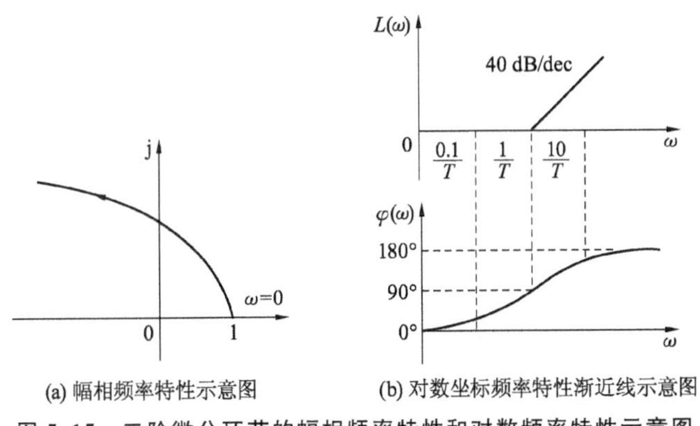

(a) 幅相频率特性示意图　　(b) 对数坐标频率特性渐近线示意图

图5-15　二阶微分环节的幅相频率特性和对数频率特性示意图

5.2.8 延迟环节

延迟环节的传递函数为

$$G(s)=e^{-\tau s} \tag{5-55}$$

其频率特性为

$$G(j\omega)=e^{-j\tau\omega} \tag{5-56}$$

5.2.8.1 幅相频率特性曲线

幅频特性为

$$A(\omega)=1 \tag{5-57}$$

相频特性为

$$\varphi(\omega)=-\tau\omega \tag{5-58}$$

其幅相特性曲线是圆心在原点的单位圆，如图5-16a所示，ω值越大，其相角滞后量越大。

5.2.8.2 对数频率特性曲线

对数幅频特性为

$$L(\omega)=20\lg|G(j\omega)|=0 \tag{5-59}$$

对数相频特性为

$$\varphi(\omega) = -\tau\omega \tag{5-60}$$

式(5-60)表明，延迟环节的对数幅频特性与0 dB线重合，对数相频特性值与ω成正比，当ω由0增大到∞时，相角滞后量也趋近于∞，将严重影响系统的稳定性。延迟环节的伯德图如图5-16b所示。

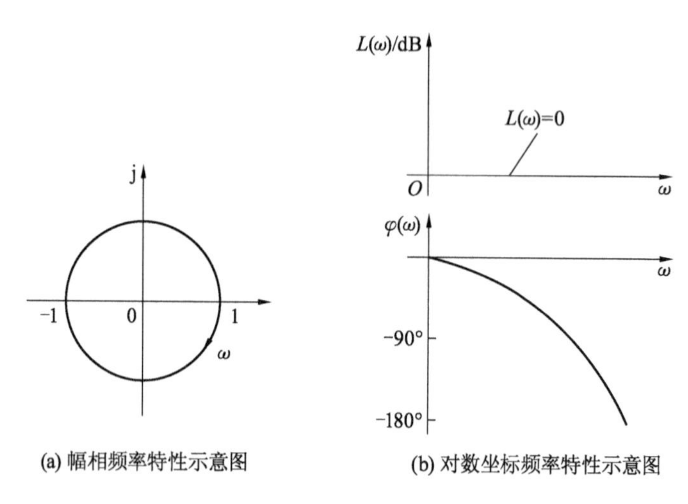

(a) 幅相频率特性示意图　　(b) 对数坐标频率特性示意图

图 5-16　延迟环节的幅相频率特性和对数频率特性示意图

在延迟时间很小的情况下，延迟环节可用一个小惯性环节来代替。具体实例有液压油从液压泵到阀控油缸间的管道传输产生的时间上的延迟，热量通过传导因传输速率低而造成的时间上的延迟，各种传送带(或传送装置)因传送造成的时间上的延迟，从切削加工状况到测得结果之间的时间上的延迟等。

5.3　控制系统的开环频率特性

对自动控制系统进行频域分析时，通常是根据开环系统的频率特性来判断闭环系统的稳定性和估算闭环系统时域响应的各项性能指标，或者根据开环系统的频率特性绘制闭环系统的频率特性，然后分析及估算时域性能指标。因此，掌握开环系统的频率特性曲线的绘制及其特点十分重要。

掌握了典型环节的频率特性图的绘制之后，就可以相应地绘制出系统开环频率特性图(作图简单、方便)，从而根据系统的开环频率特性分析系统的闭环性能指标。本节着重介绍结合工程需要，绘制极坐标及对数坐标图形式的开环频率特性曲线图。

5.3.1　系统开环幅相频率特性的绘制

系统的开环传递函数通常写成由若干个典型环节相串联的形式，设系统的开环传递函数为

$$G_0(s) = G_1(s)G_2(s)\cdots G_n(s) = \prod_{i=1}^{n} G_i(s) \tag{5-61}$$

系统的开环频率特性为

$$G_0(\mathrm{j}\omega) = G_1(\mathrm{j}\omega)G_2(\mathrm{j}\omega)\cdots G_n(\mathrm{j}\omega) = \prod_{i=1}^{n} G_i(\mathrm{j}\omega) = A(\omega)\mathrm{e}^{\mathrm{j}\sum_{i=1}^{n}\varphi_i(\omega)} \tag{5-62}$$

开环幅频特性为

$$A(\omega) = \prod_{i=1}^{n} A_i(\omega) \tag{5-63}$$

开环相频特性为

$$\varphi(\omega) = \sum_{i=1}^{n} \varphi_i(\omega) \tag{5-64}$$

式(5-63)和式(5-64)表明，系统的开环幅频特性等于该系统各个组成(典型)环节的幅频特性之积；系统的开环相频特性等于各串联环节的相频特性之和。

如果已知开环频率特性 $G_0(\mathrm{j}\omega)$，可令 ω 由小到大取值，算出 $A(\omega)$ 和 $\varphi(\omega)$ 的相应值，在极坐标系下描点、绘图可以得到准确的开环系统幅相特性。

在实际系统分析过程中，往往只需要知道幅相特性的大致图形即可，并不需要绘出准确曲线。可以将开环系统在 s 平面的零点、极点分布图画出来，令 $s=\mathrm{j}\omega$ 沿虚轴变化，当 $\omega=0\rightarrow\infty$ 时，分析各零点、极点指向 $s=\mathrm{j}\omega$ 的复向量的变化趋势，就可以概略作出开环系统的幅相特性曲线。概括说来，开环幅相曲线应反映开环频率特性的 4 个重要因素。

(1) 开环传递函数按典型环节分解。

(2) 确定开环幅相曲线的起点($\omega=0$)和终点($\omega=\infty$)。

(3) 确定开环幅相曲线与实轴的交点。

设 $\omega=\omega_g$ 时，$G_0(\mathrm{j}\omega)$ 的虚部为

$$\mathrm{Im}\left[G_0(\mathrm{j}\omega)\right]=0 \tag{5-65}$$

或

$$\varphi(\omega_g)=\angle G_0(\mathrm{j}\omega_g)=k\pi;\ k=0,\ \pm1,\ \pm2,\ \cdots \tag{5-66}$$

称 ω_g 为相角交界频率，开环频率特性曲线与实轴交点的坐标值为

$$\mathrm{Re}\left[G_0(\mathrm{j}\omega_g)\right]=G_0(\mathrm{j}\omega_g) \tag{5-67}$$

(4) 确定开环幅相曲线的变化范围(象限、单调性)。

【例 5-1】 某单位负反馈系统的开环传递函数为

$$G_0(s)=\frac{10}{(s+1)(2s+1)}$$

试绘制系统的开环幅相频率特性曲线。

解 从开环传递函数可知，系统由 1 个比例环节和 2 个惯性环节串联而成，其频率特性为

$$G_0(\mathrm{j}\omega)=10\,\frac{1}{\mathrm{j}\omega+1}\cdot\frac{1}{\mathrm{j}2\omega+1}$$

开环幅频特性为

$$A(\omega)=\left|G_0(\mathrm{j}\omega)\right|=\prod_{i=1}^{3}A_i(\omega)=10\,\frac{1}{\sqrt{\omega^2+1}}\cdot\frac{1}{\sqrt{(2\omega)^2+1}}$$

开环相频特性为

$$\varphi(\omega) = \angle G_0(\mathrm{j}\omega) = \sum_{i=1}^{3} \phi_i(\omega) = 0° - \arctan\omega - \arctan 2\omega$$

曲线的起点为

$$\lim_{\omega \to 0} G_0(\mathrm{j}\omega) = 10\angle 0°$$

曲线的终点为

$$\lim_{\omega \to \infty} G_0(\mathrm{j}\omega) = 0\angle -180°$$

通过以上两式，计算出曲线的起点和终点的坐标值，绘制出系统开环幅频相频特性曲线，如图 5-17 所示。

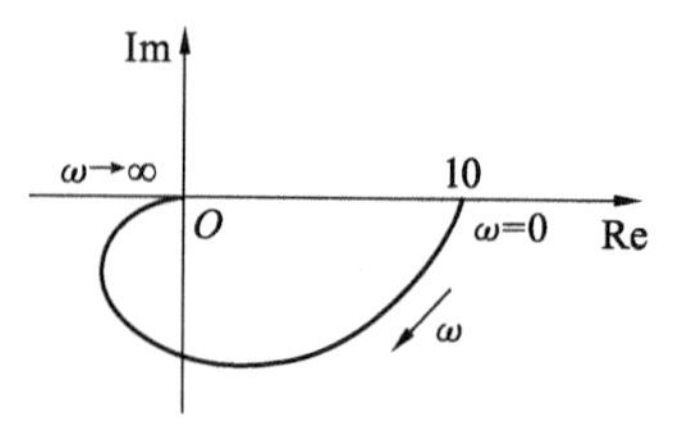

图 5-17　系统幅相频率特性曲线

由图可知，曲线起始于点(0，j0)，并以$-180°$的入射角终止于原点(0，j0)。

5.3.2　系统开环对数频率特性的绘制

同开环幅相频率特性一样，通过将开环传递函数分解为各个典型环节，可以很方便地绘制出系统的开环对数频率特性曲线，从而对闭环系统的稳定性及性能指标进行分析和计算。

设单位反馈系统，其开环传递函数为

$$G_0(s) = G_1(s)G_2(s)\cdots G_n(s) = \prod_{i=1}^{n} G_i(s)$$

其频率特性为

$$G_0(\mathrm{j}\omega) = G_1(\mathrm{j}\omega)G_2(\mathrm{j}\omega)\cdots G_n(\mathrm{j}\omega) = \prod_{i=1}^{n} G_i(\mathrm{j}\omega) = A(\omega)\mathrm{e}^{\mathrm{j}\sum_{i=1}^{n}\varphi_i(\omega)}$$

其开环对数频率特性为

$$L(\omega) = 20\lg|G_0(\mathrm{j}\omega)| = 20\lg\left|\prod_{i=1}^{n} G_i(\mathrm{j}\omega)\right| = 20\sum_{i=1}^{n}\lg|G_i(\mathrm{j}\omega)| \tag{5-68}$$

$$\varphi(\omega) = \sum_{i=1}^{n}\varphi_i(\omega)$$

可以看出，系统开环对数幅频特性和对数相频特性分别等于该系统各个典型环节的对数幅频特性和相频特性之和。单个环节对系统频率特性的影响是具体的，也是容易观察的，这有利于校正环节的选择与参数的确定。

5.3.2.1　对数幅频特性曲线的绘制

对于开环对数幅频特性曲线来说，由于在控制系统的分析和设计中，通常情况下采用渐进特性已经足够，在要求较高时对渐近线加以修正即可得到精确曲线，因此，我们着重介绍开环对数幅频特性渐近曲线的绘制方法。绘制方法有以下两种：

方法 1：分别绘出各个典型环节的对数幅频特性，然后相加，可得系统的开环对数幅频特性曲线。

方法 2：绘制步骤如下：

(1) 对开环传递函数进行典型环节分解，分为三个环节：$\frac{K}{s^v}$(v是积分环节个数)环节、一阶环节(包括惯性环节、一阶微分环节)、二阶环节(包括振荡环节、二阶微分环节)。

（2）确定各环节的转折频率，并将各转折频率按从小到大的顺序，标注在半对数坐标图的 ω 轴上。其中，最小转折频率记 $\omega_{\min}$，$\omega<\omega_{\min}$ 的频率范围称为低频段。

（3）绘制渐近线的低频段。

由于一阶、二阶环节的对数幅频特性渐近线在转折频率前斜率为 0 dB/dec，在转折频率处斜率才发生变化，故在 $\omega<\omega_{\min}$ 低频段内，开环系统对数幅频特性渐近线的斜率取决于 $\frac{K}{s^{v}}$，因此直线斜率为 $-20v$ dB/dec。

为获得低频渐近线，还需确定该直线上的一点，可采用下述方法：

① 在 $\omega<\omega_{\min}$ 频段内，任选一点 ω_0，计算 $L(\omega_0)=20\lg\frac{K}{\omega_0^{v}}=20\lg K-v20\lg\omega_0$；

② 取特定值 $\omega_0=1$，则 $L(1)=20\lg K$；

③ 取特定值 $L(\omega_0)=0$，则 $20\lg\frac{K}{\omega_0^{v}}=0$，计算得 $\omega_0=K^{\frac{1}{v}}$。

过点 $(\omega_0, L(\omega_0))$，在 $\omega<\omega_{\min}$ 范围内，作斜率为 $-20v$ dB/dec 的直线。若 $\omega>\omega_{\min}$，则点 $(\omega_0, L(\omega_0))$ 位于低频渐近线的延长线上。

（4）绘制渐近线的中、高频段。

在 $\omega\geqslant\omega_{\min}$ 段，渐近线表现为分段折线；每 2 个相邻转折频率之间为直线；在每个转折频率处，斜率发生变化，变化规律取决于该转折频率对应的典型环节的种类。

遇到惯性环节的交接频率，斜率增加 -20 dB/dec。

遇到一阶微分的交接频率，斜率增加 $+20$ dB/dec。

遇到振荡环节的交接频率，斜率增加 -40 dB/dec。

遇到二阶微分的交接频率，斜率增加 $+40$ dB/dec。

值得注意的是，当系统的多个环节具有相同的转折频率时，该转折频率处斜率的变化应为这些环节对应的斜率变化值的代数和。

（5）如有必要，对 $L(\omega)$ 渐近线上各转折频率频 $\frac{1}{T_i}$ 及其附近（两侧各 10 倍频程内）进行修正，则可得到 $L(\omega)$ 的精确曲线。

5.3.2.2　对数相频特性曲线的绘制

绘制开环对数相频特性时也有 2 种方法：一是先绘出个典型环节的对数相频特性，然后将它们的纵坐标代数和相加，就可以得到系统的开环对数相频特性曲线；二是利用系统的相频特性表达式，直接计算出不同 ω 数值时的相位角描点，再用光滑曲线连接，得到开环对数相频特性曲线。

【例 5-2】　某系统的开环传递函数为

$$G_0(s)=\frac{100(s+2)}{s(s+1)(s+20)}$$

试绘制该系统的对数频率特性曲线。

解　（1）分析系统的典型环节，并将这些典型环节的传递函数都换算成标准形式。

该系统由 5 个典型环节组成：1 个比例环节、1 个一阶微分环节、1 个积分环节、2 个惯性环节。

$$G_0(s)=\frac{100(s+2)}{s(s+1)(s+20)}=\frac{10(0.5s+1)}{s(s+1)(0.05s+1)}$$

(2) 由小到大书写转折频率。

$\omega_1=1$ rad/s

$\omega_2=1/0.5=2$ rad/s

$\omega_3=1/0.05=20$ rad/s

(3) 选定坐标轴的比例尺及频率范围(即取坐标)。一般取最低频率为系统最低转折频率的1/10左右，而最高频率为系统最高转折频率的10倍左右。

(4) 计算 $20\lg K$。

找到横坐标为 $\omega=1$，纵坐标为 $L(\omega)=20\lg K=20\lg 10=20$ dB的点，过该点作斜率为 $-20v$ dB/dec $=-20$ dB/dec的直线直到点 ω_1，其中 v 为积分环节个数，本例中 $v=1$。

(5) 每过转折频率 ω_i，斜率按原则变化。

(6) 如果需要，可对渐近线进行修正，以获得较为精确的对数幅频特性曲线。

画出各典型环节的对数相频特性曲线，把它们按频率逐点相加，即可得到系统的对数相频特性曲线。最后得到开环对数频率特性曲线，如图5-18所示。

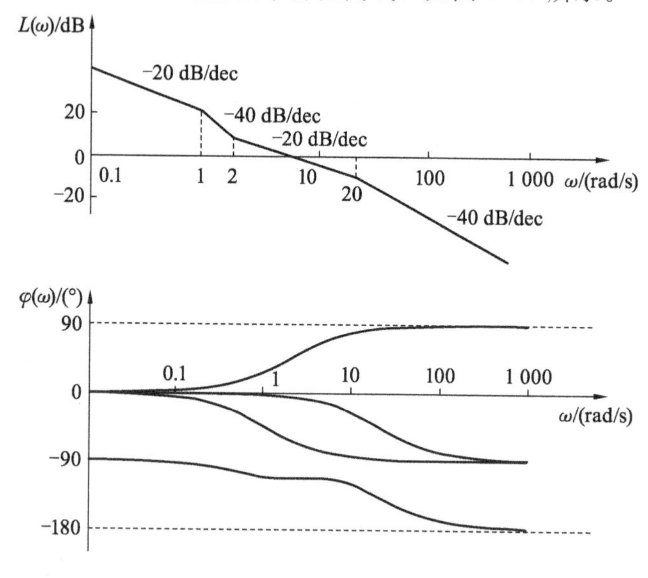

图 5-18　系统开环对数频率特性曲线

5.3.2.3　由开环对数频率特性确定相应的传递函数

由开环对数频率特性确定相应的传递函数，是对数频率特性曲线绘制的逆问题。最小相位系统(详见5.3.3)的幅频特性与相频特性是唯一相关的，一条对数幅频特性曲线只能有一条对数相频特性曲线与之对应。由于两者之间的这种确定关系，利用开环对数频率特性对最小相位系统写出传递函数时，往往只需要作出对数幅频特性曲线就足够了。下面举例说明其方法和步骤。

【例5-3】　已知最小相位系统的开环对数幅频特性渐近线如图5-19所示，试确定系统的开环传递函数。

解　(1) 确定系统的积分或微分环节个数。

因为对数幅频特性渐近线的低频段渐近线的斜率为$-20v$ dB/dec，由图 5-19 可知，低频渐近线的斜率为$+40$ dB/dec，故有$v=-2$，系统含有 2 个微分环节。

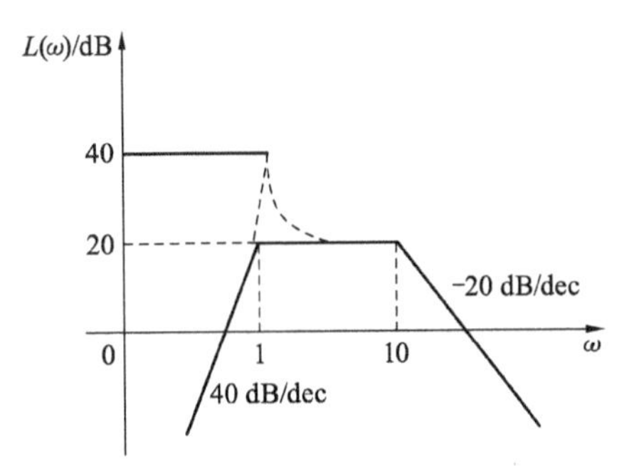

图 5-19　开环对数幅频特性渐近线

(2) 确定系统传递函数的结构形式。

由于对数幅频特性渐近线为分段折线，其各转折点对应的频率为所含一阶环节或二阶环节的转折频率，每个转折频率处斜率的变化取决于环节的种类。本例中共有 2 个转折频率。

在$\omega=1$处，斜率变化-40 dB/dec，可以对应 1 个二阶振荡环节，也可以对应 2 个惯性环节。本例中，对数幅频特性在$\omega=1$附近存在谐振现象，故应为 1 个二阶振荡环节。

在$\omega=10$处，斜率变化-20 dB/dec，对应 1 个惯性环节。

因此系统应具有开环传递函数：

$$G_0(s)=\frac{K_s^2}{(s^2+2\zeta s+1)\left(1+\frac{s}{10}\right)}$$

其中参数K，ζ待定。

(3) 由给定条件确定传递函数参数。

由于低频渐进线通过点$(1, 20\lg K)$，因而由$20\lg K=20$，解得

$$K=10$$

在谐振频率ω_r处，二阶振荡环节的谐振峰值满足

$$20\lg A(\omega_r)=20\lg\frac{1}{2\zeta\sqrt{1-\zeta^2}}$$

根据叠加性质，本例中$20\lg A(\omega_r)=20\lg\frac{1}{2\zeta\sqrt{1-\zeta^2}}$dB，故有

$$20\lg\frac{1}{2\zeta\sqrt{1-\zeta^2}}=2$$

解得

$$\zeta_1=0.05,\quad \zeta_2=0.998\,7$$

因为$\zeta\leqslant 0.707$时，二阶振荡环节才会出现谐振峰值，所以应选择$\zeta=0.05$。

于是，系统的开环传递函数为

$$G_0(s)=\frac{10s^2}{(s^2+0.1s+1)(1+0.1s)}$$

5.3.3 最小相位系统和非最小相位系统

在右半 s 平面既无极点也无零点的传递函数，称为最小相位传递函数。反之，在右半 s 平面内有极点和/或零点的传递函数，称为非最小相位传递函数。具有最小相位传递函数的系统称为最小相位系统，反之为非最小相位系统。当系统单回路仅包含比例、积分、微分、惯性、一阶微分环节的系统一定是最小相位系统，含有不稳定环节或延迟环节的系统则属于非最小相位系统。

"最小相位"的概念来源于网络理论。它是指在具有相同幅频特性的一类系统中，当 ω 从 0 变化至 ∞ 时，最小相位传递函数的相角及其变化范围是最小的，即最小相位系统相角变化量的绝对值相对最小。例如，设 2 个系统的正弦传递函数分别为

$$\begin{cases} G_1(\mathrm{j}\omega)=\dfrac{1+\mathrm{j}T_2\omega}{1+\mathrm{j}T_1\omega}, & T_1,\ T_2>0 \\ G_2(\mathrm{j}\omega)=\dfrac{1-\mathrm{j}T_2\omega}{1+\mathrm{j}T_1\omega}, & T_1,\ T_2>0 \end{cases} \tag{5-69}$$

2 个系统的幅频特性相同，但是相频特性是不同的，分别为

$$\begin{cases} \varphi_1(\omega)=\tan^{-1}T_2\omega-\tan^{-1}T_1\omega \\ \varphi_2(\omega)=-\tan^{-1}T_2\omega-\tan^{-1}T_1\omega \end{cases}$$

当 $\omega=0$ 时，2 个系统的相角都为 0°；当频率 $\omega\to\infty$ 时，2 个系统的相角分别为 0°和 −180°。可见，$G_1(\mathrm{j}\omega)$ 相角变化在 90°范围内，而 $G_2(\mathrm{j}\omega)$ 则由 0°变化至 −180°。显然，后者比前者相角变化大得多。2 个系统的伯德图如图 5-20 所示。

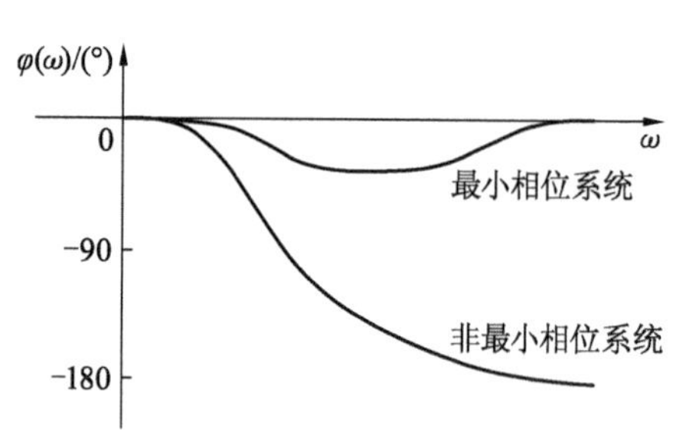

图 5-20 最小相位和非最小相位系统相频特性示意图

最小相位系统的一个重要特点是，其幅频特性与相频特性具有唯一对应关系。换句话说，当给定了最小相位系统的幅频特性，其相频特性也随之而定。假设系统传递函数分子阶次为 m，分母阶次为 n，则当 $\omega\to\infty$ 时，系统的幅频特性渐近线斜率为 $-(n-m)\times 20$ dB/dec，而相角趋于 $-(n-m)\times 90°$。如果系统的相频特性满足此特征，则一定是最小相位系统。对于非最小相位系统，则不是这种情况。例如，在全通滤波器乘任意传递函数，不改变其幅频特性，但却改变相频曲线。

在时间响应上，非最小相位系统有初始响应迟缓的特点；在频率响应上，非最小相位系统有过度的相角滞后。所以，进行系统的综合时，应该避免使用非最小相位环节。

5.4 频域稳定性判据

第 3 章时域分析中讨论了系统的稳定性，并给出了代数稳定性判据，本节则在频域中讨论控制系统的稳定性问题。在频域依照频率稳定判据讨论控制系统的稳定性，通常用到的是奈奎斯特稳定判据，简称奈氏判据。该稳定判据利用系统的开环频率特性来判断

闭环系统的稳定性，是根据开环幅相曲线判断闭环系统稳定性的一种准则。

两种稳定性判别方法的比较：代数稳定性判据是基于控制系统的闭环特征方程的判别方法，基本上提供的是控制系统绝对稳定性的信息，而对于系统的相对稳定性知识提供较少。而频域稳定性判据所依据的是控制系统的开环频率特性，也就是仅仅利用系统的开环信息，不仅可以确定系统的绝对稳定性，而且还可以提供相对稳定性的信息。也就是说，系统如果是稳定的，那么动态性能是否良好，或者如果系统是不稳定的，那么与稳定情况相比较还差多少等。所以频域稳定性判据不仅用于系统的稳定性分析，而且可以更方便地用于控制系统的设计与综合。两种稳定性的判别方法虽然是在不同的域中进行的，但是对于控制系统的稳定性分析来说是等价的。

5.4.1　奈奎斯特稳定判据

5.4.1.1　辅助函数

对图 5-21 所示的控制系统结构图，其开环传递函数为

$$G_0(s)=G(s)H(s)=\frac{M(s)}{N(s)} \tag{5-70}$$

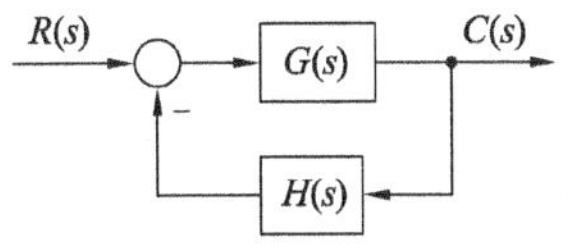

图 5-21　控制系统结构图

相应的闭环传递函数为

$$\Phi(s)=\frac{G(s)}{1+G_0(s)}=\frac{G(s)}{1+\dfrac{M(s)}{N(s)}}=\frac{N(s)G(s)}{N(s)+M(s)} \tag{5-71}$$

式中：$M(s)$——开环传递函数的分子多项式，m 阶；

$N(s)$——开环传递函数的分母多项式，n 阶，$n\geqslant m$。

令辅助函数

$$F(s)=1+G_0(s)=\frac{N(s)+M(s)}{N(s)} \tag{5-72}$$

可见，辅助函数是闭环特征多项式 $N(s)+M(s)$ 和开环特征多项式 $N(s)$ 之比。

实际系统传递函数 $G(s)$ 分母阶数 n 总是大于或等于分子阶数 m，因此辅助函数的分子、分母同阶，即 $F(s)$ 的零点数与极点数相同。设 z_1，z_2，…，z_n 和 p_1，p_2，…，p_n 分别为其零点、极点，则辅助函数 $F(s)$ 可表示为

$$F(s)=\frac{(s-z_1)(s-z_2)\cdots(s-z_n)}{(s-p_1)(s-p_2)\cdots(s-p_n)} \tag{5-73}$$

综上所述可知，辅助函数 $F(s)$ 具有以下特点：

① 辅助函数 $F(s)$ 的零点和极点分别是系统的闭环极点和开环极点，它们的个数相同，均为 n 个。

② $F(s)$ 与开环传递函数 $G_0(s)$ 之间只差常量 1，F 平面上的坐标原点就是 G 平面上的

点(−1，j0)。同时，$F(\mathrm{j}\omega)=1+G_0(\mathrm{j}\omega)$表明，只要将开环幅相曲线$G_0(\mathrm{j}\omega)$向右平移一个单位，就可以得到辅助函数的幅相曲线$F(\mathrm{j}\omega)$，如图5-22所示。

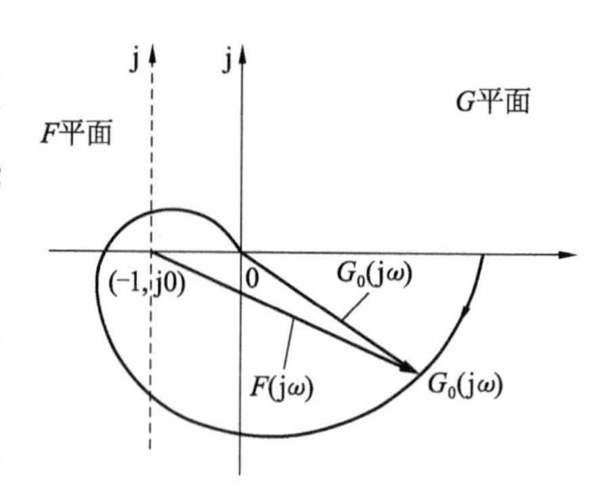

图5-22　F平面与G平面的关系图

5.4.1.2　奈奎斯特稳定判据

从$G_0(s)$表达式中容易看出在右半s平面中的开环极点数(设为P)，如果能确定系统在右半s平面中所有闭环极点和开环极点的个数差，也就是辅助函数$F(s)$位于右半s平面内的零点、极点的个数差(设为R)，就能确定系统在右半s平面中闭环极点数(设为Z)，有

$$Z=P+R \tag{5-74}$$

由此可判定闭环系统的稳定性。

为了确定R，在s平面中设计奈奎斯特路径Γ，Γ由以下3段所组成：

① 正虚轴$s=\mathrm{j}\omega$：频率ω由0变到∞；

② 半径为无限大的右半圆$s=re^{\mathrm{j}\theta}$：$r\to\infty$，θ由$\pi/2$变化到$-\pi/2$；

③ 负虚轴$s=\mathrm{j}\omega$：频率ω由$-\infty$变化到0。

这样，3段组成的封闭曲线Γ(称为奈奎斯特路径，简称奈氏路径)就包含了整个右半s平面，如图5-23所示。

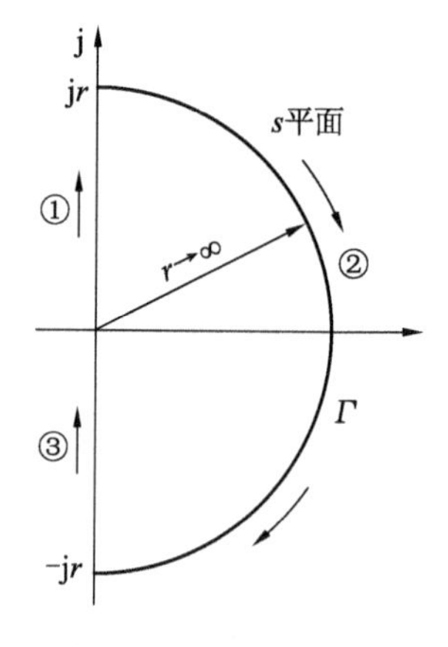

图5-23　奈奎斯特路径

在F平面上通过函数关系$F(\mathrm{j}\omega)$绘制与Γ相对应的像Γ'：当s沿虚轴变化时，由式(5-61)有

$$F(\mathrm{j}\omega)=1+G_0(\mathrm{j}\omega) \tag{5-75}$$

因此，Γ'将由下面几段组成：

① 和正虚轴对应的是辅助函数的频率特性$F(\mathrm{j}\omega)$，相当于把$G_0(\mathrm{j}\omega)$右移一个单位；

② 和半径为无穷大的右半圆相对应的辅助函数$F(s)\to1$，由于开环传递函数的分母阶数高于分子阶数，当$s\to\infty$时，$G_0(s)\to0$，故有$F(s)=1+G_0(s)\to1$；

③ 和负虚轴相对应的是辅助函数频率特性$F(\mathrm{j}\omega)$对称于实轴的镜像。

图5-24绘出了系统开环频率特性曲线$G_0(\mathrm{j}\omega)$。将曲线右移一个单位，并取其镜像，则成为F平面上的封闭曲线Γ'，如图5-25所示。图中用虚线表示镜像。

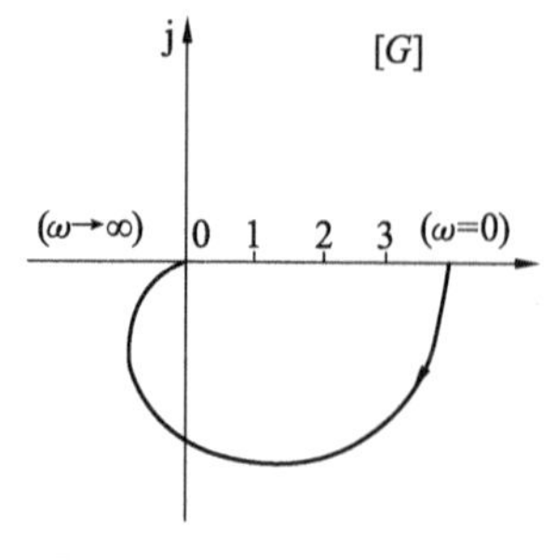

图5-24　$G_0(\mathrm{j}\omega)$特性曲线

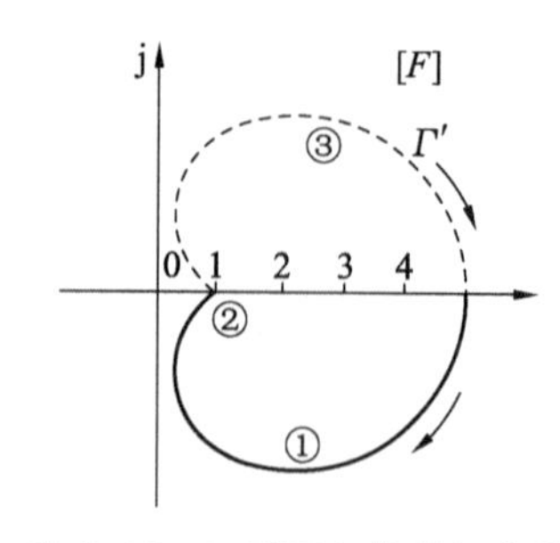

图5-25　F平面上的封闭曲线

由于奈氏路径 Γ 包含了整个右半 s 平面，闭环传递函数和开环传递函数在右半 s 平面上的极点全部被包围在其中。在右半 s 平面上闭环和开环极点的个数差 R，可口确定为 F 平面上 Γ' 曲线顺时针包围原点的圈数，也就是 G 平面上系统开环幅相特性曲线及其镜像顺时针包围点(－1，j0)的圈数。实际系统分析过程中，一般只需绘制开环幅相特性曲线，而不必绘制其镜像曲线，考虑到角度定义的方向性，有

$$R=-2N \tag{5-76}$$

将式(5-76)代入式(5-74)，可得奈奎斯特判据(简称奈氏判据)

$$Z=P-2N \tag{5-77}$$

式中：Z——右半 s 平面中闭环极点的个数；

　　P——右半 s 平面中开环极点的个数；

　　N——开环幅相曲线 $G_0(j\omega)$（不包括其镜像)包围 G 平面点(－1，j0)的圈数(逆时针为正)。

显然，只有当 $Z=P-2N=0$ 时，闭环系统才是稳定的。

【例 5-4】　设系统开环传递函数为

$$G_0(s)=\frac{52}{(s+2)(s^2+2s+5)}$$

试用奈氏判据判定闭环系统的稳定性。

解　给出系统的开环幅相特性曲线如图 5-26 所示。当 $\omega=0$ 时，曲线起点在实轴上 $P(\omega)=5.2$。当 $\omega\to\infty$ 时，终点在原点。当 $\omega=2.5$ 时，曲线和负虚轴相交，交点为－j5.06。当 $\omega=3$ 时，曲线和负实轴相交，交点为－2.0，见图 5-26 中实线部分。

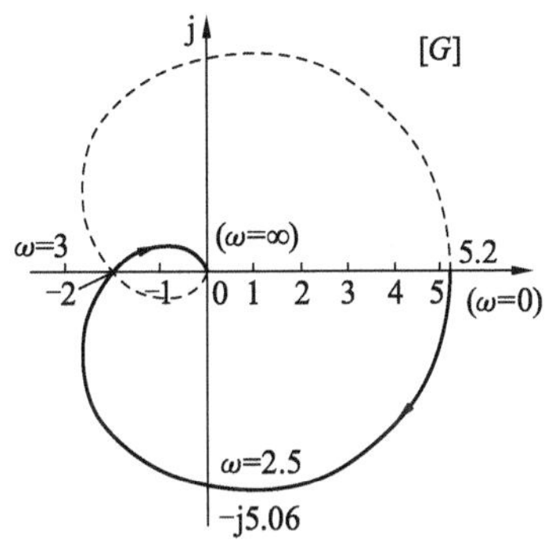

在右半 s 平面上，系统的开环极点数为 0。开环频率特性 $G_0(j\omega)$ 随着 ω 从 0 变化到 $+\infty$ 时，顺时针方向围绕点(－1，j0)一圈，即 $N=-1$。用式(5-77)可求得闭环系统在右半 s 平面的极点数为

$$Z=P-2N=0-2\times(-1)=2$$

图 5-26　幅相特性曲线及其镜像

所以闭环系统不稳定。

利用奈氏判据还可以讨论开环增益 K 对闭环系统稳定性的影响。当 K 值变化时，幅频特性成比例变化，而相频特性不受影响。因此，就图 5-26 而论，当频率 $\omega=3$ 时，曲线与负实轴正好相交在点(－2，j0)，若 K 缩小一半，取 $K=2.6$ 时，曲线恰好通过点(－1,j0)，这是临界稳定状态，当 $K<2.6$ 时，幅相特性曲线 $G_0(j\omega)$将从点(－1，j0)的右方穿过负实轴，不再包围点(－r，j0)，这时闭环系统是稳定的。

开环系统含有积分环节时的奈氏判据：当开环传递函数中含有积分环节时，则开环具有 $s=0$ 的极点，此极点位于坐标原点。由于 s 平面上的坐标原点是所选闭合路径 Γ_s 上的一点，为了使 Γ_s 路径不通过此奇点，将它做些改变，使其绕过原点上的极点，并把位于坐标原点上的极点排除在被它所包围的面积之外，但仍应包含右半 s 平面内所有闭环和开环极点，为此，以原点为圆心，做一个半径为无穷小的半圆，使 Γ_s 路径沿着这个无穷

小的半圆绕过原点，如图 5-27 所示。这样闭合路径 Γ_s 就由 $-j\omega$ 轴、无穷小半圆、$j\omega$ 轴、无穷大半圆四部分组成。当无穷小半径趋于 0 时，闭合路径 Γ_s 仍可包围整个右半 s 平面。经上述处理，就仍可应用奈氏判据以判定闭环系统的稳定性。

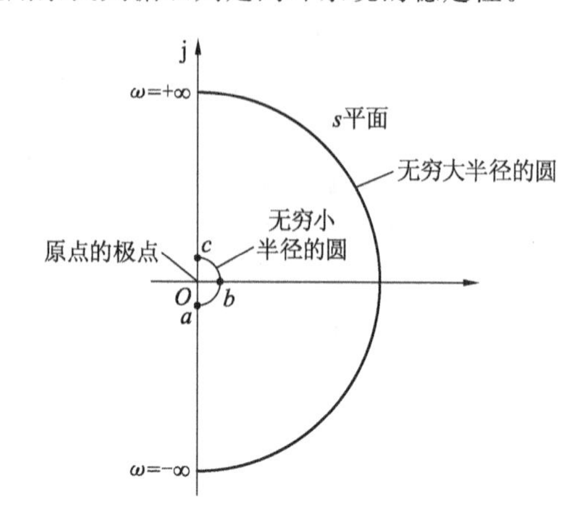

图 5-27　开环传递函数含有积分环节的奈氏路径

5.4.2　对数稳定判据

实际上，系统的频域分析设计通常是在伯德图上进行的。将奈奎斯特稳定判据引申到伯德图上，以伯德图的形式表现出来，就成为对数稳定判据。在伯德图上运用奈奎斯特判据的关键在于如何确定 $G_0(j\omega)$ 包围点 $(-1, j0)$ 的圈数 N。

系统开环频率特性的奈氏图与伯德图存在一定的对应关系，如图 5-28 所示。

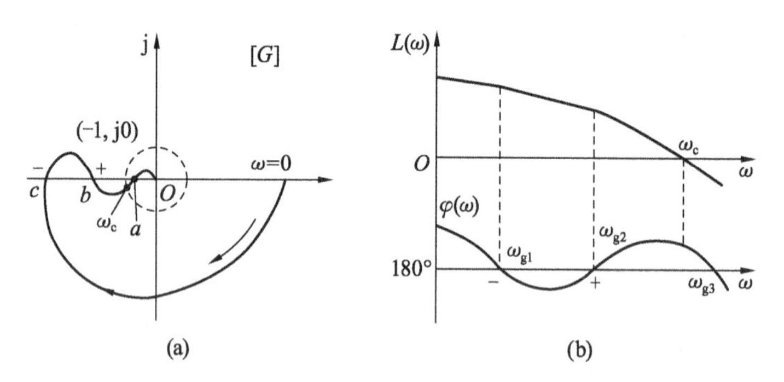

图 5-28　奈氏图与伯德图的对应关系

(1) 奈氏图上 $|G_0(j\omega)|=1$ 的单位圆与伯德图上的 0 dB 线相对应。单位圆外部对应于 $L(j\omega)>0$，单位圆内部对应于 $L(j\omega)<0$。

(2) 奈氏图上的负实轴对应于伯德图上 $\varphi(\omega)=-180°$ 线。

在奈氏图中，如果开环幅相特性曲线在点 $(-1, j0)$ 以左穿过负实轴，则称为“穿越”。若沿 ω 增加方向，曲线按相角增加方向(自上而下)穿过点 $(-1, j0)$ 以左的负实轴，则称为正穿越；反之曲线按相角减小方向(自下而上)穿过点 $(-1, j0)$ 以左的负实轴，则称为负穿越，如图 5-28a 所示。如果沿 ω 增加方向，幅相特性曲线自点 $(-1, j0)$ 以左的负实轴上某点开始向下(上)离开，或从负实轴上(下)方趋近到点 $(-1, j0)$ 以左的负实轴上某点，则称为半次正(负)穿越。

在伯德图上，对应在 $L(\mathrm{j}\omega)>0$ 的频段范围内沿 ω 增加方向。对数相频特性曲线按相角增加方向(自下而上)穿过 -180° 线称为正穿越；反之，曲线按相角减小方向(自上而下)穿过 -180° 线为负穿越。同理，在 $L(\mathrm{j}\omega)>0$ 的频段范围内，对数相频曲线沿 ω 增加方向自 -180° 线开始向上(下)离开，或从下(上)方趋近到 -180° 线，则称为半次正(负)穿越，如图 5-28b 所示。

在奈氏图上，正穿越一次，对应于幅相特性曲线逆时针包围点$(-1,\ \mathrm{j}0)$一圈，而负穿越一次，对应于顺时针包围点$(-1,\ \mathrm{j}0)$一圈，因此幅相特性曲线包围点$(-1,\ \mathrm{j}0)$的次数等于正、负穿越次数之差，即

$$N=N_{+}-N_{-} \tag{5-78}$$

式中：N_{+}——正穿越次数；

N_{-}——负穿越次数。

在伯德图上可以应用此方法方便地确定 N。

【例 5-5】 已知单位负反馈系统的开环传递函数

$$G_0(s)=\frac{K}{s^2(Ts+1)}$$

试用伯德图判定闭环系统稳定性。

解 (1) 由开环传递函数可知 $P=0$，开环系统是稳定的。

(2) 绘制系统的伯德图，如图 5-29 所示。

(3) 稳定性判据。

已知开环系统传递函数有 2 个积分环节。由图可见，则有

$$N=N_{+}-N_{-}=0-1=-1\neq 0$$

因而说明系统不稳定。

因 $Q=P-2N=0-2\times -1=2$，故说明 s 右半平面有 2 个极点。

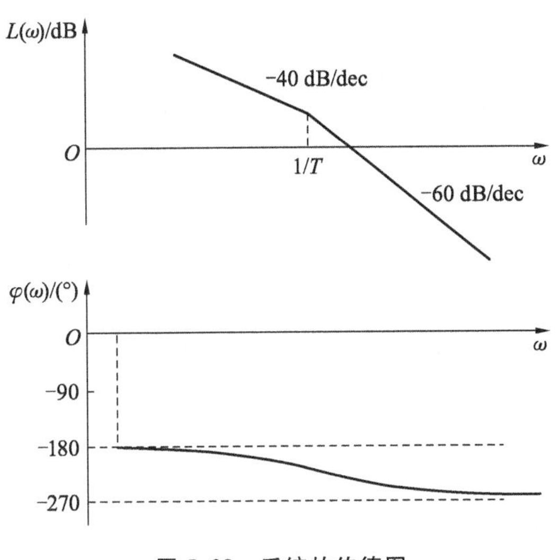

图 5-29　系统的伯德图

5.5 频域稳定裕度

5.5.1 稳定裕度的定义

控制系统稳定与否是绝对稳定性的概念。而对一个稳定的系统而言，还有一个稳定的程度，即相对稳定性的概念。相对稳定性与系统的动态性能指标有着密切的关系。在设计一个控制系统时，不仅要求它必须是绝对稳定的，还应保证系统具有一定的稳定程度。只有这样，才能不因系统参数的小范围漂移而导致系统性能变差甚至不稳定。

对于一个最小相角系统而言，$G_0(j\omega)$曲线越靠近点(−1，j0)，系统阶跃响应的振荡就越强烈，系统的相对稳定性就越差。因此，可用$G_0(j\omega)$曲线对点(−1，j0)的接近程度来表示系统的相对稳定性。通常，这种接近程度是以相角裕度和幅值裕度来表示的。

相角裕度和幅值裕度是系统开环频率指标，它们与闭环系统的动态性能密切相关。

5.5.1.1 相角裕度

相角裕度是指开环幅相频率特性$G_0(j\omega)$的幅值$A(\omega)=|G_0(j\omega)|=1$时的向量与负实轴的夹角，常用希腊字母$\gamma$表示。

在G平面上画出以原点为圆心的单位圆，如图 5-30 所示。$G_0(j\omega)$曲线与单位圆相交，交点处的频率ω_c称为截止频率，此时有$A(\omega_c)=1$。按相角裕度的定义有

$$\gamma=180°+\varphi(\omega_c) \tag{5-79}$$

由于$L(\omega_c)=20\lg A(\omega_c)=20\lg 1=0$，因而在伯德图中，相角裕度表现为$L(\omega)=0$ dB处的相角$\varphi(\omega_c)$与−180°水平线之间的角度差，如图 5-31 所示。上述两图中的γ均为正值。

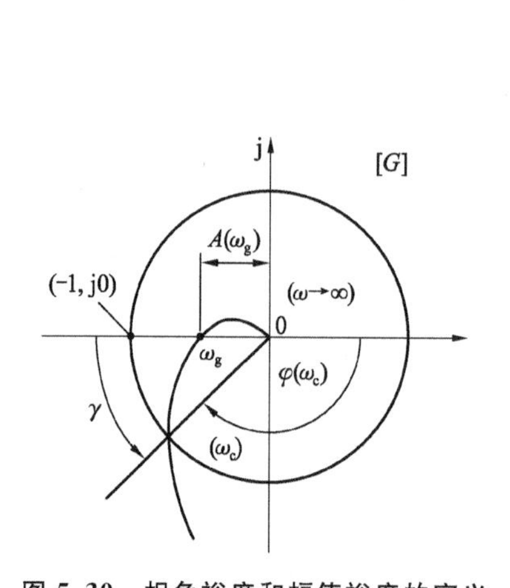

图 5-30 相角裕度和幅值裕度的定义

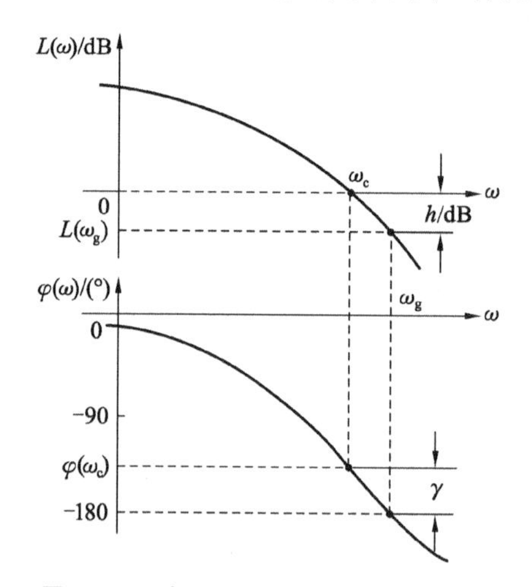

图 5-31 稳定裕度在伯德图上的表示

5.5.1.2 幅值裕度

$G_0(j\omega)$曲线与负实轴交点处的频率ω_g称为相角交界频率，此时幅相特性曲线的幅值为$A(\omega_g)$，如图 5-30 所示。幅值裕度是$G_0(j\omega)$与负实轴交点至虚轴距离的倒数，即$1/A(\omega_g)$，常用h表示，即

$$h=\frac{1}{A(\omega_g)} \tag{5-80}$$

在对数坐标图上

$$20\lg h = -20\lg|A(\omega_g)| = -L(\omega_g) \tag{5-81}$$

即 h 的分贝值等于 $L(\omega_g)$ 与 0 dB 之间的距离(0 dB 下为正)。

相角裕度的物理意义在于：稳定系统在截止频率 ω_c 处，若相角再滞后一个 γ 角度，则系统处于临界稳定状态；若相角滞后大于 γ，则系统将变成不稳定的。

幅值裕度的物理意义在于：稳定系统的开环增益再增大 h 倍，则 $\omega=\omega_g$ 处的幅值 $A(\omega_g)$ 等于 1，曲线正好通过点(−1，j0)，系统处于临界稳定状态；若开环增益增大 h 倍以上，则系统将变成不稳定的。

对于最小相角系统，要使系统稳定，要求相角裕度 $\gamma>0$，幅值裕度 $h>0$ dB。为保证系统具有一定的相对稳定性，稳定裕度不能太小。在工程设计中，要求 $\gamma>30°$（一般选 $\gamma=40°\sim60°$），$h>6$ dB(一般选 10～20 dB)。

5.5.2　稳定裕度的计算

根据式(5-79)，要计算相角裕度 γ，首先要知道截止频率 ω_c。求 ω_c 较方便的方法是先由 $G_0(s)$绘制 $L(\omega)$曲线，由 $L(\omega)$与 0 dB 线的交点确定 ω_c。而求幅值裕度 h，则要先知道相角交界频率 ω_g。对于阶数不太高的系统，求 ω_g 较方便的方法是直接解三角方程 $\angle G(j\omega_g)=-180°$。通常是将 $G_0(j\omega)$写成虚部和实部，令虚部为 0 而解得 ω_g。

【例 5-6】　已知单位反馈系统开环传递函数

$$G_0(s)=\frac{5}{s(s+1)(0.1s+1)}$$

试确定系统的相角裕度和幅值裕度。

解　系统幅频特性为

$$A(\omega)=\frac{5}{\sqrt{(-0.1\omega^3+\omega)^2+1.21\omega^2}}$$

相频特性为

$$\varphi(\omega)=-90°-\arctan\omega-\arctan(0.1\omega)$$

按照 ω_c，ω_g 的定义，可求得

$$\omega_c\approx2.1,\quad \omega_g=\sqrt{10}$$

因此相角裕度为

$$\gamma=180°+\varphi(\omega_c)=180°-166.4°=13.6°$$

幅值裕度为

$$h=\frac{1}{A(\omega_g)}=2.2,\ L_h=20\lg h=6.8\ \text{dB}$$

作出系统的开环幅相曲线如图 5-32 所示，由奈氏判据可知，系统闭环稳定。系统的相角裕度大于 0，幅值裕度大于 1。

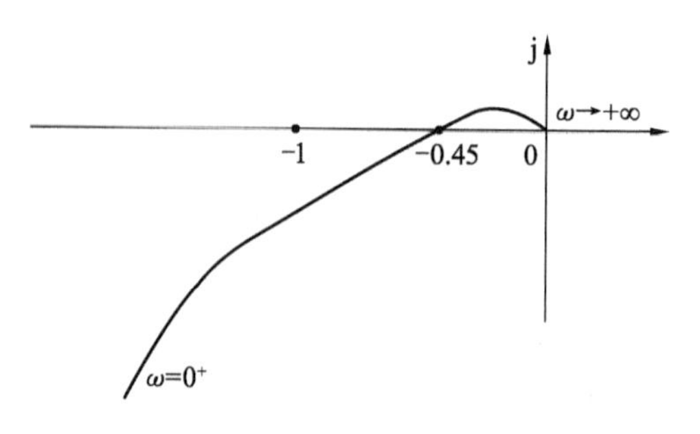

图 5-32　开环幅相曲线

应当指出，仅用相角裕度或仅用幅值裕度都不足以说明系统的相对稳定性。严格地讲，应当同时给出相角裕度和幅值裕度，才能确定系统的相对稳定性。但在粗略估算系统性能指标时，通常主要对相角裕度提出要求。工程实际中大多采用最小相位系统，对于最小相位系统，只有当相角裕度大于 0，且幅值裕度大于 1 时闭环系统才稳定。

5.6　利用开环对数幅频特性分析系统的性能

在频域中对系统进行分析、设计时，通常是以频域指标为依据的，但是频域指标不如时域指标直观、准确，因此，需进一步探讨频域指标与时域指标之间的关系。考虑到对数频率特性在控制工程中应用的广泛性，本节以伯德图为基本形式，首先讨论开环对数幅频特性 $L(\omega)$的形状与性能指标之间的关系，然后根据频域指标与时域指标间的关系估算出系统的时域响应性能。

实际系统的开环对数幅频特性 $L(\omega)$一般都符合如图 5-33 所示的特征，左端(频率较低的部分)高，右端(频率较高的部分)低。将 $L(\omega)$人为地分为 3 个频段：低频段、中频段和高频段。低频段主要是指第一个转折频率以左的频段，中频段是指截止频率 ω_c 附近的频段；高频段是指频率远大于 ω_c 的频段。这 3 个频段包含了闭环系统性能不同方面的信息，需要分别进行讨论。

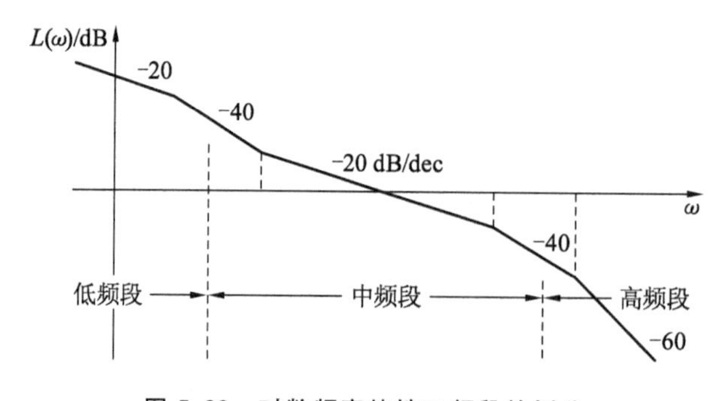

图 5-33　对数频率特性三频段的划分

需要指出的是，开环对数频率特性 3 个频段的划分是相对的，各频段之间没有严格的界限。一般控制系统的频段范围在 0.01～100 rad/s 之间。这里所述的“高频段”与无线电学科里的“超高频”“甚高频”不是一个概念。

5.6.1　$L(\omega)$低频段特性与系统稳态误差的关系

低频段通常是指 $L(\omega)$的渐近线在第一个转折频率左边的频段，这一频段的特性完全由积分环节和开环增益决定。设低频段对应的传递函数

$$G_d(s)=\frac{K}{s^v}$$

则低频段对数幅频特性

$$20\lg|G_d(j\omega)|=20\lg\frac{K}{\omega^v}$$

将低频段对数幅频特性曲线延长交于 0 dB 线，交点频率 $\omega_0=K^{\frac{1}{v}}$。可以看出，低频段斜率越小(负数的绝对值越大)，位置越高，对应积分环节数目越多，开环增益越大。在闭环系统稳定的条件下，其稳态误差越小，稳态精度越高。因此，根据 $L(\omega)$低频段可以确定系统型别 v 和开环增益 K，利用第 3 章中介绍的静态误差系数法可以求出系统在给定输入下的稳态误差。

5.6.2　$L(\omega)$中频段特性与系统动态性能的关系

中频段是指 $L(\omega)$在截止频率 ω_c 附近的频段，这段特性集中反映了闭环系统动态响应的平稳性和快速性。

一般来说 $\varphi(\omega)$的大小与对应频率下 $L(\omega)$的斜率有密切关系，$L(\omega)$斜率越小，则 $\varphi(\omega)$越小(负数的绝对值越大)。在 ω_c 处，$L(\omega)$曲线的斜率对相角裕度 γ 的影响最大，越远离 ω_c 处的 $L(\omega)$斜率对 γ 的影响就越小。定性来讲，如果 $L(\omega)$曲线的中频段斜率为 -20 dB/dec，并且占据较宽的频率范围，则相角裕度 γ 就较大(接近 90°)，系统的超调量就很小。反之，如果中频段是 -40 dB/dec 的斜率，且占据较宽的频率范围，则相角裕度 γ 就很小(接近 0°)，系统的平稳性和快速性会变得很差。因此，为保证系统具有满意的动态性能，希望 $L(\omega)$以 -20 dB/dec 的斜率穿越 0 dB 线，并保持较宽的中频段范围。闭环系统的动态性能主要取决于开环对数幅频特性中频段的形状。

5.6.2.1　二阶系统

典型二阶系统的结构图可用图 5-34 表示。其中开环传递函数为

$$G_0(s)=\frac{\omega_n^2}{s(s+2\zeta\omega_n)},\quad 0<\zeta<1$$

相应的闭环传递函数为

$$\Phi(s)=\frac{\omega_n^2}{s^2+2\zeta\omega_n s+\omega_n^2}$$

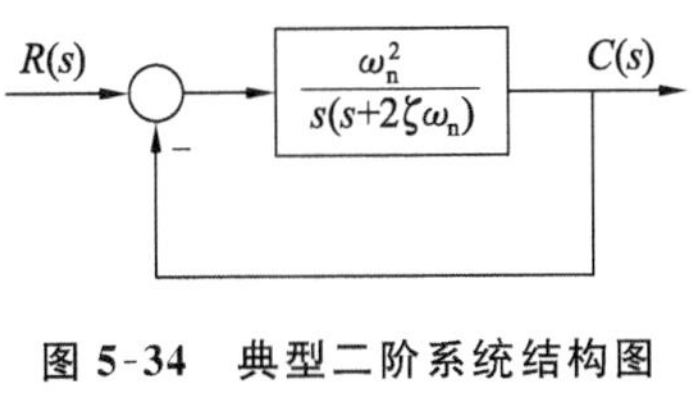

图 5-34　典型二阶系统结构图

(1) γ 和 $\sigma\%$的关系

系统的开环频率特性为

$$G_0(s)=\frac{\omega_n^2}{j\omega(j\omega+2\zeta\omega_n)} \tag{5-82}$$

开环幅频和相频特性分别为

$$A(\omega)=\frac{\omega_n^2}{\omega\sqrt{\omega^2+(2\zeta\omega_n)^2}}$$

$$\varphi(\omega)=-90°-\arctan\frac{\omega}{2\zeta\omega_n}$$

在 $\omega=\omega_c$ 处，$A(\omega)=1$，即

$$A(\omega_c)=\frac{\omega_n^2}{\omega_c\sqrt{\omega_c^2+(2\zeta\omega_n)^2}}=1$$

亦即

$$\omega_c^4+4\zeta^2\omega_n^2\omega_c^2-\omega_n^4=0$$

解之，得

$$\omega_c=\sqrt{\sqrt{4\zeta^4+1}-2\zeta^2}\ \omega_n \tag{5-83}$$

当 $\omega=\omega_c$ 时，有

$$\varphi(\omega)=-90°-\arctan\frac{\omega_c}{2\zeta\omega_n}$$

由此可得系统的相角裕度为

$$\gamma=180°+\varphi(\omega_c)=90°-\arctan\frac{\omega_c}{2\zeta\omega_n}=\arctan\frac{2\zeta\omega_n}{\omega_c} \tag{5-84}$$

将式(5-83)代入式(5-84)得

$$\gamma=\arctan\frac{2\zeta}{\sqrt{\sqrt{4\zeta^4+1}-2\zeta^2}} \tag{5-85}$$

根据式(5-85)，可以画出 γ 和 ζ 的函数关系曲线，如图 5-35 所示。

另一方面，典型二阶系统超调量

$$\sigma\%=e^{-\pi\zeta/\sqrt{1-\zeta^2}}\times100\% \tag{5-86}$$

为便于比较，将式(5-86)的函数关系也一并绘于图 5-35 中。

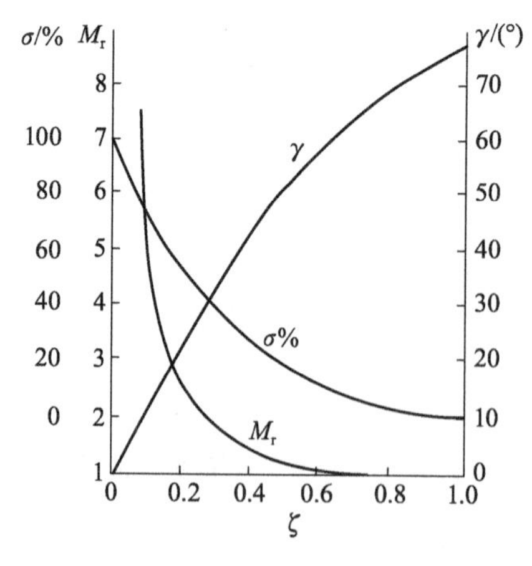

图 5-35　二阶系统 $\sigma\%$，M_r，γ 与 ζ 的关系曲线

从图 5-35 所示曲线可以看出，γ 越小(即 ζ 越小)，$\sigma\%$ 就越大；反之 γ 越大，$\sigma\%$ 就越小。通常希望 $30^\circ \leqslant \gamma \leqslant 60^\circ$。

(2) γ，ω_c 与 t_s 的关系

由时域分析法可知，典型二阶系统调节时间(取 $\Delta=0.05$ 时)为

$$t_s=\frac{3.5}{\zeta\omega_n},\ 0.3<\zeta<0.8 \tag{5-87}$$

将式(5-87)与式(5-83)相乘，得

$$t_s\omega_c=\frac{3.5}{\zeta}\sqrt{\sqrt{4\zeta^4+1}-2\zeta^2} \tag{5-88}$$

再由式(5-85)和式(5-88)可得

$$t_s\omega_c=\frac{7}{\tan\gamma} \tag{5-89}$$

将式(5-89)的函数关系绘成曲线，如图 5-36 所示。可见，调节时间 t_s 与相角裕度 γ 和截止频率 ω_c 都有关。当 γ 确定时，t_s 与 ω_c 成反比。换言之，如果两个典型二阶系统的相角裕度 γ 相同，那么它们的超调量也相同(见图 5-35)，这样，ω_c 较大的系统，其调节时间 t_s 必然较短(见图 5-36)。

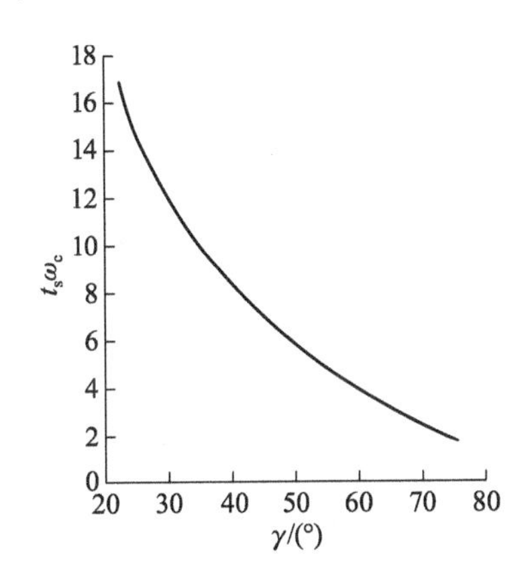

图 5-36　二阶系统 $t_s\omega_c$ 与 γ 的关系曲线

5.6.2.2　高阶系统

对于三阶或三阶以上的高阶系统，要准确推导出开环频域特征量(γ 和 ω_c)与时域指标($\sigma\%$ 和 t_s)之间的关系是很困难的，即使导出这样的关系式，使用起来也不方便，实用意义不大。在控制工程分析与设计中，通常采用下面从工程实践中总结出来的近似公式，由 ω_c，γ 估算系统的动态性能指标，即

$$\sigma\%=\left[0.16+0.4\left(\frac{1}{\sin\gamma}-1\right)\right]\times100\%,\ 35^\circ\leqslant\gamma\leqslant90^\circ$$

$$t_s=\frac{\pi}{\omega_c}\left[21.5\left(\frac{1}{\sin\gamma}-1\right)+2.5\left(\frac{1}{\sin\gamma}-1\right)^2\right],\ 35^\circ\leqslant\gamma\leqslant90^\circ \tag{5-90}$$

图 5-37 所示的 2 条曲线是根据上述 2 个式子绘成的，以供查用。图中曲线表明，当 ω_c 一定时，随着 γ 值的增加，高阶系统的超调量 $\sigma\%$ 和调节时间 t_s 都会减小。

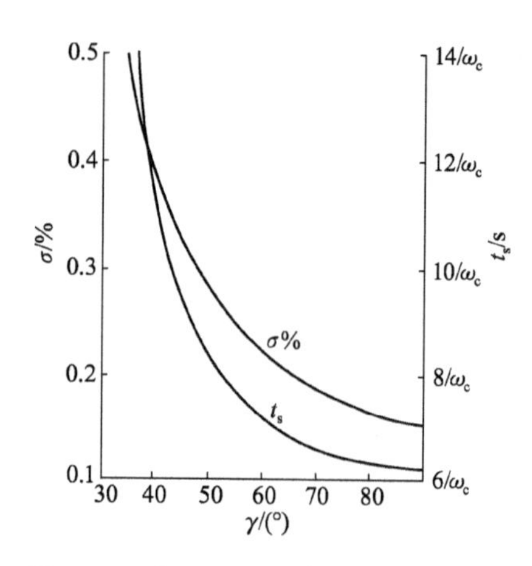

图 5-37　高阶系统 $\sigma\%$，t_s 与 γ 的关系

5.6.3　$L(\omega)$高频段特性与系统抗高频干扰能力的关系

$L(\omega)$的高频段特性是由小时间常数的环节构成的，其转折频率均远离截止频率 ω_c，所以对系统的动态性能影响不大。但是，从系统抗干扰的角度出发，研究高频段的特性是具有实际意义的。

对于单位反馈系统，开环频率特性 $G_0(j\omega)$和闭环频率特性 $\Phi(j\omega)$的关系为

$$\Phi(j\omega)=\frac{G_0(j\omega)}{1+G_0(j\omega)}$$

在高频段，一般有 $20\lg|G_0(j\omega)|\ll 0$，即 $|G_0(j\omega)|\ll 1$。故由上式可得

$$|\Phi(j\omega)|=\left|\frac{G_0(j\omega)}{1+G_0(j\omega)}\right|\approx|G_0(j\omega)|$$

即在高频段，闭环幅频特性近似等于开环幅频特性。

因此，$L(\omega)$特性高频段的幅值，直接反映出系统对输入端高频信号的抑制能力，高频段的分贝值越低，说明系统对高频信号的衰减作用越大，即系统的抗高频干扰能力越强。

综上所述，开环对数幅频特性应具有如下特点：

① 如果要求具有一阶或二阶无差度(即系统在阶跃或斜坡作用下无稳态误差)，则 $L(\omega)$特性的低频段应具有－20 dB/dec 或－40 dB/dec 的斜率。为保证系统的稳态精度，低频段应有较高的分贝值。

② $L(\omega)$特性应以－20 dB/dec 的斜率穿过零分贝线，且具有一定的中频段宽度，系统就有足够的稳定裕度，保证闭环系统具有较好的平稳性。

③ $L(\omega)$特性应具有较高的截止频率 ω_c，以提高闭环系统的快速性。

④ $L(\omega)$特性的高频段应尽可能低，以增强系统的抗高频干扰能力。

三频段理论并没有提供校正系统的具体方法，但它为如何设计一个具有满意性能的闭环系统指出了原则和方向。

5.7　利用闭环频率特性分析系统的性能

5.7.1　闭环频率特性的几个特征量

利用闭环频率特性也可以间接反映出系统的性能。典型的闭环幅频特性可用以下几个特征量来描述：

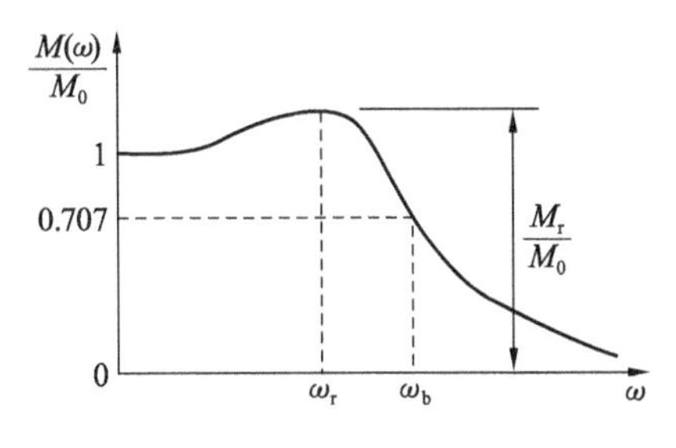

图 5-38　典型的闭环幅频特性

(1) 零频值 M_0

M_0 是 $\omega=0$ 时的闭环幅频特性值，也就是闭环系统的增益，或者说是系统单位阶跃响应的稳态值。如果 $M_0=1$（见图 5-38），则意味着当阶跃函数作用于系统时，系统响应的稳态值与输入值一致，即此时系统的稳态误差为 0。因此 M_0 直接反映了系统在阶跃作用下的稳态精度。M_0 值越接近 1，系统的稳态精度越高。

(2) 谐振峰值 M_r

M_r 是闭环频率特性的最大值 M_{max} 与零频值 M_0 之比，即 $M_r=M_{max}/M_0$。M_r 值大，表明系统对某个频率的正弦输入信号反映强烈，有振荡的趋向。这意味着系统的相对稳定性较差，系统的阶跃响应会有较大的超调量。

(3) 谐振频率 ω_r

ω_r 是指出现谐振峰值 M_r 时的频率。

(4) 带宽频率 ω_b

ω_b 是闭环幅频特性 $M(\omega)$降低到其零频值的 70.7%时所对应的频率。通常把$[0, \omega_b]$ 对应的频率范围称为通频带或频带宽度(简称带宽)。控制系统的带宽反映系统稳态噪声滤波特性，同时带宽也用于衡量动态响应的特性。带宽大，高频信号分量容易通过系统达到输出端，系统上升时间就短；相反，闭环带宽小，系统时间响应慢，快速性就差。

5.7.2　闭环频域指标与时域指标的关系

用闭环频率特性分析、设计系统时，通常以谐振峰值 M_r 和频带宽度 ω_b(或谐振频率 ω_r)这些特征量作为依据，这就是闭环频域指标。M_r，ω_b 与时域指标 $\sigma\%$，t_s 之间亦存在密切关系，这种关系在二阶系统中是准确的，在高阶系统中则是近似的。

5.7.2.1　二阶系统

典型二阶系统的闭环传递函数为

$$\Phi(s)=\frac{\omega_n^2}{s^2+2\zeta\omega_n s+\omega_n^2} \tag{5-91}$$

(1) M_r 与 $\sigma\%$的关系

由二阶振荡环节幅相特性的讨论可知，典型二阶系统的谐振频率 ω_r 和谐振峰值 M_r 为

$$\omega_r=\omega_n\sqrt{1-2\zeta^2}，\ 0\leqslant\zeta\leqslant0.707$$

$$M_r=\frac{1}{2\zeta\sqrt{1-\zeta^2}}，\ 0\leqslant\zeta\leqslant0.707 \tag{5-92}$$

将式(5-92)所描述的 M_r 与 ζ 的函数关系一并绘于图 5-35 中，得 $M_r=f(\zeta)$。曲线表明，M_r 越小，系统的阻尼性能越好。若 M_r 值较高，则系统的动态过程超调量大，收敛慢，平稳性和快速性都较差。从图 5-35 还可看出，$M_r=1.2\sim1.5$ 时，对应的 $\sigma\%=20\%\sim30\%$，这时的动态过程有适度的振荡，平稳性及快速性均较好。控制工程中常以 $M_r=1.3$ 作为系统设计的依据。若 M_r 过大(如 $M_r>2$)，则闭环系统阶跃响应的超调量会大于 40%。

(2) M_r，ω_b 与 t_s 的关系

根据通频带的定义，在带宽频率 ω_b 处，典型二阶系统闭环频率特性的幅值为

$$M(\omega_b)=\frac{\omega_n^2}{\sqrt{(\omega_n^2-\omega_b^2)^2+(2\zeta\omega_n-\omega_b)^2}}=0.707$$

由此解出带宽 ω_b 与 ω_n，ζ 的关系为

$$\omega_b=\omega_n\sqrt{1+2\zeta^2+\sqrt{2-4\zeta^2+4\zeta^4}} \tag{5-93}$$

从时域分析可知系统的调节时间如式(5-87)所示。现将式(5-87)与式(5-93)相乘，得

$$\omega_b t_s=\frac{3.5}{\zeta}\sqrt{1-2\zeta^2+\sqrt{2-4\zeta^2+4\zeta^4}} \tag{5-94}$$

将式(5-94)与式(5-92)联立起来，可求得 $\omega_b t_s$ 与 M_r 的函数关系，并绘成曲线，如图 5-39 所示。

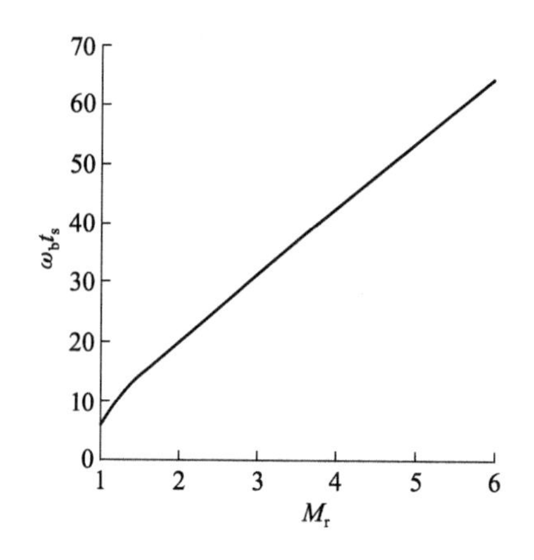

图 5-39　二阶系统 $\omega_b t_s$ 与 M_r 的关系曲线

由图可见，对于给定的谐振峰值 M_r，调节时间 t_s 与带宽 ω_b 成反比，频带宽度越宽，则调节时间越短。

对于高阶系统，时域指标与闭环频率特性的特征量之间没有确切关系。但是，若高阶系统存在一对共轭复数主导极点时，则可用二阶系统所建立的关系来近似表示。至于一般的高阶系统，常用下面 2 个经验公式估算系统的动态指标：

$$\sigma\%=[0.16+0.4(M_r-1)]\times100\%,\quad 1\leqslant M_r\leqslant1.8$$

$$\begin{aligned} t_s&=\frac{\pi}{\omega_c}[2+1.5(M_r-1)+2.5(M_r-1)^2]\\ &=\frac{1.6\pi}{\omega_b}[2+1.5(M_r-1)+2.5(M_r-1)^2],\quad 1\leqslant M_r\leqslant1.8 \end{aligned} \tag{5-95}$$

实际上，高阶系统特征量谐振峰值 M_r、带宽频率 ω_b 与开环频率特性中的相角裕度 γ（γ 不太大时）、截止频率 ω_c 之间存在如下近似关系：

$$\begin{cases}\omega_b = 1.6\omega_c \\ M_r \approx \dfrac{1}{\sin\gamma}\end{cases} \tag{5-96}$$

所以，式(5-95)与式(5-90))本质上是一致的。

式(5-95)的函数关系如图 5-40 所示。由图可以看出，高阶系统的超调量，$\sigma\%$ 随 M_r 的增大而增大。系统的调节时间 t_s 亦随着 M_r 的增大而增大，但随着 ω_c 的增大而减小。

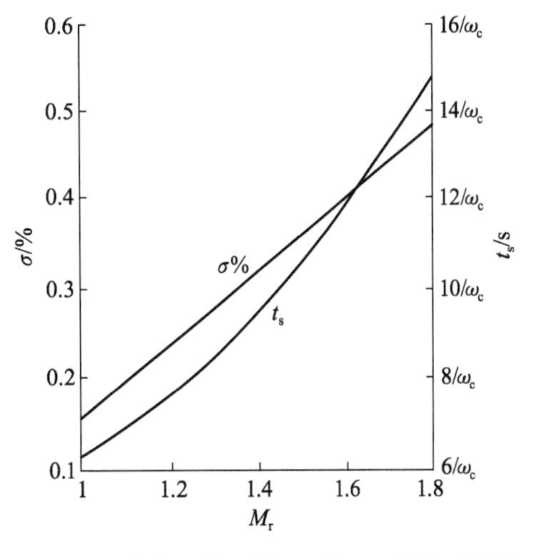

图 5-40　高阶系统 $\sigma\%$，t_s 与 M_r 的关系曲线

5.8　MATLAB 频域分析应用

5.8.1　伯德图和奈奎斯特图

(1) 伯德图

命令格式：[mag，phase，w] =bode(sys)

当缺省输出变量时，bode 命令可直接绘制伯德图；否则，将只计算幅值和相角，并将结果分别存放在向量 mag 和 phase 中。另外，margin 命令也可以绘制伯德图，并直接得出幅值裕度、相角裕度及对应的截止频率、穿越频率。

命令格式：[Gm，Pm，Wcg，Wcp] =margin(sys)

当缺省输出变量时，margin 命令可直接绘制伯德图，并且将幅值裕度、相角裕度及对应的截止频率、穿越频率标注在图形标题端。

(2) 奈奎斯特图

命令格式：[re，im，w] =nyquist(sys)

当缺省输出变量时，nyquist 命令可直接绘制奈奎斯特图。

5.8.2　综合应用

【例 5-7】　已知单位反馈系统的开环传递函数为

$$G_0(s)=\frac{10}{s(s+1)}$$

试绘制其伯德图和奈奎斯特图，并判别闭环系统的稳定性。

解　MATLAB 文本如下：

```
K=10;
z= [ ];
p= [-1, 0];
sys=zpk(z, p, K);
figure (1)
```

```
nyquist(sys);
axis([-10, 1, -10, 10]);
title('Nyquist Diagram of G0(s)=10/[s(s+1)]');
figure(2)
w=logspace(-1, 2);
bode(sys, w);
grid on;
title('Bode Diagram of G0(s)=10/[s(s+1)');
[Lg, Y, Wg, Wc] =margin(sys)
```

生成的曲线分别如图 5-41 和图 5-42 所示。

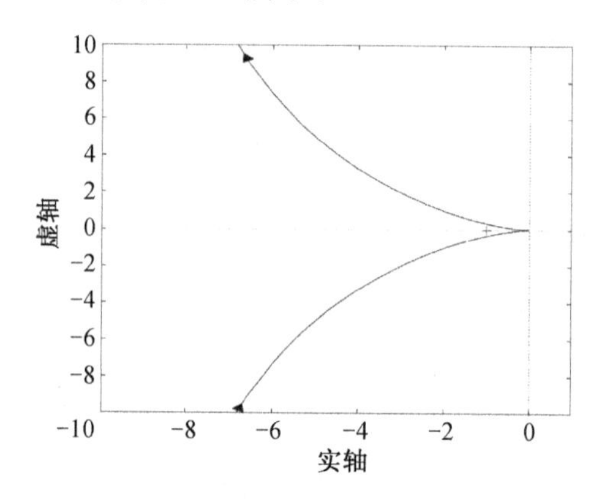

图 5-41 奈奎斯特曲线

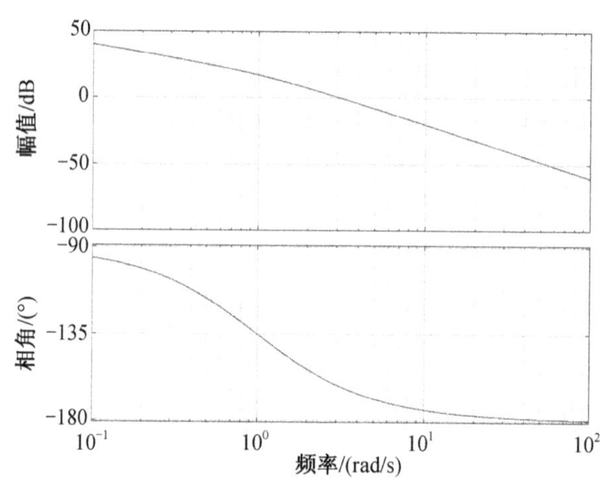

图 5-42 伯德曲线

习 题

5-1 设系统的开环传递函数为

$$G_0(s)=\frac{K}{Ts+1}$$

测得其频率响应，当 $\omega=1$ rad/s 时，幅频 $|G_0(\mathrm{j})=12/\sqrt{2}|$，相频 $\varphi(\mathrm{j})=-45°$。试问放大系数 K 及时间常数 T 各为多少？

5-2 设单位反馈系统的开环传递函数为

$$G_0(s)=\frac{1}{s+1}$$

当闭环系统作用有以下输入信号时，试求系统的稳态输出：

(1) $r(t)=\sin t$；

(2) $r(t)=2\cos 2t$；

(3) $r(t)=\sin t-2\cos 2t$。

5-3 已知系统的开环传递函数为

$$G_0(s)=\frac{10}{s(2s+1)(s^2+0.5s+1)}$$

试分别计算 $\omega=0.5$ 和 $\omega=2$ 时开环频率特性的幅值 $A(\omega)$ 和相角 $\varphi(\omega)$。

5-4 试求图 5-43 所示网络的频率特性，并画出其对数频率特性曲线。

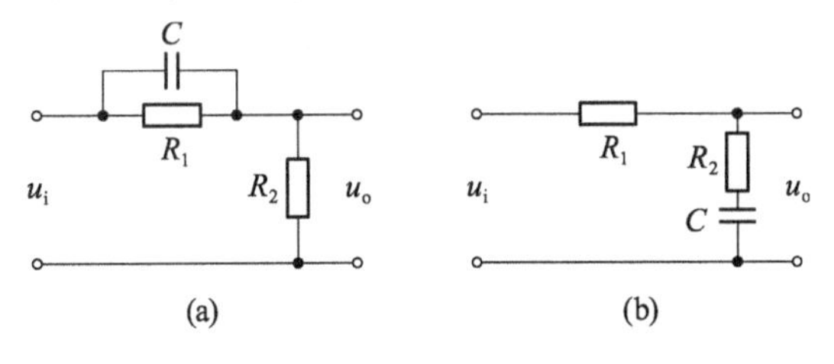

图 5-43 网络示意

5-5 已知某些部件的对数幅频特性曲线如图 5-44 所示，试写出它们的传递函数 $G(s)$，并计算出各环节的参数值。

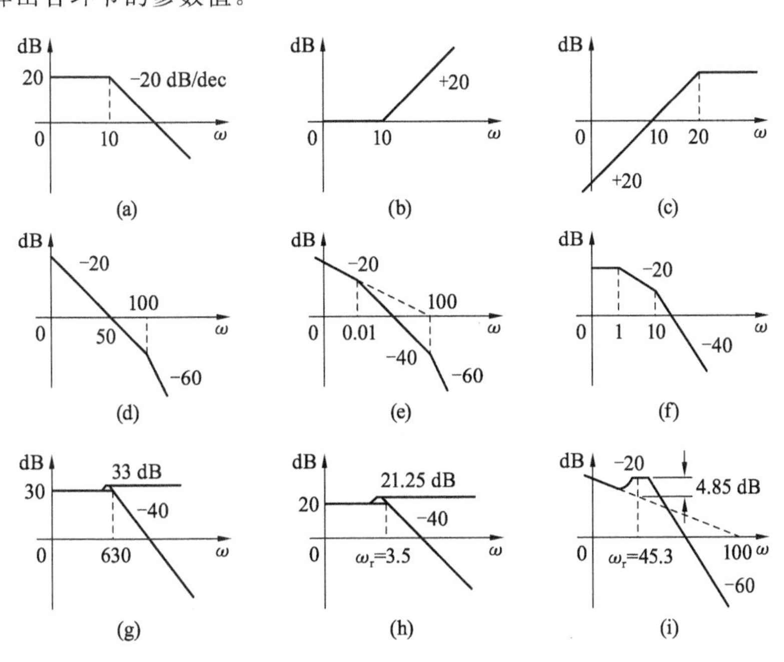

图 5-44 对数幅频特性

5-6　概略画出下列传递函数的幅相频率特性曲线：

(1) $G_0(s)=\dfrac{K}{s(Ts+1)}$；

(2) $G_0(s)=\dfrac{K}{s^2(Ts+1)}$；

(3) $G_0(s)=\dfrac{K}{s^3(Ts+1)}$。

5-7　画出下列传递函数的对数频率特性曲线(幅频特性作渐近线)：

(1) $G_0(s)=\dfrac{2}{(2s+1)(8s+1)}$；

(2) $G_0(s)=\dfrac{50}{s^2(s^2+s+1)(6s+1)}$；

(3) $G_0(s)=\dfrac{10(s+0.2)}{s^2(s+0.1)}$；

(4) $G_0(s)=\dfrac{8(s+0.1)}{s(s^2+s+1)(s^2+4s+25)}$；

(5) $G_0(s)=\dfrac{10}{s(s-1)}$。

5-8　若系统的开环传递函数为

$$G_0(s)=\frac{K}{s^v}G(s)$$

式中：$G(s)$为$G_0(s)$中除比例、积分环节外的部分，试证明$\omega_1=K^{1/v}$，ω_1为$20\lg|G_0(\mathrm{j}\omega_1)|$时的频率值，如图5-45所示。

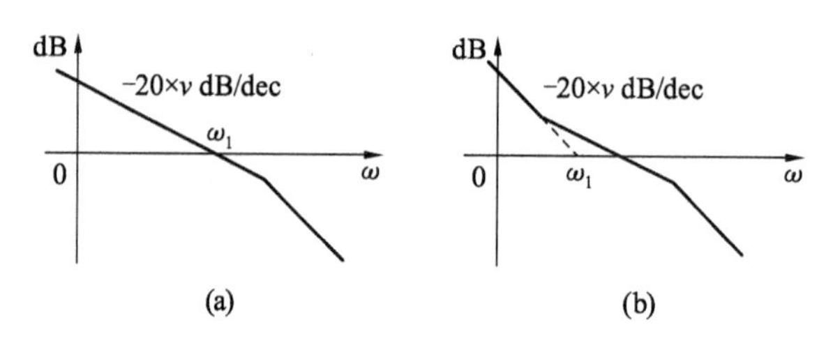

图5-45　对数幅频特性

5-9　负反馈系统的开环幅相频率特性如图5-46所示。假设系统开环传递函数$K=500$，在s右半平面内开环极点数$p=0$，试确定使系统稳定时K值的范围。

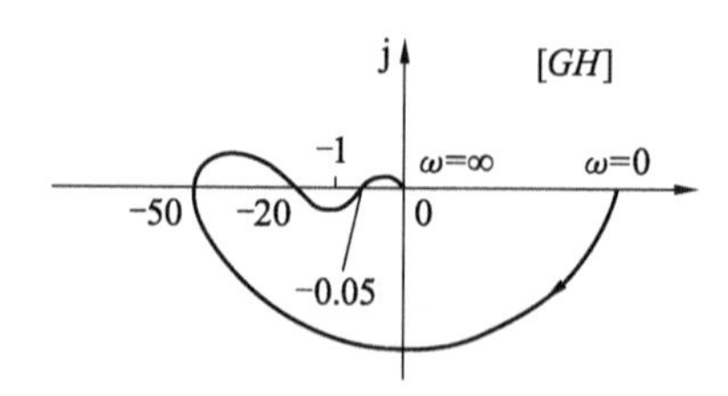

图5-46　开环幅相频率特性

5-10　设系统的开环频率特性曲线如图5-47所示，试用奈氏判据判别对应闭环系统的稳定性。已知对应的开环传递函数分别为

(1) $G_0(s)=\frac{K}{(T_1s+1)(T_2s+1)(T_3s+1)}$；

(2) $G_0(s)=\frac{K}{s(T_1s+1)(T_2s+1)}$；

(3) $G_0(s)=\frac{K}{s^2(Ts+1)}$；

(4) $G_0(s)=\frac{K(T_1s+1)}{s^2(T_2s+1)}$，$T_1>T_2$；

(5) $G_0(s)=\frac{K}{s^3}$。

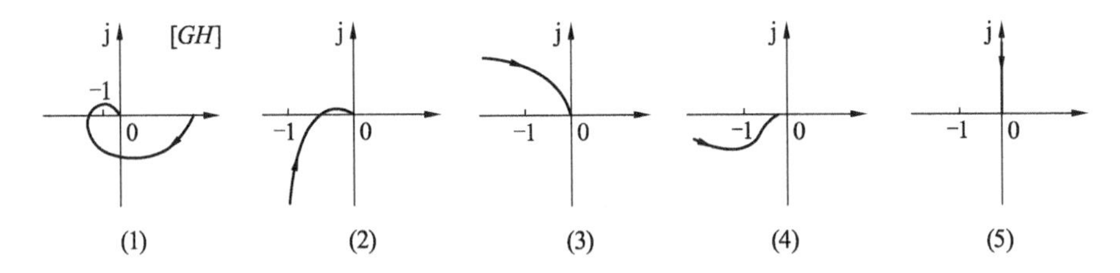

图 5-47　开环频率特性

5-11　设控制系统的开环传递函数为

(1) $G_0(s)=\frac{100}{s(0.2s+1)}$；

(2) $G_0(s)=\frac{50}{(0.2s+1)(s+2)(s+0.5)}$；

(3) $G_0(s)=\frac{100(s+1)}{s(0.1s+1)(0.5s+1)(0.8s+1)}$；

(4) $G_0(s)=\frac{10}{s(0.1s+1)(0.25s+1)}$；

(5) $G_0(s)=\frac{10}{s(0.2s+1)(s-1)}$。

试用奈氏判据或对数判据，判别对应闭环系统的稳定性，并确定稳定系统的相角裕量和幅值裕量。

5-12　一单位系统的开环对数渐近线曲线如图 5-48 所示，试：

(1) 写出系统的开环传递函数；

(2) 判别闭环系统的稳定性；

(3) 确定系统阶跃响应的性能指标 σ，t_s；

(4) 将幅频特性曲线向右平移 10 倍频程，求时域指标 σ 和 t_s。

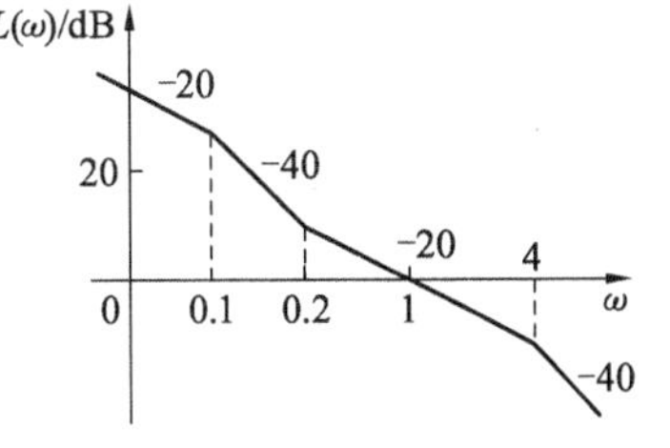

图 5-48　开环对数渐近线曲线

第 6 章　控制系统的频率法校正

前面的章节，在系统结构和参数已知的条件下，利用时域和频域方法对系统进行分析。而系统的设计是指已知被控对象，给定性能指标，按照要求设计出一个满足给定性能要求的系统。为了提高并改善系统的性能指标，常常需要在系统中引入附加装置，引入的附加装置即校正装置。本章节主要讨论频率法校正。

6.1　频率法校正的基本概念

控制系统的校正，是指在通过调节系统参数，如开环增益、时间常数、反馈系数等，仍不能满足系统性能指标要求的情况下，需要在系统结构中加入合适的环节或装置，以改善系统开环对数频率特性曲线形状，使校正后系统的各项性能指标均满足运行要求。设计校正装置的过程，称为控制系统的校正。

校正的方法很多，所以对于某一系统的校正装置的设计结果也不是唯一的，但应以简单有效、满足指标要求为原则。

6.1.1　性能指标

进行控制系统的校正设计，除了应已知系统不可变部分的特性与参数外，还需要已知对系统提出的全部性能指标。性能指标通常是由使用单位或被控对象的设计制造单位提出的。不同的控制系统对性能指标的要求应有不同的侧重。例如，调速系统对平稳性和稳态精度要求较高，而随动系统则侧重于快速性要求。

6.1.1.1　时域指标

① 静态指标：静态误差系数 e_{ss}、无差度 v 和开环放大系数 K。

② 动态指标：过渡过程时间 t_s 和超调量 σ、上升时间 t_r、峰值时间 t_p、振荡次数 N 等。

6.1.1.2　频域指标

① 开环频域指标：截止频率 ω_c、相角稳定裕度 $r(\omega_c)$和幅值稳定裕度 $G\cdot M$。

② 闭环频域指标：闭环谐振峰值 M_p、谐振频率 ω_p、带宽频率 ω_b。

在控制系统设计中，采用的设计方法一般依据性能指标的形式而定。如果性能指标以单位阶跃响应的峰值时间、调节时间、超调量、阻尼比、稳态误差等时域特征量给出时，一般采用根轨迹法校正；如果性能指标以系统的相角裕度、幅值裕度、谐振峰值、闭环带宽、静态误差系数等频域特征量给出时，一般采用频率法校正。目前，工程技术界多习惯采用频率法，通常通过近似公式进行 2 种指标的互换。由本书第 5 章知，有如下关系成立：

(1) 二阶系统频域指标与时域指标的关系

谐振峰值：$M_r=\dfrac{1}{2\zeta\sqrt{1-\zeta^2}}$，$\zeta\leqslant 0.707$

谐振频率：$\omega_r=\omega_n\sqrt{1-2\zeta^2}$，$\zeta\leqslant 0.707$

带宽频率：$\omega_b=\omega_n\sqrt{1-2\zeta^2+\sqrt{2-4\zeta^2+4\zeta^4}}$

截止频率：$\omega_c=\omega_n\sqrt{\sqrt{1+4\zeta^4}-2\zeta^2}$

相角裕度：$\gamma=\arctan\dfrac{2\zeta}{\sqrt{\sqrt{1+4\zeta^4}-2\zeta^2}}$

超调量：　$\sigma\%=\mathrm{e}^{-\pi\zeta}/\sqrt{1-\zeta^2}\times 100\%$

调节时间：$t_s=\dfrac{3.5}{\zeta\omega_n}(\Delta=5\%)$或$t_s=\dfrac{4.4}{\zeta\omega_n}(\Delta=2\%)$

(2) 高阶系统频域指标与时域指标的关系

谐振峰值：$M_r=\dfrac{1}{|\sin r|}$

超调量：　$\sigma=0.16+0.4(M_r-1)$，$1\leqslant M_r\leqslant 1.8$

调节时间：$t_s=\dfrac{K_0\pi}{\omega_c}(\Delta=5\%)$

$$K_0=2+1.5(M_r-1)+2.5(M_r-1)^2,\quad 1\leqslant M_r\leqslant 1.8$$

6.1.2　校正的方式

校正装置在系统中，有2种最常用的校正方式：一种是校正装置在系统的前向通路之中与被校正对象相串联，称为串联校正，如图6-1所示，其分析简单，应用范围广，易于理解、接受。图中$G_0(s)$是被校正对象的传递函数，$G_c(s)$是校正装置传递函数。另一种是在局部反馈通路中接入校正装置，称为局部反馈校正。常用于系统中高功率点传向低功率点的场合，一般无附加放大器，所以系统所需元件比串联校正少。另一个突出优点是，只要合理地选取校正装置参数，就可消除原系统中不可变部分参数波动对系统性能的影响，如图6-2、图6-3和图6-4所示。图中$G_0(s)$为被校正对象的传递函数，$G_c(s)$为校正装置的传递函数。

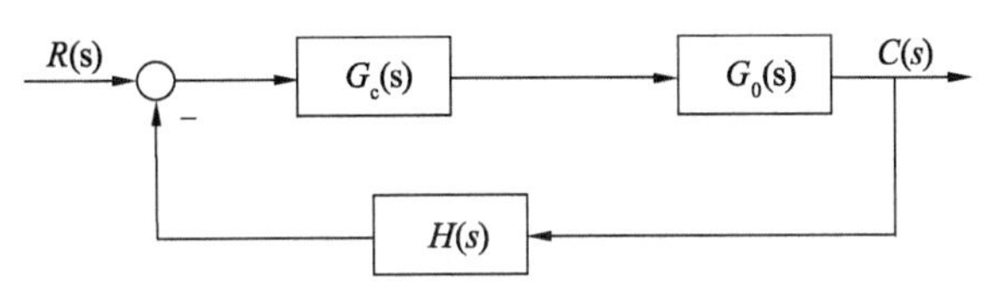

图6-1　串联校正

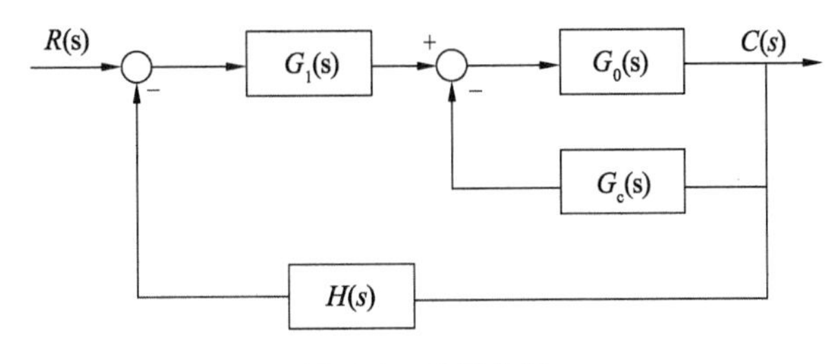

图6-2　反馈校正

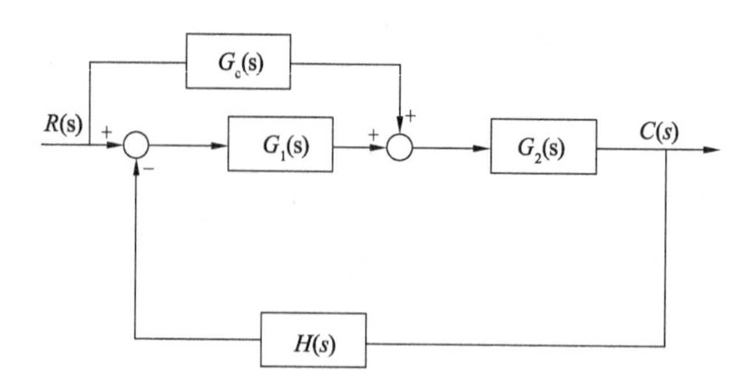

图 6-3　前馈校正：输入控制方式

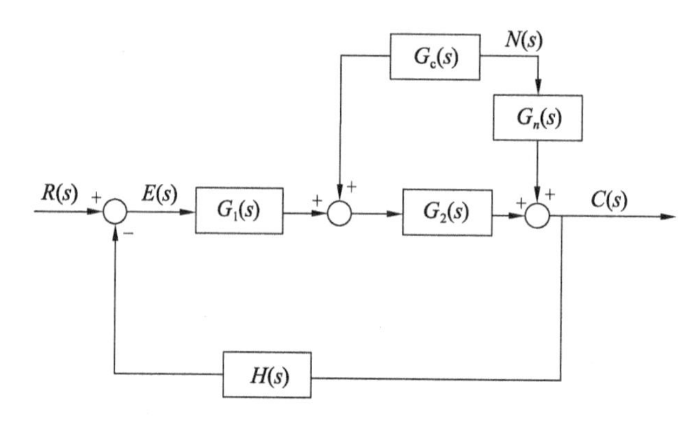

图 6-4　前馈校正：干扰控制方式

一般的系统可采用串联校正或局部反馈校正。对于复杂的、性能要求较高的系统可同时采用串联校正和局部反馈校正，也可采用其他的校正方式。

本章只讨论串联校正和局部反馈校正。

从校正装置自身有无放大能力来看，可分为无源校正装置和有源校正装置。

无源校正装置：自身无放大能力，通常由 RC 网络组成，在信号传递中会产生幅值衰减，且输入阻抗低、输出阻抗高，常需要引入附加的放大器，补偿幅值衰减和进行阻抗匹配。无源串联校正装置通常被安置在前向通道中能量较低的部位上。

有源校正装置：常由运算放大器和 RC 网络共同组成，该装置自身具有放大与补偿能力，且易于进行阻抗匹配，所以使用范围与无源校正装置相比要广泛得多。

6.2　无源校正装置

6.2.1　系统的无源网络的串联超前校正

6.2.1.1　相位超前校正装置的原理

一种无源网络的相位超前校正网络如图 6-5 所示。

假设该网络输入信号源的内阻为 0，输出端的负载阻抗为∞，则超前校正网络的传递函数为

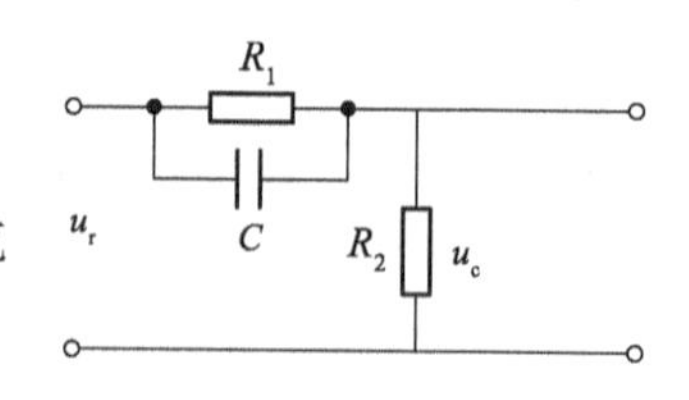

图 6-5　RC 超前校正网络

$$\frac{U_c(s)}{U_r(s)}=G_c(s)=\frac{R_2}{R_2+\frac{1}{\frac{1}{R_1}+Cs}}=\frac{R_2}{R_2+\frac{R_1}{1+R_1Cs}}$$

$$=\frac{R_2(1+sR_1C)}{R_2+R_1+R_1R_2Cs}=\frac{R_2(1+R_1Cs)/(R_1+R_2)}{(R_1+R_2+R_1R_2Cs)/(R_1+R_2)} \tag{6-1}$$

分度系数 $a=\frac{R_1+R_2}{R_2}$，$G_c'(s)=\frac{1}{a}\frac{1+aTs}{1+Ts}$，$aT=R_1C$，时间常数 $T=\frac{R_1R_2C}{R_1+R_2}$。

6.2.1.2　无源网络的相位超前校正的频率特性

(1) 采用无源超前网络进行串联校正时，整个系统的开环增益要减小为原来的$\frac{1}{a}$。

$$G_c'(s)=\frac{1}{a}\frac{1+aTs}{1+Ts} \tag{6-2}$$

时间常数：

$$T=\frac{R_1R_2C}{R_1+R_2}$$

分度系数：

$$a=\frac{R_1+R_2}{R_2}，aT=R_1C$$

此时传递函数：

$$G_c(s)=aG_c'(s)=\frac{1+aTs}{1+Ts}$$

(2) $G_c(s)$的对数幅频和相频特性如下：

$$G_c(s)=\frac{1+aTs}{1+Ts}$$

对数幅频特性：$L_c(\omega)=20\lg|G_c(j\omega)|=20\lg\sqrt{1+(aT\omega)^2}-20\lg\sqrt{1+(T\omega)^2}$

相频特性：$\varphi_c(\omega)=\arctan aT\omega-\arctan T\omega=\arctan\frac{(a-1)T\omega}{1+a(T\omega)^2}$

对数频率特性如图 6-6 所示。显然，超前网络对频率在$\frac{1}{aT}$～$\frac{1}{T}$之间的输入信号有明显的微分作用，在该频率范围内输出信号相角比输入信号相角超前。

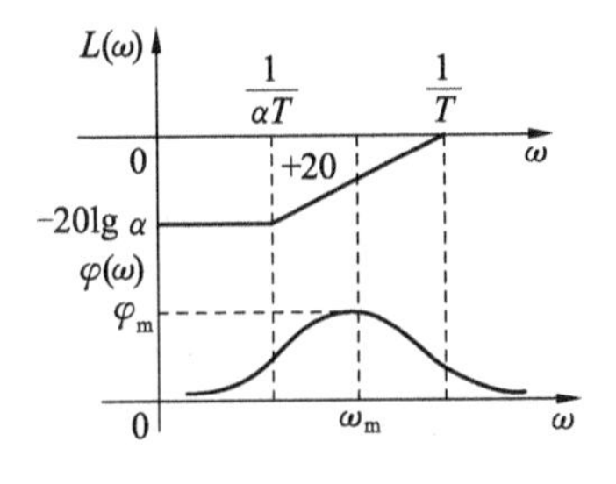

图 6-6　超前校正环节频率特性曲线

最大超前角频率：$\omega_m=\frac{1}{T\sqrt{a}}$，在最大超前角频率处 ω_m 具有最大超前角 φ_m。

$$\varphi_{\mathrm{m}}=\arctan\frac{a-1}{2\sqrt{a}}=\arcsin\frac{a-1}{a+1}$$

所以

$$a=\frac{1+\sin\varphi_{\mathrm{m}}}{1-\sin\varphi_{\mathrm{m}}}$$

ω_{m} 正好处于频率$\frac{1}{aT}$与$\frac{1}{T}$的几何中心。

6.2.1.3 校正步骤

从上例可得频率法设计超前校正装置的步骤如下：

① 按要求的稳态精度所确定的系统开环放大倍数 K 值，绘制未校正系统的对数频率特性。

② 根据性能指标的要求选择超前网络的最大超前角 φ_{m}。

③ 计算校正后系统的性能指标并设计校正装置。

④ 绘制校正后系统的开环对数频率特性，检查其性能指标是否满足设计要求，若不满足，应重新选取 $\varphi_{\max}$，则重复以上设计过程。

⑤ 确定超前网络的结构及参数。

6.2.1.4 超前校正装置的作用

① 使得校正后系统的截止频率增大，提高了系统的相对稳定性。

② 使得校正后系统的相角稳定裕度增大，提高了系统的相对稳定性。

6.2.2 无源网络串联滞后校正

6.2.2.1 无源网络相位滞后校正装置的原理和频率特性

一种无源网络相应滞后校正装置如图 6-7 所示。

$$\frac{U_{\mathrm{c}}(s)}{U_{\mathrm{r}}(s)}=G_{\mathrm{c}}(s)=\frac{R_2+\frac{1}{sC}}{R_2+R_1+\frac{1}{sC}}=\frac{R_2sC+1}{(R_2+R_1)sC+1}=\frac{\frac{R_2+R_1}{R_2+R_1}R_2sC+1}{(R_2+R_1)sC+1} \tag{6-3}$$

式中：β——分度系数，$\beta=R_2/(R_2+R_1)<1$。

时间常数 $T=(R_2+R_1)C$，$\beta T=R_2C$，则

$$G_{\mathrm{c}}(s)=\frac{1+\beta Ts}{1+Ts}$$

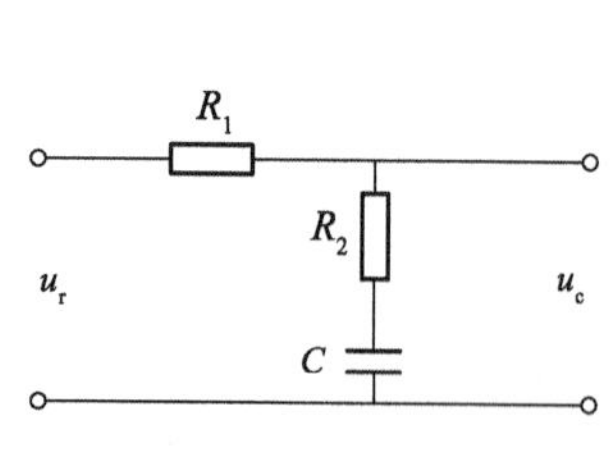

图 6-7 RC 滞后校正网络

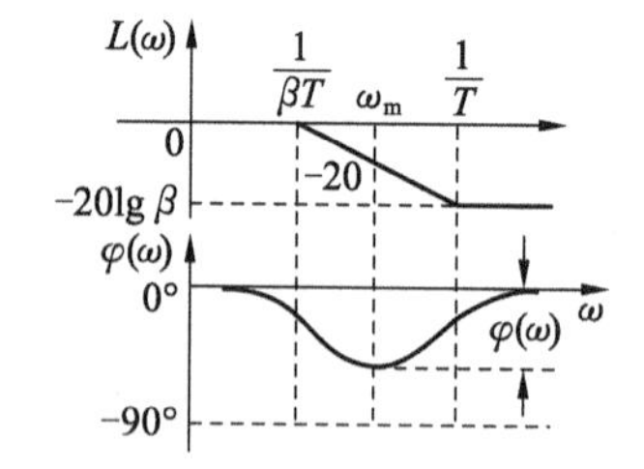

图 6-8 滞后校正环节的频率特性函数

6.2.2.2 相位滞后校正装置的频率特性

滞后校正装置的频率特性如图 6-8 所示。

当 $\omega>1/\beta T$ 时，$L(\omega)=20\lg\beta\,\mathrm{dB}$；当 $\omega<1/T$ 时，$L(\omega)=0\,\mathrm{dB}$。

① 滞后网络在 $\omega<\dfrac{1}{T}$时，对信号没有衰减作用；当$\dfrac{1}{T}<\omega<\dfrac{1}{\beta T}$时，对信号有积分作用，呈滞后特性；当 $\omega>\dfrac{1}{T}$时，对信号衰减作用为 $20\lg\beta$。

② 同超前网络，最大滞后角发生在$\dfrac{1}{T}$与$\dfrac{1}{\beta T}$的几何中心，称为最大滞后角频率，计算公式为

$$\omega_{\mathrm{m}}=\frac{1}{T\sqrt{\beta}},\quad \varphi_{\mathrm{m}}=\arcsin\frac{\beta-1}{\beta+1}$$

串联滞后补偿的设计指标是稳态误差和相位裕度，幅值裕度应当在系统设计后加以检验。

串联后补偿的基本原理是利用滞后网络的高频幅值衰减特性，使截止频率减小，从而使相位裕度满足要求。当控制系统采用串联滞后补偿时，滞后补偿网络的高频衰减特性可以使系统在具有较大开环增益的情况下满足相位裕度的要求，从这个意义上讲，串联滞后补偿可以提高系统的稳态精度。

6.2.2.3　校正步骤

由于滞后补偿网络具有低通滤波器的特性，因而当它与系统的不可变部分串联相连时，系统开环频率特性的中频和高频段增益降低，截止频率减小，从而有可能使系统获得足够大的相位裕度，但不影响频率特性的低频段。由此可见，滞后补偿在一定的条件下，也能使系统同时满足动态与静态的要求。

参见上例，利用博德图设计相位滞后校正装置的操作步骤如下：

① 画出满足精度指标的未校正系统开环对数频率特性，并查出 ω，$r(\omega_{\mathrm{c}})$的数值。

② 根据要求的相位裕量，确定校正后系统的截止频率 ω_{c}'。

③ 根据原系统应衰减的分贝数，及按滞后校正的转折频率应远离校正后截止频率的原则，确定校正装置的传递函数 $G_{\mathrm{c}}(s)$。

④ 确定滞后网络的结构及物理参数。

6.2.3　无源网络相位滞后-超前校正

6.2.3.1　无源网络相位滞后-超前校正装置

无源网络的相位滞后-超前校正装置如图 6-9a 所示，其传递函数为

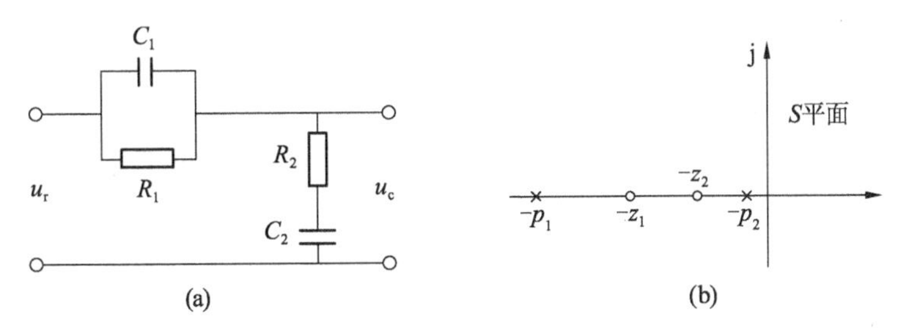

图 6-9　相位滞后-超前校正装置

$$G(s)=\frac{(R_1C_1s+1)(R_2C_2s+1)}{(R_1C_1s+1)(R_2C_2s+1)+R_1C_2s}$$

设 $T_1=R_1C_1$，$T_2=R_2C_2$，$T_{12}=R_1C_2$，$T_1+T_2+T_{12}=\frac{T_1}{\beta}+\beta T_2$，$\beta>1$，则上式写成因式乘积形式，得

$$G(s)=\frac{(T_1s+1)(T_2s+1)}{\left(\frac{T_1}{\beta}s+1\right)(\beta T_2s+1)} \tag{6-5}$$

根据 $T_1+T_2+T_{12}=\frac{T_1}{\beta}+\beta T_2$，可得

$$\beta=\frac{T_1+T_2+T_{12}+\sqrt{(T_1+T_2+T_{12})^2-4T_1T_2}}{2T_2}$$

若满足 $\beta\gg1$，可近似求得

$$T_{12}=(\beta-1)T_2-T_1$$

若把传递函数表示 $G(s)=G_1(s)G_2(s)$，其中

$$G_1(s)=\frac{T_1s+1}{\frac{T_1s}{\beta}+1}=\frac{s+z_1}{s+p_1},\ G_2(s)=\frac{T_2s+1}{\beta T_2s+1}=\frac{s+z_2}{\beta s+p_2}$$

式中：$z_1=\frac{1}{T_1}$；$p_1=\beta\frac{1}{T_1}$；$z_2=\frac{1}{T_2}$；$p_2=\beta\frac{1}{T_2}$。

图 6-9b 给出了无源网络的零极点位置，可见，$G_1(s)$部分零点较极点更接近原点，具有微分校正装置的特性。$G_2(s)$部分极点较零点更接近原点，具有积分校正装置的特性。故图 6-9a 所示的无源网络又称为积分-微分校正装置。

相位滞后-超前校正装置的频率特性为

$$G(j\omega)=\frac{(jT_1\omega+1)(jT_2\omega+1)}{\left(j\frac{T_1\omega}{\beta}+1\right)(j\beta T_2\omega+1)},\ \beta>1 \tag{6-6}$$

其对数频率特性曲线如图 6-10 所示。可以看出，当 $\omega=\omega_1=1/\sqrt{T_1T_2}$时，相角为 0。在 $\omega<\omega_1$ 的频率段范围内，特性具有负斜率、负相移，起滞后作用；在 $\omega>\omega_1$ 的频率范围内，特性具有正斜率、正相移，起超前校正作用。相位滞后-超前校正装置也叫作积分-微分校正装置。

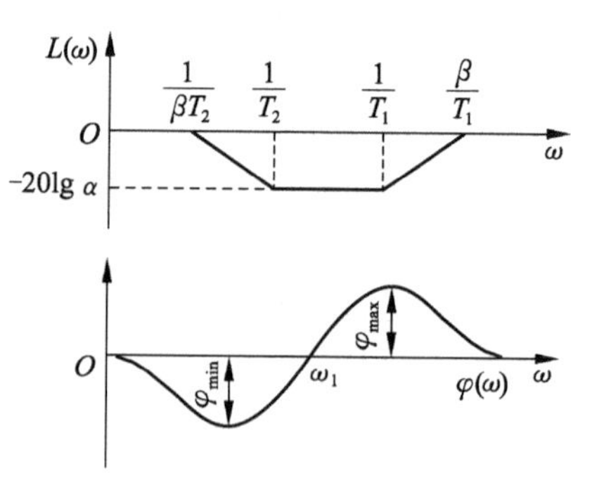

图 6-10 滞后一超前网络频率特性曲线

若令 $T_2/T_1>10$，则可近似求出最大滞后相角和最大超前相角，即

$$\varphi_{\min}\approx-\arcsin\frac{\beta-1}{\beta+1}$$

$$\varphi_{\max}\approx\arcsin\frac{\beta-1}{\beta+1}$$

6.2.3.2 校正步骤

从上例可归纳出设计滞后-超前校正网络的步骤如下：

① 画出满足稳态精度指标的未校正系统开环对数频率特性，并查出 ω_c，$r(\omega_c)$的数值。

② 按滞后校正的方法确定校正装置中滞后部分参数。

③ 保证对数幅频特性在 0 dB 附近的斜率为−20 dB/dec，确定超前部分参数。

④ 绘制校正后系统开环对数频率特性，并检验系统指示。若不满足要求，则重复上述步骤。

⑤ 确定滞后-超前校正网络的结构和参数。

6.2.4　例　题

【例 6-1】　在图 6-11 所示的系统中，要求闭环幅频特性的相对谐振峰值 $M_r=1.3$，求放大器增益 K。

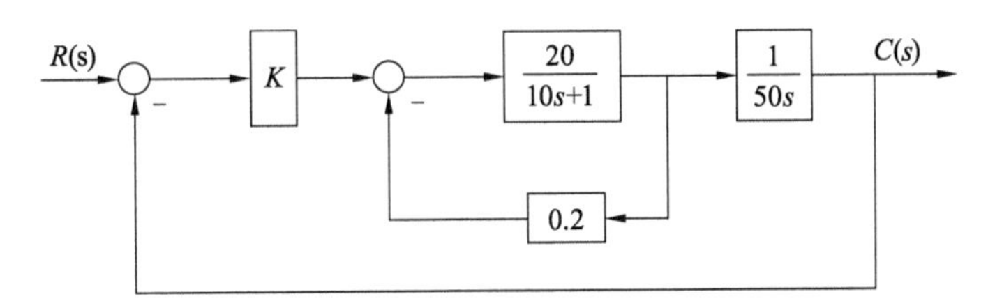

图 6-11　系统框图

解　开环传递函数

$$G(s)=K\frac{20}{10s+5}\cdot\frac{1}{50s}=\frac{K}{25}\cdot\frac{1}{s(s+0.5)}$$

$$\Rightarrow\omega_n=\frac{\sqrt{K}}{5}，2\varepsilon\frac{\sqrt{K}}{5}=0.5\Rightarrow K=\frac{25}{16}\cdot\frac{1}{\zeta^2}$$

$$M_r=\frac{1}{2\zeta\sqrt{1-\zeta^2}}=1.3\Rightarrow\zeta_1^2=0.82，\zeta_2^2=0.18$$

$\zeta<0.707$ 才会出现谐振现象，故舍去 0.82，得

$$\zeta^2=0.18，K=\frac{25}{16}\cdot\frac{1}{0.18}=8.68$$

【例 6-2】　采用一对旋转变压器测量角差的角度伺服系统元件框图如图 6-12 所示。图中 θ_1 是输入信号(角度)，θ_2 是输出信号(角度)，且有

$$\frac{U_1(s)}{\theta_1(s)-\theta_2(s)}=\frac{K_a}{\frac{1}{6}s+1}$$

电机与负载的传递函数为

$$\frac{\theta_2(s)}{U_2(s)}=\frac{K_m}{s(0.5s+1)}$$

要求 $\theta_1(t)=3.14t$ rad 时稳态误差 $e_{sr}\leqslant1^\circ$，相位裕度 $\gamma(\omega_c)\geqslant45^\circ$，穿越频率 $\omega_c=3.5$ rad/s。

(1) 绘制补偿前系统的动态框图；

(2) 采用期望频率特性的方法设计补偿网络传递函数 $G_c(s)$。

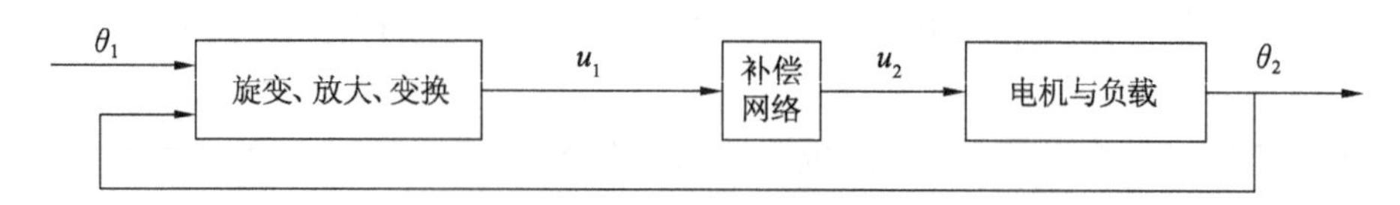

图 6-12 系统元件框图

解 (1) 系统动态框图如图 6-13a 所示。

(2) $\theta_1(t)=3.14t$ rad$=180^\circ t$，$e_{sr}=180\times\dfrac{1}{K_v}\leqslant 1\Rightarrow K_v\geqslant 180$。

作 $20\lg|G_e|$ 曲线，如图 6-13b 所示的线 ADC。由作图知第 1 个转折频率 $\omega_1=0.016$。

$$G_e(s)=\frac{180\left(\frac{1}{0.8}s+1\right)}{s\left(\frac{1}{0.016}s+1\right)\left(\frac{1}{6}s+1\right)\left(\frac{1}{100}s+1\right)}$$

$$\frac{G_e(s)}{G_0(s)}=\frac{\left(\frac{1}{0.8}s+1\right)(0.5s+1)}{\left(\frac{1}{0.016}s+1\right)\left(\frac{1}{100}s+1\right)}=\frac{(1.25s+1)(0.5s+1)}{(62.5s+1)(0.01s+1)}$$

$$\gamma=180^\circ-90^\circ+\arctan\frac{3.5}{0.8}-\arctan\frac{3.5}{0.016}-\arctan\frac{3.5}{6}-\arctan\frac{3.5}{100}=45.1^\circ$$

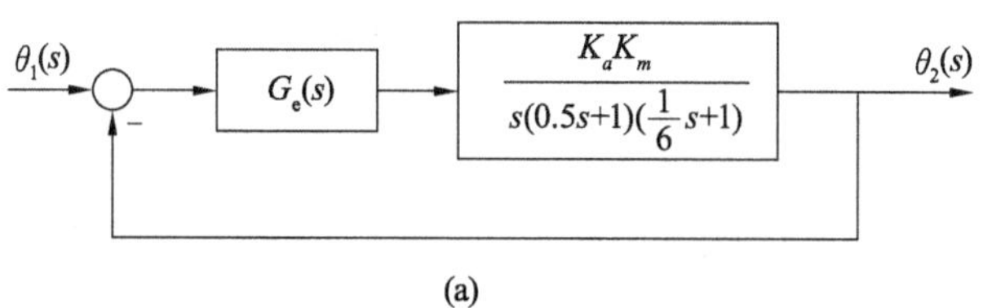

(a)

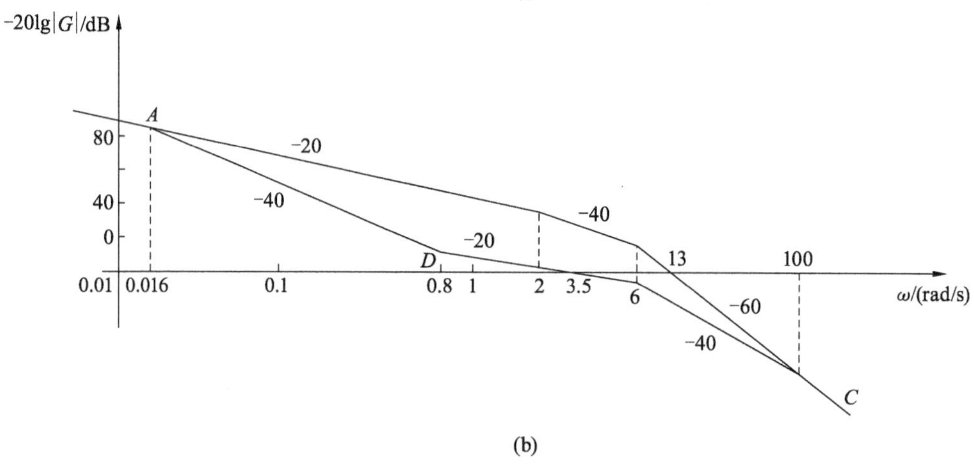

(b)

图 6-13 系统框图与幅频特性

【例 6-3】 设某控制系统被控对的传递函数为

$$G(s)=\frac{K}{s(0.1s+1)(0.2s+1)}$$

要求校正后系统的速度误差系数为 30，相角稳定裕度 $\gamma(\omega_c)\geqslant 40^\circ$。试确定串联相位滞后校正装置的传递函数。

解法 1　(1) 根据稳态精度指标的要求，绘出未校正时系统的对数频率特性，L_0 和 φ_0 如图 6-14 所示。

(2) 为使校正后系统具有 $\gamma(\omega_c)\geqslant 40°$ 的相角裕量，再考虑到相位滞后校正在校正后截止频率处将有 5°左右的相位滞后影响，从 φ_0 上找出对应相角 $-180°+(40°+5°)=-135°$ 处的频率 $\omega'_c\approx 3\ \mathrm{s}^{-1}$，将作为校正后系统的截止频率。

(3) 在 L_0 上查出对应于 ω'_c 时的对数幅值为 20 dB。为使校正后系统的对数幅值在 ω'_c 处为 0 dB，则滞后网络产生的幅值衰减量应等于 20 dB。故可由 $20\lg a=-20$ dB 计算出 $a=0.1$。

(4) 取相位滞后校正环节的转折频率

$$\omega_2=\frac{1}{aT}=\frac{1}{10}\omega'_c,\qquad \frac{1}{aT}=0.3\ \mathrm{s}^{-1}$$

由此求得 $T=33.3$ s，以及另一转折频率 $\omega_1=1/T=0.03\ \mathrm{s}^{-1}$。

(5) 校正装置的传递函数为

$$G_c(s)=\frac{aTs+1}{Ts+1}=\frac{3.33s+1}{33.3s+1}$$

校正后开环系统和校正装置的对数幅相特性如图 6-14 所示。

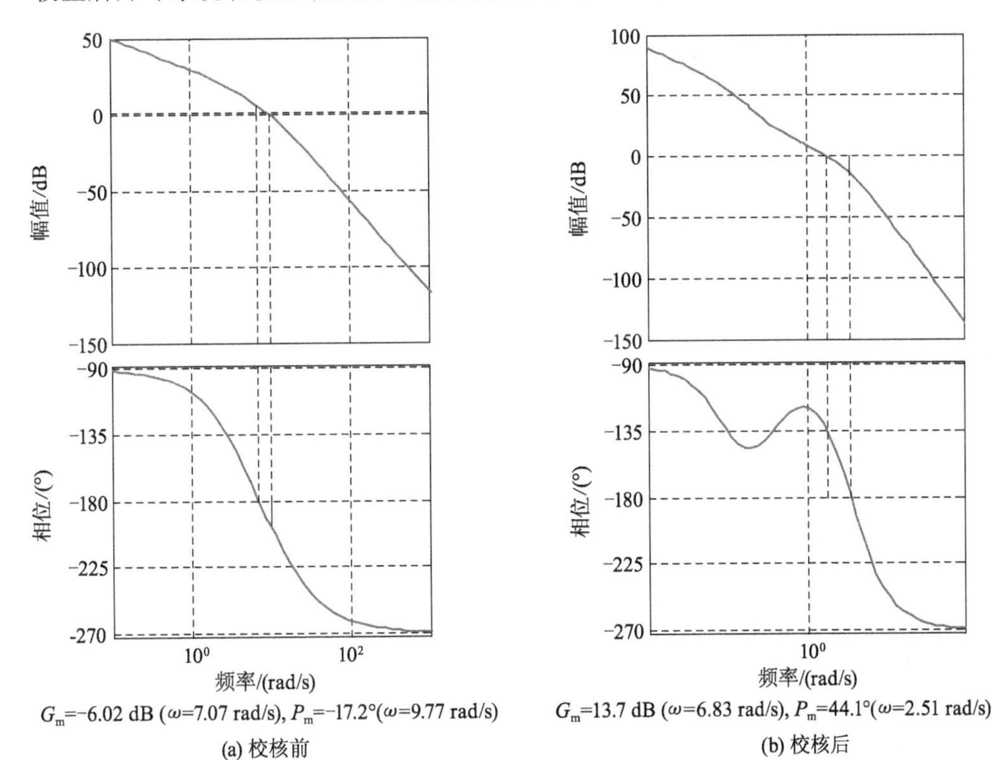

G_m=-6.02 dB (ω=7.07 rad/s), P_m=-17.2°(ω=9.77 rad/s)

(a) 校核前

G_m=13.7 dB (ω=6.83 rad/s), P_m=44.1°(ω=2.51 rad/s)

(b) 校核后

图 6-14　校核前后的 Bode 图

(6) 若采用图 6-15 所示的无源校正网络，

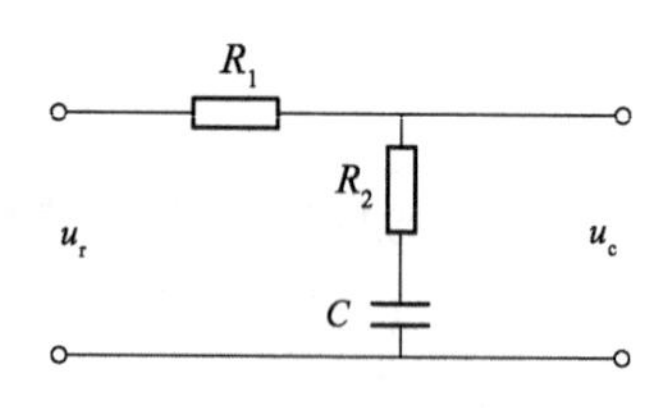

图 6-15　滞后网络

其传递函数为

$$G_c(s)=\frac{aTs+1}{Ts+1}$$

式中：$aT=R_2C$，$a=\frac{R_2}{R_1+R_2}$，$T=(R_1+R_2)C$。

令 $C=100\ \mu F$，则 $R_2=\frac{aT}{C}=\frac{3.3}{100\times 10^{-6}}\Omega=33\ 000\ \Omega$

取 $R_2=33\ k\Omega$，则

$R_1=\frac{T}{C}-R_2=\left(\frac{33.3}{100\times 10^{-6}}-33\ 000\right)\Omega=300\ 000\ \Omega$，取 $R_1=300\ k\Omega$

解法 2　利用 MATLAB 设计串联相位滞后校正装置。

(1) 首先确定开环增益。

$$K_v=\lim_{S\to\infty}sG(s)=K=30$$

(2) 未补偿系统开环传递函数应为

$$G(s)=\frac{30}{s(0.1s+1)(0.2s+1)}$$

(3) 校正后的系统 $\omega_c\geqslant 2.3\ rad/s$。

程序文本如下：

```
clear
clc
G0=tf(30, conv( [1 0], conv( [0.1 1], [0.2 1])));
subplot(1, 2, 1);                          %未校正时系统的 Bode 图
margin(G0), grid
wcc=2.5;
 [h_wc0, r_wc] =bode(G0, wcc);
h_wc=20*log10(h_wc0);
a=10^(-h_wc/20);
T=10/wcc/a;
Gc=tf( [a*T 1], [T 1]);
G=Gc*G0;
subplot(1, 2, 2)                           %校正时系统的 Bode 图
margin(G), grid
```

运行结果如图 6-14b 所示。

校正环节的传递函数为

$$G_c(s)=\frac{aTs+1}{Ts+1}=\frac{4s+1}{41.65s+1}$$

【例 6-4】 反馈系统的开环传递函数为

$$G_0(s)=\frac{K}{s(s+1)}$$

试利用 MATLAB 设计一串联超前校正装置，使系统满足如下要求：① 相角裕度 $\gamma\geqslant 45°$；② 在单位斜坡输入下的稳态误差 $e_{ss}(\infty)<\frac{1}{15}$ rad；③ 介质频率 $\omega_c(\infty)\geqslant 7.5$ rad/s。

解 根据系统在单位斜坡输入下的稳态误差，确认系统的开环放大系数 K。

在单位斜坡输入下的稳态误差 $e_{ss}(\infty)<\frac{1}{15}$ rad，要求 $K>15$，取 $K=15$。

程序如下：

```
clear
clc
G0=tf(15, conv([1 0], [1 1]));
subplot(1, 2, 1);                              %未校正时系统的 Bode 图
margin(G0), grid
wcc=7.5;
[h_wc0, r_wc] =bode(G0, wcc);
h_wc=20*log10(h_wc0);
a=10^(-h_wc/10);                               %计算得出a
a=ceil(a);
T=1/wcc/sqrt(a);                               %计算得出T
Gc=tf([a*T 1], [T 1]);
G=Gc*G0;
subplot(1, 2, 2)                               %校正时系统的 Bode 图
margin(G), grid
```

运行结果如图 6-16b 所示。

校正环节的传递函数

$$G_c(s)=\frac{aTs+1}{Ts+1}=\frac{0.5164s+1}{0.03443s+1}$$

超前校正装置加入系统后，系统的频带宽度增加，相应速度增大；校正后的相角裕量和增益裕量分别为 68.5°和 $+\infty$ dB，满足了相对稳定性的要求。因此，可以说校正后的系统性能指标达到了规定的要求。

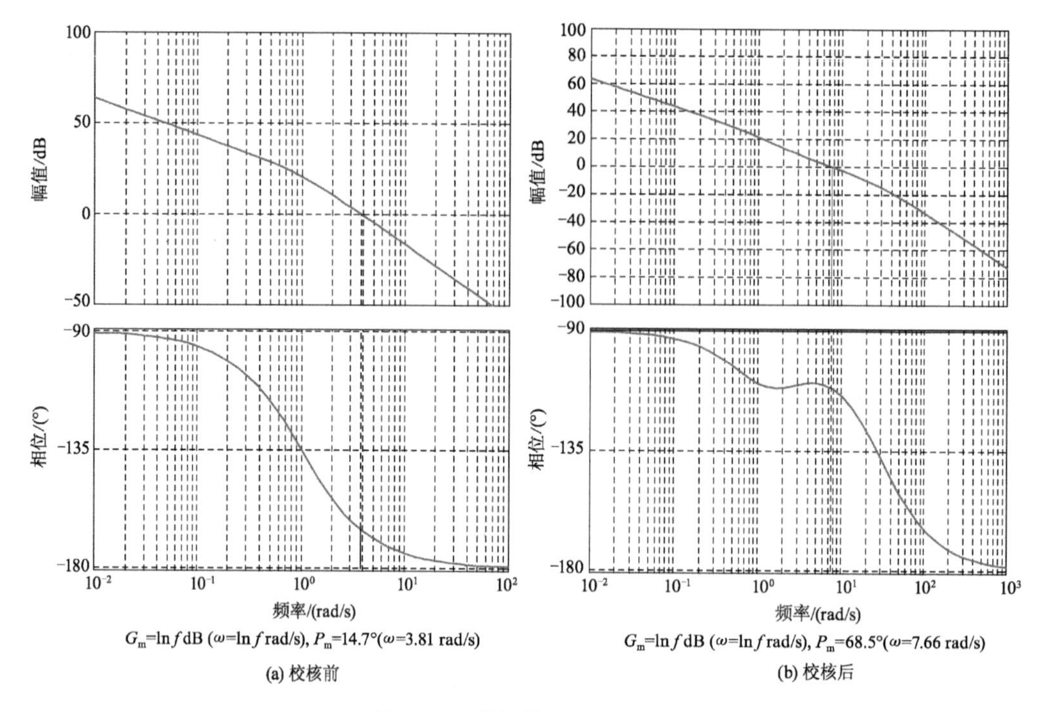

(a) 校核前 (b) 校核后

图 6-16 校核前后的 Bode 图

6.3 有源校正装置

实际控制系统中广泛采用无源网络进行串联校正，但在放大器间接入无源校正网络后，由于负载效应问题，有时难以实现期望的控制规律。此外，复杂网络的设计和调整也不方便。因此，有时需要采用有源校正装置，在工业过程控制系统中尤其如此。常用的有源校正装置，除测速发电机及其与无源网络的组合，以及 PID 控制器外，通常把无源网络接在运算放大器的反馈通路中，形成有源网络，如图 6-17 所示，以实现要求的系统控制规律。

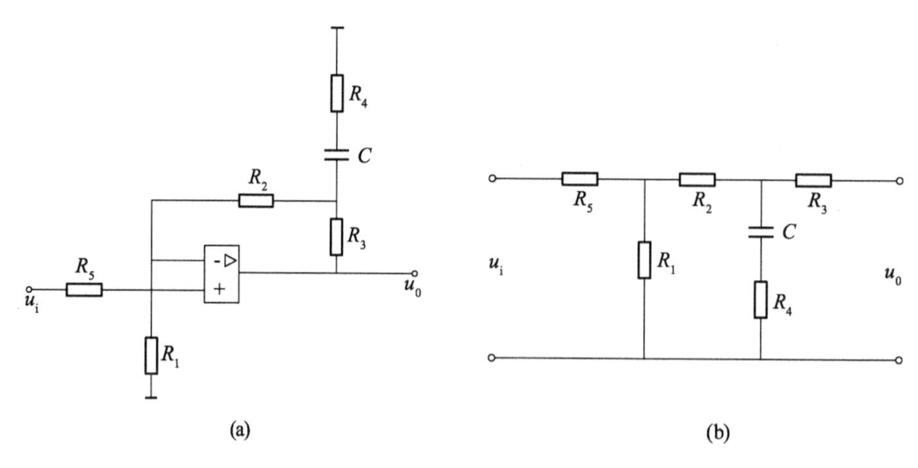

(a) (b)

图 6-17 有源微分网络及其等效电路

根据图6-17b，可以推导出有源微分网络的传递函数。

令

$$\begin{cases} Z_1=R_4+\dfrac{1}{Cs} \\ Z_2=R_3 /\!/ Z_1=\dfrac{R_3Z_1}{R_3+Z_1}=\dfrac{R_3+R_3R_4Cs}{1+(R_3+R_4)Cs} \\ Z_3=R_2+Z_2=\dfrac{R_2+R_3+(R_2R_3+R_2R_4+R_3R_4)Cs}{1+(R_3+R_4)Cs} \\ Z_4=R_1 /\!/ Z_3=\dfrac{R_1R_2+R_1R_3+(R_1R_2R_3+R_1R_2R_4+R_1R_3R_4)Cs}{R_1+R_2+R_3+(R_1R_3+R_1R_4+R_2R_3+R_2R_4+R_3R_4)Cs} \\ Z=R_5+Z_4=\dfrac{R_1R_2+R_1R_3+R_1R_5+R_2R_5+R_3R_5}{R_1+R_2+R_3+(R_1R_3+R_1R_4+R_2R_3+R_2R_4+R_3R_4)}Cs+ \\ \dfrac{(R_1R_2R_3+R_1R_2R_4+R_1R_3R_4+R_1R_3R_5+R_1R_4R_5+R_2R_3R_5+R_2R_4R_5+R_3R_4R_5)Cs}{R_1+R_2+R_3+(R_1R_3+R_1R_4+R_2R_3+R_2R_4+R_3R_4)Cs} \end{cases}$$

有源网络的传递函数为

$$G(s)=\frac{U_o}{U_i}=K\frac{1+T_1s}{1+T_2s} \tag{6-7}$$

其中

$$K=\frac{R_1R_2+R_1R_3+R_1R_5+R_2R_5+R_3R_5}{R_1+R_2+R_3}>1$$

$$T_1=\frac{R_1R_2R_3+R_1R_2R_4+R_1R_3R_4+R_1R_3R_5+R_1R_4R_5}{R_1R_2+R_1R_3+R_1R_5+R_2R_5+R_3R_5}+\frac{R_2R_3R_5+R_2R_4R_5+R_3R_4R_5}{R_1R_2+R_1R_3+R_1R_5+R_2R_5+R_3R_5}C$$

$$T_2=\frac{R_1R_3+R_1R_4+R_2R_3+R_2R_4+R_3R_4}{R_1+R_2+R_3}C$$

常用有源校正装置见表6-1。

表6-1 常用有源校正装置

类别	电路图	传递函数	对数频率特性曲线
比例(P)	R_1, R_2, u_i	$G(s)=K$ $K=\dfrac{R_2}{R_1}$	$L(\omega)$, 20lg$K$, 0, ω, $\varphi(\omega)$, 0, ω
微分(D)	TG, u_a	$G(s)=K_ts$ K_t—测速发电机输出斜率	$L(\omega)$, +20, 0, ω, $\varphi(\omega)$, 90°, 0, $\dfrac{1}{K_t}$, ω

续表

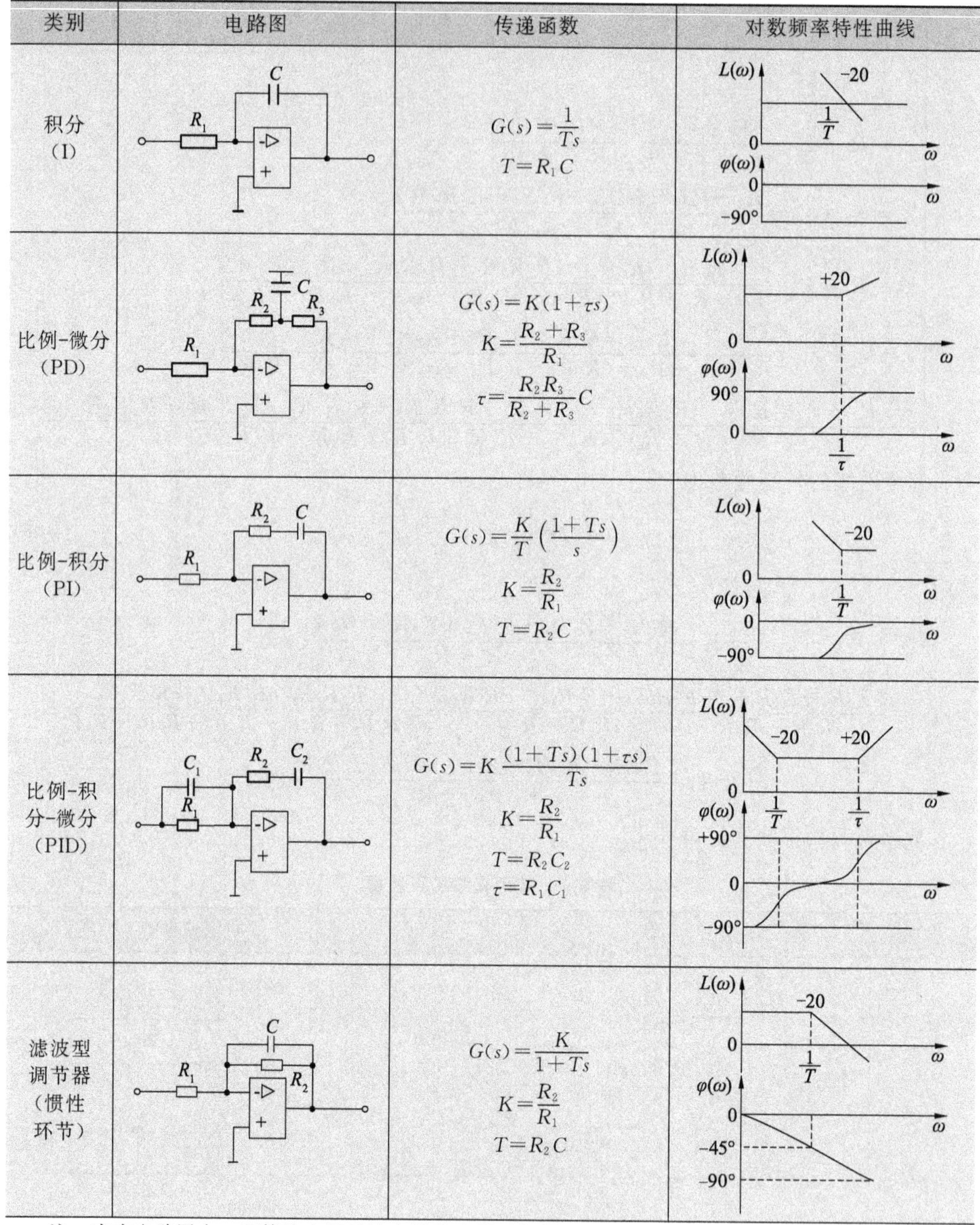

类别	电路图	传递函数	对数频率特性曲线
积分（I）	C，R_1	$G(s)=\frac{1}{Ts}$ $T=R_1C$	$L(\omega)$，-20，$\frac{1}{T}$，0，ω；$\varphi(\omega)$，0，$-90°$，ω
比例-微分（PD）	C，R_1，R_2，R_3	$G(s)=K(1+\tau s)$ $K=\frac{R_2+R_3}{R_1}$ $\tau=\frac{R_2R_3}{R_2+R_3}C$	$L(\omega)$，$+20$，0，ω；$\varphi(\omega)$，$90°$，0，$\frac{1}{\tau}$，ω
比例-积分（PI）	R_1，R_2，C	$G(s)=\frac{K}{T}\left(\frac{1+Ts}{s}\right)$ $K=\frac{R_2}{R_1}$ $T=R_2C$	$L(\omega)$，-20，0，$\frac{1}{T}$，ω；$\varphi(\omega)$，0，$-90°$，ω
比例-积分-微分（PID）	C_1，R_1，R_2，C_2	$G(s)=K\frac{(1+Ts)(1+\tau s)}{Ts}$ $K=\frac{R_2}{R_1}$ $T=R_2C_2$ $\tau=R_1C_1$	$L(\omega)$，-20，$+20$，0，$\frac{1}{T}$，$\frac{1}{\tau}$，ω；$\varphi(\omega)$，$+90°$，0，$-90°$，ω
滤波型调节器（惯性环节）	C，R_1，R_2	$G(s)=\frac{K}{1+Ts}$ $K=\frac{R_2}{R_1}$ $T=R_2C$	$L(\omega)$，-20，0，$\frac{1}{T}$，ω；$\varphi(\omega)$，0，$-45°$，$-90°$，ω

注：表内电路图中，运算放大器的输出端省略了反相器。

6.4 PID控制器

PID控制器是工业过程控制系统中常用的有源校正装置。本小节只介绍电子式PID控制器的结构、调整及使用。

6.4.1　PID 控制器的结构

所有 PID 控制器都可以分解成给定值控制单元、PID 作用单元及手动/自动转换单元 3 个主要部分，如图 6-18 所示。图中，给定值控制单元①接受工业控制过程的测量值 c 及控制装置的给定值 r。r 可以由用户直接设置在控制器上的内部给定值 r_L(本机给定值)，也可以是外部给定值 r_e(远区给定值)。PID 作用单元②接受给定控制单元产生的误差信号 e，并按照给定控制规律算出闭环控制信号 m。手动/自动单元③在 A(自动)位置时，将 PID 单元的输出信号 m_c 送入工业过程，此时工业过程在闭环中收到控制，而在 M(手动)位置时，把用户直接在控制器上调整的手动输出信号 m_M 送至工业过程，于是系统采用开环控制方式。

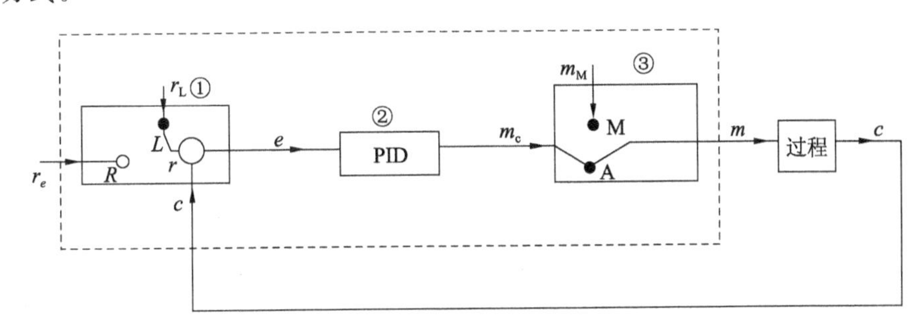

图 6-18　PID 控制器原理性结构

6.4.2　PID 控制器的使用

实用 PID 控制器的传递函数可表示为

$$G_c(s)=\frac{M_c(s)}{R(s)-C(s)}=K_p\left(1+\frac{1}{sT_i}\right)(1+sT_d)=K_p+\frac{K_i}{s}+sK_d$$

式中：K_p，K_i，K_d——比例、积分、微分环节参数。

T_p，T_i，T_d 三个系数在置位时按工程单位来标度，具体如下：

(1) 比例作用

以 PB 为单位进行标度，其定义为 $PB=\frac{100}{K_p}\%$，例如，$PB=50\%$表明 $K_p=2$。

(2) 积分作用

以 min(分)为单位进行标度，即为所显示系数 T_i 的值。

(3) 微分作用

通常以秒(s)为单位进行标度，它正好是显示的系数 T_d 的值。

6.4.3　工业控制中常用的 PID 组合

(1) 比例积分(PI)控制器

PI 控制器的传递函数为

$$G_c(s)=K_p+\frac{K_i}{s}=K_p\left(1+\frac{1}{sT_i}\right)=K_p\left(\frac{sT_i+1}{sT_i}\right)$$

$$T_i=\frac{K_p}{K_i}$$

PI 控制对系统的影响有：

① 可以改善系统的稳定性能。

② 加入 PI 控制器，使的系统截止频率 ω_c 减小，因而调节时间增加，平稳性增加。

(2) 比例微分(PD)控制器

PD 控制器的传递函数为

$$G_c(s)=K_p+sK_d=K_p\left(1+\frac{1}{s}\frac{K_d}{K_p}\right)=K_p(T_ds+1)$$

$$T_d=\frac{K_d}{K_p}$$

PD 控制对系统的影响有：

① 使得系统截止频率 ω_c 增加，系统的调节时间减少。

② 增加了系统的相位稳定裕度。

(3) 比例积分微分(PID)控制器

$$G_c(s)=K_p+\frac{K_i}{s}+sK_d=\left(K_p'+\frac{K_i'}{s}\right)(1+sK_d')$$

可以看出，PID 控制器的传递函数可以表示为 PD 控制器和 PI 控制器串联，其控制效果可视为 PI 控制器和 PD 控制器的综合。

习　题

6-1　控制系统的开环传递函数 $G_0(s)=\frac{10}{s(0.2s+1)}$，校正装置的传递函数为 $G_c(s)=\frac{0.2s+1}{0.02s+1}$，绘制校正前后的 Bode 图。

6-2　控制系统的开环传递函数为 $G_0(s)=\frac{10}{s(0.2s+1)(2s+1)}$，校正后装置的 Bode 图如图 6-1 所示。

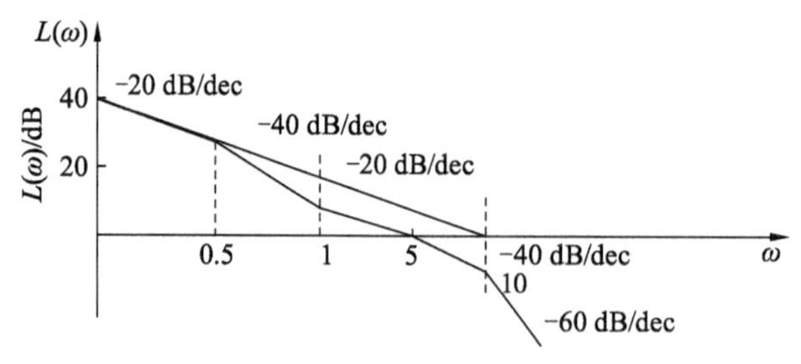

图 6-19　校正后装置的 Bode 图

试求：(1) 校正后的传递函数；

(2) 采用超前校正装置，写出校正的传递函数。

6-3　已知最小相位系统校正前和串联校正后的对数频率特性如图 6-20 所示，试写出：(1) 系统校正前、后的传递函数；

(2) 若采用滞后校正装置，校正装置的传递函数。

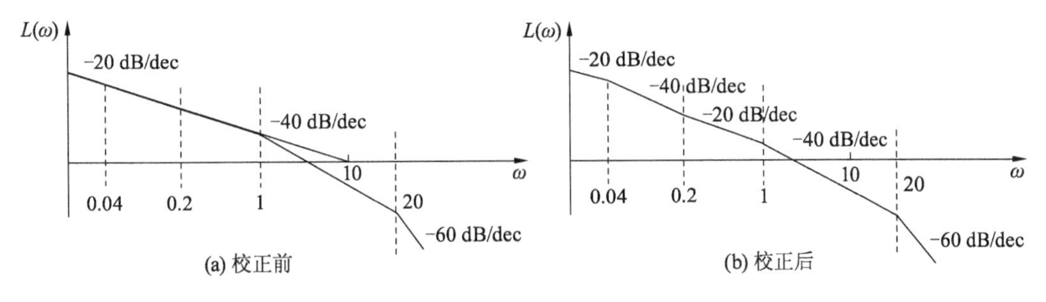

(a) 校正前　　(b) 校正后

图 6-20　对数频率特性

6-4　控制系统的开环传递函数为 $G_0(s)=\dfrac{8}{s(2s+1)}$，校正装置的传递函数为 $G_c(s)=\dfrac{(10s+1)(2s+1)}{(0.2s+1)(100s+1)}$，绘制校正前后的 Bode 图。

6-5　最小相位系统开环传递函数 $G_0(s)$ 的开环对数幅频特性如下图所示，采用串联校正后，系统的开环对数幅频特性如图 6-21 所示，写出 $G_0(s)$ 和串联校正环节 $G_c(s)$ 的传递函数。

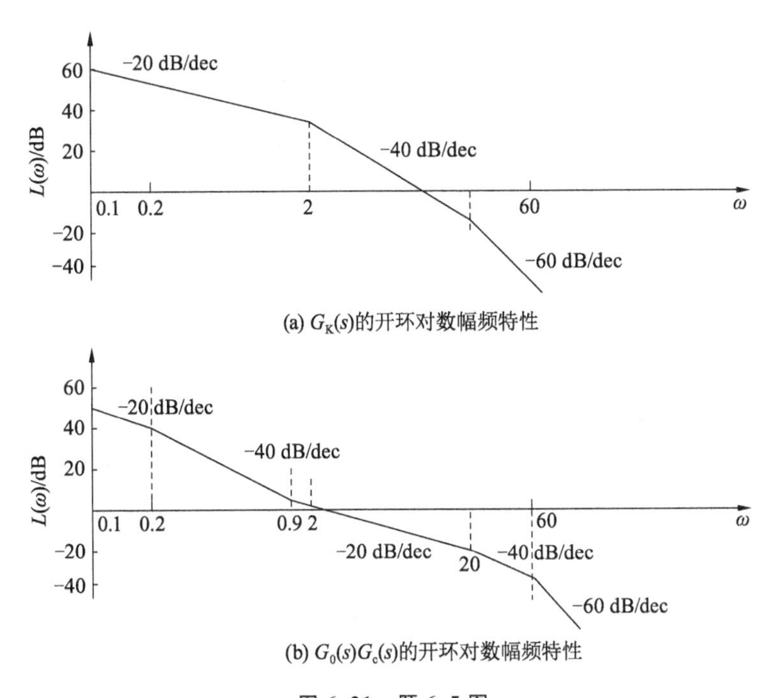

(a) $G_K(s)$ 的开环对数幅频特性

(b) $G_0(s)G_c(s)$ 的开环对数幅频特性

图 6-21　题 6-5 图

6-6　控制系统的开环传递函数为 $G_0(s)=\dfrac{10}{s(0.5s+1)(0.1s+1)}$，其中 $\omega_c=\sqrt{20}$。

(1) 绘制系统的 Bode 图；

(2) 采用传递函数为 $G_c(s)=\dfrac{0.37s+1}{0.049s+1}$ 的串联超前校正装置，绘制校正后的 Bode 图。

第 7 章 能源与动力控制系统的工业应用

7.1 水处理系统

水处理的自动控制系统如图 7-1 所示。大型水库里的水通过水泵抽至储存湖中，再从储存湖流到混合池里。流量控制器 FIC-2 控制流入混合池中的流量。如果需要让更多的水进入处理厂，液位控制器 FIC-3 自动调节流量控制器 FIC-2 的设定值。流量计 FIC-1 记录并累加流入氯化池的量。所测得的水流量作为信号被发送到氯化池中，氯化池根据所测的水流量按比例将氯添加到水中。此外，流量计 FIC-1 记录并累加流入的生水量，流量累加器与流量计平行工作，每当生水流量累加值达到某一设定值时，就启动进给定时器。进给定时器启动一个 30 s 的程序，即启动明矾和生石灰进给装置，将这 2 种成分添加到生水中。这一过程可将生水的浑浊度降低到 10 单位/百万以下。

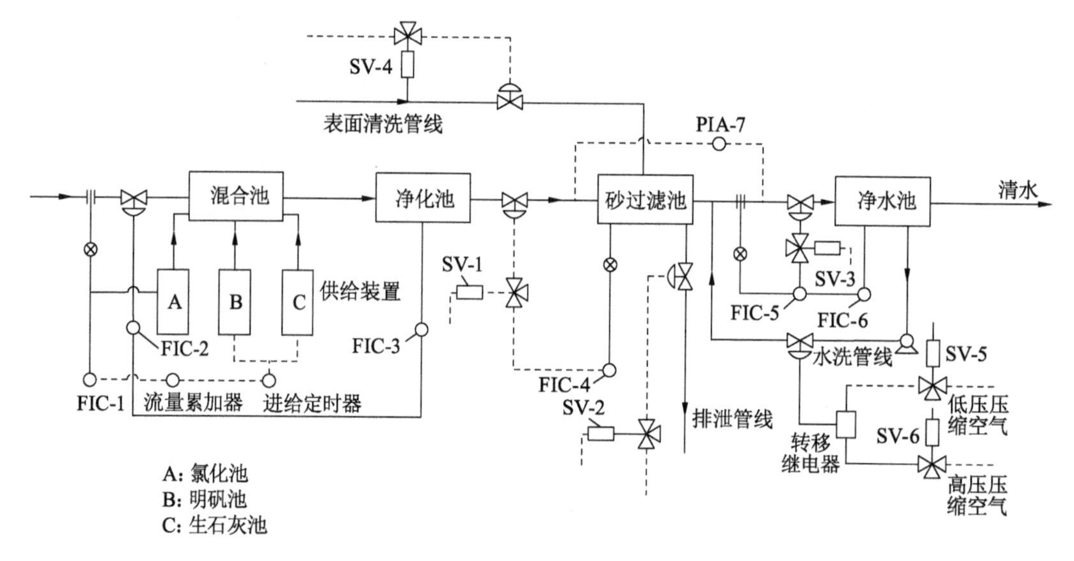

图 7-1 水处理的自动控制

经过这道工序处理后的水流向净化池，然后再流向砂过滤器中，并继续流向百万单位净水池中。此时的水已经很干净，几乎无可检测到的固体悬浮物，氯的残留量约为 0.4 单位/百万。流向净水池中的水受流量控制器 FIC-5 控制，它带有液位控制器 FIC-6，用于自动调节设定值。

经过砂过滤器时水的压降由监测器 PIA-7 指示，当过滤器被堵塞时，则压力降就会上升。在一般情况下，压力降允许有一个上升值，但当超过某指示值时，发出警报，表明过滤器需要清洗。操作人员启动反清洗程序，将过滤器从供水中取出，进行清洗。因为在过滤中平行放置了很多过滤器，因此尽管取出部分过滤器，整个过滤过程并不会被中断，只是其他过滤片的负荷加重了。

反清洗时，操作人员按下2个按钮，一个用于关闭报警器并使报警器复位，另一个按钮用于启动一个定时器，它使得带有8个凸轮的轴旋转，通过接通和断开相应的触点来启动反清洗程序，具体如下：

① 电磁阀SV-1通电，切断来自于控制器FIC-4的输出信号，将空气通往这个控制阀，这样关闭了过滤器的进口阀。

② 10 min后，定时器让电磁阀SV-2通电，让空气对阀进行排污并打开。同时电磁阀SV-3也通电，关闭过滤器的出口阀。此时，让电磁阀SV-4通电，打开位于表面清洗线的阀1 min，电磁阀SV-5通入压缩空气，通过转移继电器接到水洗线上(转移继电器有一个特点，它总是让压力最高的空气通过)。2.5 min后，电磁阀SV-6通电，让更高压力的压缩空气流入控制阀。这种清洗方法的目的是先进行低压清洗，后进行高压清洗。再经过5 min后，电磁阀SV-6断电，系统又回到低压清洗2.5 min，通过逐步关闭水洗阀、排污阀，打开进口阀和出口阀，使系统逐步回到正常的工作状态。只有在过滤器重新注入到正常高度时，出口阀才打开。

7.2 水轮机调节系统

水轮发电机能够把水能变成电能，供用户使用。用户除要求供电安全可靠外，还要求电能的频率及电压保持在额定值附近的某一范围内，如频率偏离额定值过大，就会影响用户的产品质量，我国电力系统规定：频率应保持在50 Hz，其偏差不得超过±0.5 Hz；对大容量系统不得超过±0.2 Hz。此外，还应保证电钟指示与标准时间的误差在任何时间不大于1 min;对大容量系统，不大于30 s。

电力系统的频率稳定主要取决于系统内有功功率的平衡。然而电力系统的负荷是不断变化的，存在着变化周期为几秒至几十分钟的负荷波动，其幅值可达到系统总量的2%～3%(在小系统或孤立系统负荷变化可能大于此值)，而且是不可预见的。此外，一天之内系统负荷有上午、晚上2个高峰和中午、深夜2个低谷，这种负荷变化是可以预见的，但其变化速度是不可预见。电力系统负荷的不断变化必然导致系统频率的变化。

因此，必须根据负荷的变化不断调节水轮发电机组的有功功率输出，并维持机组转速(频率)在规定的范围内。这就是水轮机调节的基本任务。

既然电力系统要求能够调节水轮发电机组的功率输出，那么采用什么方法和途径来完成这一任务呢？下面以单机带负荷运行机组为例探讨这一问题。

如图7-2所示，水轮发电机组的运动方程可按描述刚体绕固定轴转动的微分方程写为

$$J\frac{\mathrm{d}\omega}{\mathrm{d}t}=M_t-M_g \tag{7-1}$$

式中：J——机组转动部分的转动惯量；

ω——机组角速度，$\omega=\frac{n\pi}{30}$；

n——机组转速；

M_t——水轮机动力矩；

M_g——发电机阻力矩。

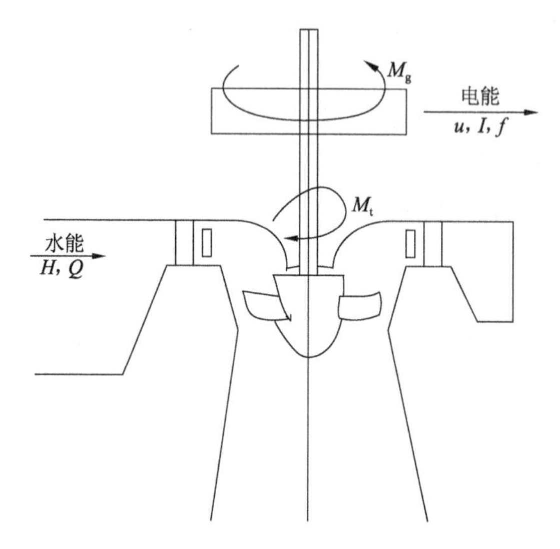

图 7-2　水轮发电机组示意图

水轮机动力矩取决于水轮机水头 H、导叶开度 a(流量 Q)、机组转速 n 等。水轮机的单位力矩特性，它可由综合特性曲线换算或试验数据求得

$$M_1' = \frac{KQ_1'\eta_m}{n_1'}$$

式中：M_1'——单位力矩，N·m；

n_1'——单位转速，r/min；

η_m——模型效率；

K——系数，约为 93 735。

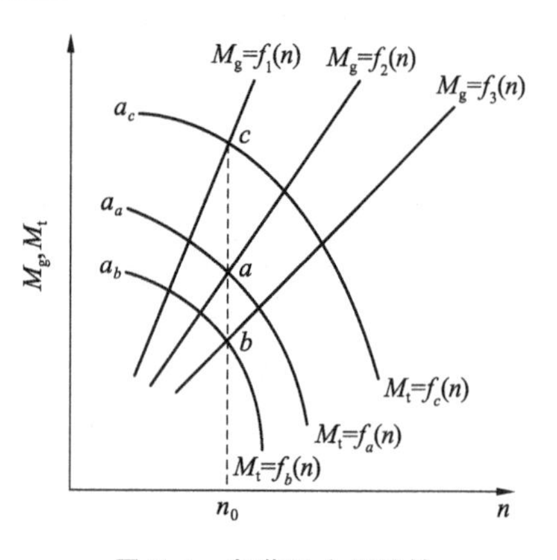

图 7-3　负荷阻力矩特性

原型水轮机动力矩可由式（7-2）计算：

$$M_t = \frac{M_1' D_1^3 H \eta_p}{\eta_m} \tag{7-2}$$

式中：D_1——水轮机标称直径，m；

H——水头，m；

η_p——原型效率。

当导叶开度为某一值时，力矩随转速增加而减少，即$\frac{dM_t}{dn_1'}<0$。当转速相同时，力矩随导叶开度增加而增加。原型水轮机力矩特性与模型单位力矩特征相似。

发电机阻力矩作用方向与发电机转子转向相反，代表发电机的有功功率输出，即负荷(用户耗电功率)的大小，与用户性质有关。一般地说，许多用户综合后的 M_g 是随转速增加而增加的，即$\frac{dM_g}{dn}>0$。用电设备的组合不同，将有不同的 $M_g=f(n)$曲线。如图 7-3

所示，$f_1(n)$，$f_2(n)$，$f_3(n)$代表不同的电设备组合对应的负载阻力特性曲线。

由式(7-1)可知，当负荷变化后，导叶开度不变，机组转速仍能稳定在某一数值上，水轮机及负荷的这种能力称为自平衡能力。但稳定后的转速将远远偏离额定值。例如，当导叶开度不变，而机组所带负荷从额定值减到 0 时，其转速将增加到原额定值的 1.8～2.4 倍，显然不能满足系统频率的要求。

怎样才能使机组转速在负荷变化后还维持在原来的额定值呢？如图 7-3 所示，这需要相应改变导叶开度。当负荷减小，阻力矩由 $f_2(n)$变到 $f_3(n)$时，只需把导叶开度减小到 a_b，机组转速将维持在 n_0；相反，当负荷增加时，相应开启导叶至 a_c 亦就能维持转速不变。所以，只要改变导叶开度就能维持机组转速在额定值。

随着负荷的改变，相应改变导水机构(或喷嘴、桨叶)的开度，以使水轮发电机组的转速维持在某一额定值，或按某一预定的规律变化，这一过程就是水轮发电机组的转速调节，或称水轮机调节。

由于负荷是不断变化的，因而水轮机调节也要不断进行，为此大多数电站都装有能自动进行水轮机调节的调节器。调节器通常由测量、综合、放大、执行和反馈等元件组成，机组是被调节的对象(导水机构包括在机组内，不单独列出)，调速器与机组构成了水轮机调节系统。它们的相互关系如图 7-4 所示。

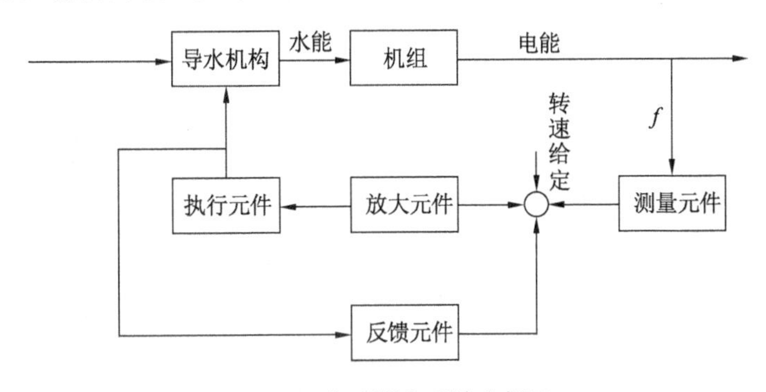

图 7-4　自动调节系统方框图

机组的转速信号(被调节参数)送至测量元件，测量元件把频率信号转换为位移或电压信号，然后与给定信号综合，确定频率偏差及偏差的方向，并根据偏差情况按一定的调节规律发出调节命令。调节命令被放大后，送到执行元件去推动导水机构，反馈元件又把导叶开度变化的信息返回到加法器，同时也形成必要的调节规律。调节规律可以在前向通道中形成，也可在反馈通道中形成。

7.2.1　调节系统工作原理

整个调节系统的工作原理如图 7-5 所示。机组单独带负荷运行时，若负荷突然减少，此时水轮机动力矩超过阻力矩，机组开始加速，转速升高，通过永磁发电机和感应电动机使离心摆转轴 I 的转速增加，下支持块上移，引导阀转动套跟着上移，引导阀转动套上排孔封闭，下排孔打开，引导阀输出油压降低。辅助接力器活塞 34 上部油压降低，主配压阀上作用的油压就使辅助接力器活塞 34 与主配压阀阀体 36 一起上移。通过第一级内部反馈杠杆，引导阀针阀 9 上移，恢复与转动套的相对中间位置。于是引导阀输出油压恢复原来的数值，辅接活塞与主配阀体停止上移。主配压阀阀体 36 上移就使油口 D 与压力油接通，油口 E 与排油接通。主接力器活塞 38 的左侧出现压力油，右侧接通排油，于是接力器活塞向右移动，关闭导水机构。水轮机的过流量减小，动力矩减小，逐步使机组停止加速，并再逐步出现减速，使转速恢复到额定数值。接力器活塞的向右移动，使楔块也向右移，回复轴反时针转动，带动拐臂 27、拉杆 24、杠杆 20，使缓冲器主动活塞 17 下移。此时，转动套压增加，迫使缓冲器从动活塞 14 上移，通过杠杆 12，19，引导阀又上移。此时，转动套相对针阀占据较低位置，上排孔打开，下排孔封闭，引导阀输出油压增加，从而迫使辅接接力器活塞 34 与主配压阀阀体 36 逐步回到中间位置，停止主接力器活塞的向右移动。

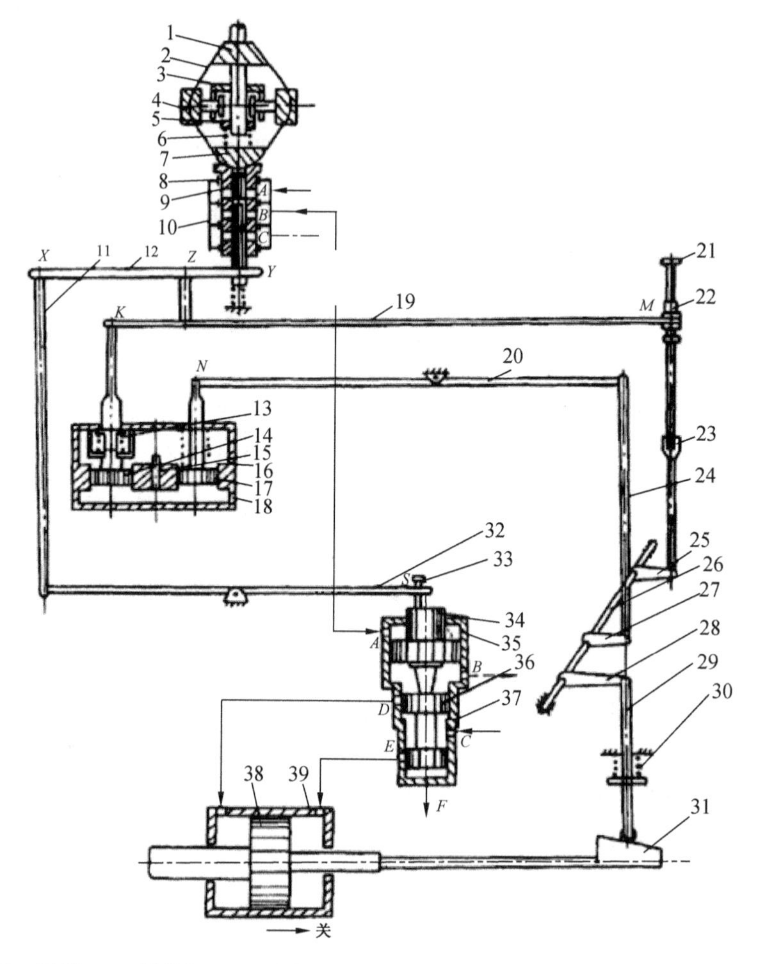

1—离心摆转；2—钢带；3—限位架；4—重块；5—调节螺母；6—压缩弹簧；7—下支持块；8—引导阀转动；9—引导阀针阀；10—引导阀阀壳；12，19，20，32—杠杆；11，24，29—拉杆；13，16—压缩弹簧；14—缓冲器从动活塞；15—节流阀；17—缓冲器主动活塞；18—缓冲器；21—手轮；22—螺母；23—拉杆；25，27，28—拐臂；26—回复轴；30—弹簧；31—斜块；33—调节螺钉；34—辅助接力器活塞；35—辅助接力器；36—主配压阀阀体；37—主配压阀；38—主接力器活塞；39—主接力器

图 7-5　调节系统原理简图

图 7-6 为机组甩部分负荷时拍摄的示波图，它显示了上述调节系统的过渡过程。

在 $t<t_0$ 时，接力器行程为 Y_0，机组转速为 n_0，主配压阀 S 和缓冲器从动活塞 K 处于中间位置。

在 $t=t_0$ 时，断开油断路器，机组与系统解列，甩掉负荷。

在 $t>t_0$ 时，机组转速迅速增加，主配压阀跟着迅速上移并达到最大开度，接力器活塞以较快的速度关闭导叶，通过反馈系统使缓冲器从动活塞上移(在图上为点 K)。点 K 上移，有使主配压阀下移的趋势，但因此时转速升高快，所以主配压阀仍然顶在极限位置。

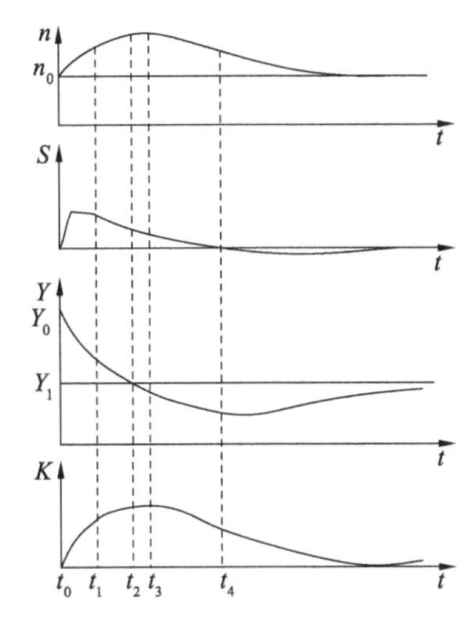

图 7-6　机组甩部分负荷后调节系统的过渡过程

在 $t>t_1$ 时，因为在点 K 继续上升，使引导阀针阀的位置超过了转动套的位置，从而使主配压阀开始向中间位置回复。

在 $t=t_2$ 时，导叶已关到 Y_1，动力矩等于阻力矩，机组转速达到最大值。

在 $t>t_2$ 时，导叶继续关闭，机组转速开始下降，使主配压阀回得中间位置的速度加大。

在 $t=t_3$ 时，缓冲器活塞一方面被反馈过来的信号不断顶起，同时在弹簧 13 的作用下逐渐向中间位置回复。最初，由于接力器运动速度快而活塞回复运动慢，因此点 K 还是不断上升。至 t_3 时两者的速度相等，点 K 就达到最高点。

在 $t>t_3$ 时，活塞的回复速度已超过了接力器活塞关闭速度(引到缓冲器的活塞上)，因此点 K 就开始下降。

在 $t=t_4$ 时，主配压阀回到中间位置，所以主接力器停止关闭导水机构。

在 $t>t_4$ 时，机组转速继续下降，点 K 亦下移，但因机组转速下降快，就使主配压阀越过中间位置到达下端，从而使主接力器开启导水机构。

此后，导水叶开度逐步接近空载开度，机组接近额定转速，配压阀与缓冲器回复到中间位置，达到新的平衡工况。从示波图上看，这个转速变化过程没有明显的过调节现象。试验时反馈强度为 60%。

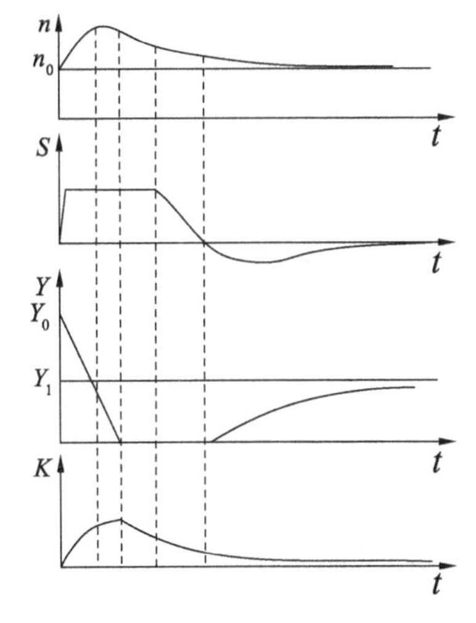

图 7-7　机组甩满负荷时调节系统过渡过程

图 7-7 所示为机组甩满负荷时调节系统的过渡过程。

甩全负荷后机组转速迅速上升，主配压阀迅速达到极限位置，接力器关闭导叶，经 t_0t_1 段时，关闭导叶到 Y_1，机组转速达到极值，但导叶仍继续关闭直至全关。在导叶全关后，缓冲器从动活塞 K 的运动就只是从动活塞在弹簧作用下的回复过程，因此出现了不同于 t_2 以前的曲线开关。此外，由于甩全负荷后转速升高大，即便点 K 已达到最高点，仍不能使主配压阀脱离最高位置。只有到 t_3 时，机组转速降低较多后，主配压阀才开始向中间位置回复。到 t_4 时，主配压阀回到中间位置，并越过中间位置移向开启侧，接力器才逐步打开导叶至空载开度。此后逐步达到新的平衡工况。

上述调节系统在调节过程结束后，缓冲器回到中间位置，因此杠杆 19 的点 K，杠杆 12 的点 Z 在平衡工况时总能保持在中间位置。代表主配压阀位置的点 X，在平衡工况时亦总是在中间位置，因而调节系统在各种平衡工况时总要保持某一机组的转速值（如额定值)在一定范围内。它们的静特性是无差的。

由上述可见，当调节系统具有软反馈时，不仅系统可以稳定，而且能把机组转速保持在需要的数值范围内。

7.2.2 双重调节的水轮机调节系统原理简图

上文叙述的是单一调节系统的工作原理。它仅适用于水轮机中只有一个导水机构需要调节的情况。但有的水轮机有 2 个调节机构，如转桨式水轮机除了导水机构外，还有桨叶可调，如图 7-8 所示。

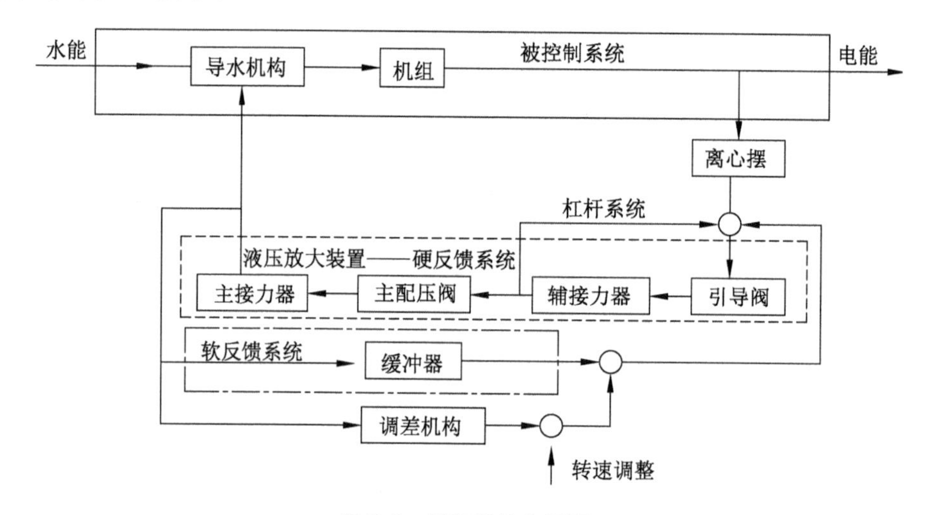

图 7-8　调节系统方框图

7.3 空调控制系统

空调分为工业空调和民用空调 2 类。工业空调侧重于满足控制精度指标，所需调节的参数种类依生产工艺过程的要求而定。例如，集成电路生产中，重点是调节温度和控制清洁度，以保证恒温和净化。在纺织工业中，重点为保证恒定的相对湿度。人工气候室则要求温度和湿度按预定的程序变化。民用空调侧重于满足人体舒适度要求。温度是影响舒适度的主要参数。随地区和季节的不同，舒适温度的值也随之不同。

空调自动控制系统的特点是功率大，运行时间长，使用范围广。空调的能量消耗在发达国家的总能耗中占有相当大比重，节能是设计空调控制系统时的一项主要指标。空调控制属于过程控制(见过程控制系统)。大多数空调控制系统为反馈控制系统。随着人类对空气环境要求的日益提高，一门综合研究和处理空调、采暖和通风的技术——人工气候环境工程正在迅速发展。

较完善的空调控制系统由 4 个部分组成。

（1）空气状态参数的检测

检测系统由传感器、变送器和显示器组成。传感器是检测空气状态参数的主要环节。在空调控制系统中常用的传感器有温度传感器、湿度传感器、压力传感器等。传感器的惯性和精度对空调控制系统的精度影响较大。空调系统属于分布参数系统。空调区内各处的空气状态参数表现为一个分布场，它取决于气流组织和负荷分布等因素。空调控制系统只能保证传感器所处空间位置的空气参数的控制精度。要使整个空调区内取得良好的空调效果，还必须合理地选定传感器的设置位置。

（2）空气状态参数的自动调节

自动调节是空调控制的核心部分。多数空调系统的被调参数为温度和湿度。空调控制中温度和湿度自动调节系统(见图 7-9)的各个组成部件的功能与温度控制系统中的同类部件相同。调节器多采用位式调节器或 PID 调节器，有些情况下也采用分程、反馈加前馈、串接等调节方式。在这种常规调节系统中，2 个被调参数被分别控制，它们之间的耦合关系则被视为干扰，须在设计中加以考虑。

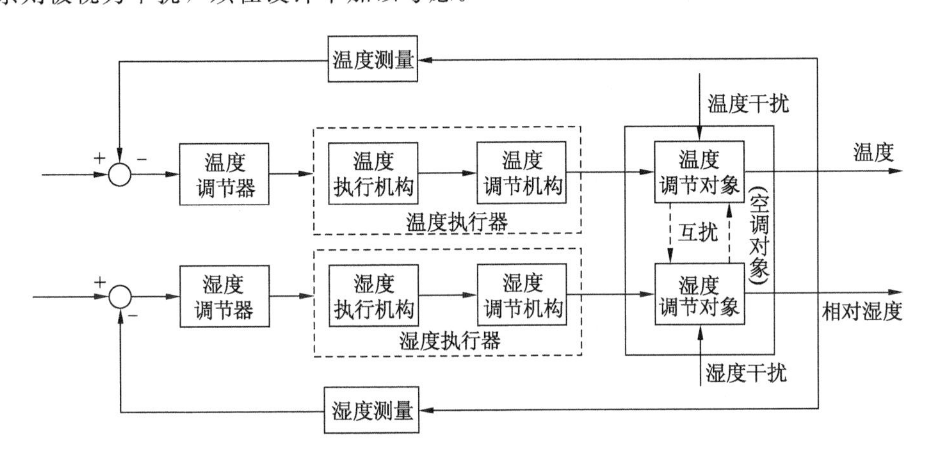

图 7-9　温度和湿度自动调节系统框图

（3）空调工况的判断及其自动切换

空调的最优工况(工作状况)会随建筑物外部的气候条件和内部的负荷状况而漂移。通常可按季节负荷事先绘制出建筑物空调的全年工况分区图。在判断工况时，由于量测精度的限制，工况分区内会出现边界重叠现象。当工况自动切换时，要保证系统稳定，在边界重叠区不出现“竞争”和振荡，转换的时间间隔不能小于制冷机等设备所允许的最短启、停时间。

（4）设备和建筑物的安全防护

为保证空调系统安全运行，所有设备均设有专门的安全防护控制线路。例如只能在有风时才接通电加热器。当建筑物出现火情时，防护装置会自动迅速切断有关风路或整个空调系统，并启动相应排烟风机。

20世纪70年代以来，由于微型计算机的普及，电子计算机开始用作空调控制的核心部件。直接数字控制技术得到广泛应用。空调设备和控制系统一体化成为空调控制技术更新的重要方向。由多台计算机组成的分级分布式空调控制系统开始用于大型多功能建筑物或建筑群。20世纪80年代，随着节能问题的日益突出，在满足使用要求的前提下，以冷量、热量和电量消耗最少为目标的空调控制优化软件的开发受到广泛重视。

附　录

附录1　拉普拉斯变换

1. 拉普拉斯变换的定义

设函数 $f(t)$满足如下条件：

① 当 $t<0$ 时，$f(t)=0$；

② 当 $t>0$ 时，$f(t)$分段连续，且 $\int_0^{\infty} |f(t)e^{-st}| dt < \infty$，

则函数 $f(t)$的拉普拉斯变换存在，其定义为

$$F(s) = \psi[f(t)] = \int_0^{\infty} f(t)e^{-st} dt \tag{1}$$

2. 拉普拉斯反变换的定义

拉普拉斯反变换(The Inverse Laplace Transform)的定义式如下：

$$f(t) = \frac{1}{2\pi j}\int_{\sigma+j\infty}^{\sigma-j\infty} F(s)e^{st} ds \tag{2}$$

上式中，$s=\sigma+j\omega$ 是复数，只要实部 $\sigma>0$ 足够大，上式的积分就存在，式(1)和式(2)被称为拉普拉斯变换对。其中 $F(s)$称为 $f(t)$的拉普拉斯变换，记为：$F(s)=\psi[f(t)]$。$f(t)$称为$F(s)$的拉普拉斯反变换，记为：$f(t)=\psi^{-1}[F(s)]$。

3. 拉普拉斯变换的基本性质

拉普拉斯变换的基本性质见附表1。

附表1　拉普拉斯变换的基本性质

序号	性质名称	$f(t)$	$F(s)$
1	唯一性	$f(t)$	$F(s)$
2	齐次性	$Af(t)$	$AF(s)$
3	叠加性	$f_1(t)+f_2(t)$	$F_1(s)+F_2(s)$
4	线 性	$A_1f_1(t)+A_2f_2(t)$	$A_1F_1(s)+A_2F_2(s)$
5	尺度性	$f(\alpha t)$，$\alpha>0$	$\frac{1}{\alpha}F\left(\frac{s}{\alpha}\right)$
6	时域位移	$f(t-t_0)U(t-t_0)$，$t_0>0$	$F(s)e^{-t_{-}0s}$
7	复频域位移	$f(t)e^{-\alpha t}$	$F(s)+\alpha$
8	时域微分	$f^{\varphi}(t)$	$sF(s)-f(0^-)$
		$f^{\omega}(t)$	$s^2F(s)-sf(0^-)-f(0^-)$
		$f^{(x)}(t)$	$s^xF(s)-s^{x-1}f(0^-)-s^{x-2}f(0^-)-\cdots-f^{x-1}(0^-)$

续表

序号	性质名称	$f(t)$	$F(s)$
9	复频域微分	$tf^{-1}(t)$	$(-1)^1\dfrac{\mathrm{d}F(s)}{\mathrm{d}s}$
		$tf^{(n)}(t)$	$(-1)^n\dfrac{\mathrm{d}^nF(s)}{\mathrm{d}s^n}$
10	时域积分	$\int_0^{\tau}f(\tau)\mathrm{d}\tau$	$\dfrac{F(s)}{s}$
11	复频域积分	$\dfrac{f(t)}{t}$	$\int_0^{\infty}F(s)$
12	时域卷积	$f_1(t)*f_2(t)$	$F_1(s)F_2(s)$
13	复频域卷积	$f_1(t)f_2(t)$	$\dfrac{1}{2\pi}F_1(s)*F_2(s)$
14	初值定理	$f(0_+)=\lim\limits_{t\to 0}f(t)=\lim\limits_{s\to\infty}sF(s)$，$F(s)$为真分式	
15	终值定理	$f(\infty)=\lim\limits_{t\to\infty}f(t)=\lim\limits_{s\to 0}sF(s)$，$s=0$ 在收敛域内	

4. 常用函数的拉普拉斯变换

常用函数的拉普拉斯变换见附表 2。

附表 2　常用函数的拉普拉斯变换

常用函数	拉普拉斯变换
$f(t)$	$F(s)$
$\delta(t)$	1
$l(t)$	$\dfrac{1}{s}$
t	$\dfrac{1}{s^2}$
$\dfrac{t^{n-1}}{(n-1)!}$	$\dfrac{1}{s^n}$
e^{-at}	$\dfrac{1}{s+a}$
$t\mathrm{e}^{-at}$	$\dfrac{1}{(s+a)^2}$
$\sin\omega t$	$\dfrac{\omega}{s^2+\omega^2}$
$\cos\omega t$	$\dfrac{s}{s^2+\omega^2}$
$t^n(n=1，2，3，\cdots)$	$\dfrac{n!}{s^{n+1}}$

续表

常用函数	拉普拉斯变换
$t^n e^{-at} (n=1, 2, 3, \cdots)$	$\frac{n!}{(s+a)^{n+1}}$
$\frac{1}{(b-a)}(e^{-at}-e^{-bt})$	$\frac{1}{(s+a)(s+b)}$
$\frac{1}{ab}+\frac{1}{ab(a-b)}(be^{-at}-ae^{-bt})$	$\frac{1}{s(s+a)(s+b)}$
$e^{-at}\sin \omega t$	$\frac{\omega}{(s+a)^2+\omega^2}$
$e^{-at}\cos \omega t$	$\frac{s+a}{(s+a)^2+\omega^2}$
$\frac{1}{a^2}(at-1+e^{-at})$	$\frac{1}{s^2(s+a)}$
$\frac{\omega_n}{\sqrt{1-\zeta^2}}e^{-\zeta\omega_n t}\sin(\omega_n \sqrt{1-\zeta^2}t)$	$\frac{\omega_n^2}{s^2+2\zeta\omega_n s+\omega_n^2}$

附录 2 MATLAB 辅助分析与设计法

目前软件已经成为控制领域最流行的设计和计算工具之一。本附录将介绍运用 MATLAB 进行控制系统分析与设计的全过程，并结合具体实例做详细深入的探讨。本附录涉及的命令都是基于 MATLAB 2015 版本，其命令索引可查阅相关书籍。

1. 控制系统建模

在控制系统的分析和设计中，首先要建立系统的数学模型。在 MATLAB 中，常用的系统建模方法有传递函数模型、零极点模型及状态空间模型等。下面结合附图 1 介绍这些建模方法。

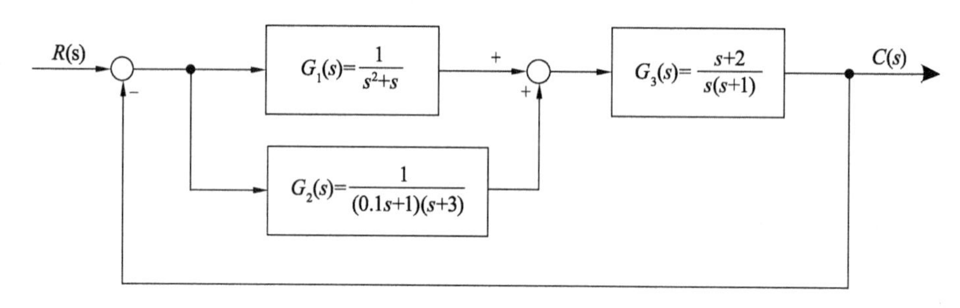

附图 1 控制系统

(1) 控制系统的模型

① 系统传递函数模型

命令格式：sys=tf(num，den，Ts)

其中，num，den 分别为分子、分母多项式降幂排列的系数向量；T_s 表示采样时间，缺省时描述的是连续传递函数。附图 1 中的 $G_1(s)$ 可描述为：G_1=tf([1]，[1 1 0])。

若传递函数的分子、分母为因式连乘形式，如附图 1 中 $G_2(s)$，则可以考虑采用 conv 命令进行多项式相乘，得到展开后的分子、分母多项式降幂排列的系数向量，再用 tf 命令建模。如 $G_2(s)$ 可描述为 num=1；den=conv([0.1 1]，[1 3])；G_2=tf(num，den)。

② 系统零极点模型

命令格式：sys=zpk(z，p，k，Ts)

其中，z，p，k 分别表示系统的零点、极点及增益，若无零点、极点，则用 [] 表示；Ts=s 表示采样时间，缺省时描述的是连续系统。附图 1 中的 $G_3(s)$ 可描述为 G_3=zpk([−2]，[0 −1]，1)。

③ 系统状态空间模型

该方法请查阅 MATLAB 相关文件或书籍，这里不详细介绍。

(2) 模型转换

由于在控制系统分析与设计中有时会要求模型有特定的描述形式，因而 MATLAB 提供了传递函数模型与零极点模型之间的转换命令。

命令格式：[num，den] =zp2tf(z，p，k)

[z, p, k] =tf2zp(num, den)

其中，$zp2tf()$可以将零极点模型转换成传递函数模型，而$tf2zp()$可以将传递函数模型转换成零极点模型。附图1中的$G_1(s)$转换成零极点模型为[z，p，k] =$tf2zp$([1]，[1 1 0])，$G_3(s)$转换成传递函数模型为[num，den] =zp2tf([−2]，[0 −1]，1)。

(3) 系统连接

一个控制系统通常由多个子系统相互连接而成，而最基本的3种连接方式为附图1中所示的串联、并联和反馈连接形式。

① 两个系统的并联连接

命令格式：sys=parallel(sys1，sys2)

对于SISO系统，parallel命令相当于符号“+”。对于附图1中由$G_1(s)$和$G_2(s)$并联组成的子系统$G_{12}(s)$，可描述为G_{12}=parallel(G_1，G_2)。

② 两个系统的串联连接

命令格式：sys=series(sys1，sys2)

对于SISO系统，series命令相当于符号“*”。对于附图1中由$G_{12}(s)$和$G_3(s)$串联组成的开环传递函数，可描述为G=series(G_{12}，G_3)。

③ 两个系统的反馈连接

命令格式：sys=feedback(sys1，sys2，sign)

其中，sign用于说明反馈性质(正、负)。sign缺省时，为负，即sign=−1。由于附图1系统为单位负反馈系统，所以系统的闭环传递函数可描述为sys=feedback(G，1，−1)。其中G表示开环传递函数，“1”表示单位反馈，“−1”表示负反馈，可缺省。

2. 控制系统时域分析

(1) 稳定性分析

稳定是控制系统的重要性能，也是系统设计过程中的首要问题。线性系统稳定的充分必要条件：闭环系统特征方程的所有根均具有负实部。在MATLAB中可以调用roots命令求取特征根，进而判别系统的稳定性。

命令格式：p=roots(den)

其中，den为特征多项式降幂排列的系数向量；p为特征根。

(2) 动态性能分析

① 单位脉冲响应

命令格式：y=impulse(sys，t)

当不带输出变量“y”时，impulse命令可直接绘制脉冲响应曲线；t用于设定仿真时间，可缺省。

② 单位阶跃响应

命令格式：y=step(sys，t)

当不带输出变量y时，step命令可直接绘制阶跃响应曲线；t用于设定仿真时间，可缺省。

③ 任意输入响应

命令格式：y=lsim(sys，u，t，x0)

当不带输出变量 y 时，lsim 命令可直接绘制响应曲线。其中 u 表示输入，x0 用于设定初始状态，缺省时为 0，t 用于设定仿真时间，可缺省。

④ 零输入响应

命令格式：y=initial(sys，x0，t)

initial 命令要求系统 sys 为状态空间模型。当不带输出变量 y 时，initial 命令可直接绘制响应曲线；其中 x_0 用于设定初始状态，缺省时为 0，t 用于设定仿真时间，可缺省。

3. 线性系统根轨迹

(1) 绘制零点、极点分布图

命令格式：[p，z] =pzmap(sys)

当不带输出变量时，pzmap 命令可直接在复平面内标出传递函数的零点、极点。在图中，极点用"×"表示，零点用"o"表示。

(2) 绘制根轨迹图

利用 MATLAB 绘制根轨迹的一般步骤如下：

① 先将特征方程写成 $1+K\dfrac{p(s)}{q(s)}=0$ 形式，其中，K 为所研究的变化参数，得到等效开环传递函数 $G=K\dfrac{p(s)}{q(s)}$。

② 调用 rlocus 命令绘制根轨迹。

命令格式：rlocus(G)

为了计算系统临界阻尼时对应的 K 值和相应的闭环极点，可在上述 M 文件执行之后，在 MATLAB 命令窗口中键入下列命令：

rlocfind(G) %　　　　确定增益及其相应的闭环极点

执行 rlocfind 命令后，MATLAB 将在根轨迹图上出现"+"提示符，通过鼠标将提示符移到根轨迹上相应的位置，然后按回车键，于是所选闭环极点及其对应的参数 K 就会在命令行中显示。

4. 控制系统频域分析

(1) 伯德图

命令格式：[mag，phase，w] =bode(sys)

当缺省输出变量时，Bode 命令可直接绘制伯德图；否则，将只计算幅值和相角，并将结果分别存放在向量 mag 和 phase 中，另外，margin 命令也可以绘制伯德图，并直接得出幅值裕度、相角裕度及其对应的截止频率、穿越频率。其命令格式如下：

命令格式：[Gm，Pm，Wcg，Wcp] =margin(sys)

当缺省输出变量时，margin 命令可直接绘制伯德图，并且将幅值裕度、相角裕度及其对应的截止频率、穿越频率标注在图形标题端。

(2) 尼柯尔斯图

命令格式：[mag，phase，w] =nichols(sys)

当缺省输出变量时，nichols 命令可直接绘制尼柯尔斯图。

(3) 奈奎斯特图

命令格式：[re，im，w] =nyquist(sys)

当缺省输出变量时，nyquist 命令可直接绘制奈奎斯特图。

参考文献

[1] 袁安富. 自动控制原理[M]. 北京：清华大学出版社，北京交通出版社，2008.

[2] 王艳秋，德湘轶，金亚玲，等. 自动控制理论题库及详解[M]. 北京：清华大学出版社，北京交通大学出版社，2013.

[3] 杨平，余洁，徐春梅，等. 自动控制原理——实验与实践篇[M]. 北京：中国电力出版社，2011.

[4] 丁红，贾玉瑛. 自动控制原理实验教程[M]. 北京：北京大学出版社，2015.

[5] 孙炳达. 自动控制原理[M]. 3版. 北京：机械工业出版社，2011.

[6] 夏晨. 自动控制原理和系统[M]. 北京：北京理工大学出版社，2013.

[7] 潘丰，徐颖秦. 自动控制原理学习辅导与习题解答[M]. 2版. 北京：机械工业出版社，2015.

[8] 胡寿松. 自动控制原理基础教程[M]. 4版. 北京：科学出版社.

[9] 卢京潮. 自动控制原理[M]. 北京：清华大学出版社，2013.

[10] 胥布工. 自动控制原理[M]. 2版. 北京：中国工信出版集团，电子工业出版社，2016.

[11] 潘丰，徐颖秦. 自动控制原理[M]. 北京：机械工业出版社，2010.

[12] 刘文定，谢克明. 自动控制原理[M]. 4版. 北京：中国工信出版集团，电子工业出版社，2018.

[13] 胡寿松. 自动控制原理[M]. 4版. 北京：科学出版社，2001.